建筑室内设计、室内艺术设计专业系列教材

建筑形态构成

胡　伟　贾　宁　编著

东南大学出版社
SOUTHEAST UNIVERSITY PRESS
·南京·

内 容 提 要

　　本书全面细致地探讨了建筑形态构成的理论基础、发展过程以及实践应用等问题。内容注重理论与实例的结合,并列举了大量的建筑实例。全书分为概念和阅读两个部分。其中,概念部分包含五章内容:第 1 章介绍了建筑造型与形态构成的基本概念,第 2 章比较系统地梳理了建筑形态构成的发展脉络,第 3、4 章论述了建筑形态构成的基本要素与审美原理,第 5 章着重分析了建筑形态的构成法则。阅读部分是对概念部分的深入论述和实例举证,便于读者加深理解相关概念及其相互关系。

　　本书可作为室内设计、建筑设计、城市规划和景观园林等专业的教材使用,也可作为相关设计人员的参考用书。

图书在版编目(CIP)数据

　　建筑形态构成 / 胡伟,贾宁编著. — 南京:东南大学出版社,2018.8

　　建筑室内设计、室内艺术设计专业系列教材 / 胡伟,李栋主编

　　ISBN　978 - 7 - 5641 - 7798 - 0

　　Ⅰ. ①建…　Ⅱ. ①胡… ②贾…　Ⅲ. ①建筑形式-教材　Ⅳ. ①TU-0

　　中国版本图书馆 CIP 数据核字(2018)第 119607 号

建筑形态构成

编　　著	胡 伟 贾 宁
责任编辑	宋华莉
编辑邮箱	52145104@qq.com
出版发行	东南大学出版社
出 版 人	江建中
社　　址	南京市四牌楼 2 号(邮编:210096)
网　　址	http://www.seupress.com
电子邮箱	press@seupress.com
印　　刷	南京玉河印刷厂
开　　本	700 mm×1 000 mm　1/16
印　　张	17
字　　数	324 千字
版 印 次	2018 年 8 月第 1 版　2018 年 8 月第 1 次印刷
书　　号	ISBN 978 - 7 - 5641 - 7798 - 0
定　　价	39.00 元
经　　销	全国各地新华书店
发行热线	025 - 83790519　83791830

　　(本社图书若有印装质量问题,请直接与营销部联系,电话:025 - 83791830)

建筑室内设计、室内艺术设计专业系列教材

编委会名单

前　　言

　　我国的形态构成教育起始于20世纪80年代,并作为设计类基础课延续至今。然而,其理论一直依附于平面、立体和色彩三大构成体系,并没有真正地与建筑形态紧密结合。不仅如此,国内的构成教育之初,也是"后现代"思潮风行中国之时,很多思想都没有及时地融入形态构成之中,导致很多书籍虽然大量涉及构成的相关内容,却很少有真正适合室内设计、建筑设计、景观园林等专业使用的建筑形态构成教材和参考读物。解决这一问题是本书编写的目的所在。

　　如何让读者更好地理解和利用本书,是作者在编写过程中反复思考的问题。虽然设计师越来越注重形态的创意组合,但很少关注其背后的内在规律、理论依据和发展演变。教学上也只是将形态构成作为基础课内容灌输给学生,没有真正地对其加以研究和利用,这就促使形态构成教育变得概念化有余而实用性不足。本书虽然立足于基本形态构成的理论基础,但更多的是从建筑造型的自身特点出发,利用形态构成的基本要素,通过融入形态构成的审美法则(如格式塔心理学、传统的形式美基本法则等)形成一套比较完整的建筑形态构成原理(变形原理、组合原理等)。为了便于分析,本书将建筑形态与技术、功能、经济等制约因素相分离,更多地从艺术的角度探求其视觉特性,并结合古今中外大量的建筑实例加以举证和分类,比较理性地将建筑造型与形态构成有机地结合到一起。

　　本书共分为两个部分:概念部分是基础,便于读者掌握知识点;阅读部分是扩充(包括深入论述和实例分析),便于读者查阅和精读。

　　鉴于作者水平有限,加之学科发展迅速、研究成果日新月异,书中疏漏或偏颇之处在所难免,恳请读者批评指正。

编　者

2018年1月

目　　录

第一部分　概念部分

第二部分　阅读部分

第一部分

概念部分

1 概 论

建筑形态构成是支持建筑造型的重要思维方法,为建筑造型活动提供创形、变换和编排等创意手段和创作规律,造型或建筑造型是其最终目的物。

1.1 造型与建筑造型

1) 造型的定义

"形"是非常重要的因素。"形"是具体的、可见的、可触摸到的,它包括了形状、大小、色彩、肌理、位置和方向等可感知的因素,人们在造物过程中如果主动地对这些因素进行研究,对材料和物体进行加工、组织、整合,那么这种活动便称为"造型"。简言之,创作者通过视觉语言所表达的一切可视或可能的成型活动,称为"造型"。广义上说,造型涵盖了人类有形文化的全部,它是一种心物交融的活动。我们日常生活中的一切平面和立体、静态与动态、抽象与具象的活动都可以称为"造型";而狭义上则可以理解为"把思想上的意图表示成可见的内容"就是造型。

在建筑设计中,一个完整的造型活动,其内容包括:要求—计划—制作—使用(欣赏),严格来说,只有"制作"一项与造型相关,然而建筑造型的过程必须满足实际的要求,需要综合考虑环境、功能、技术、经济等制约因素,最终的建筑形态要满足人的生理和心理需求。由此可见,一个建筑的造型过程,其本身也是设计的可视化过程。(图 1.1)

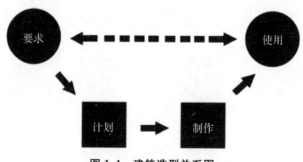

图 1.1 建筑造型关系图

2）建筑造型的特征

（1）建筑造型与几何

从古至今，人们一直按照一定的几何关系组织和建造房屋。在建筑史上，建筑师们一直都在反复使用着单纯的几何学形态作为构思和表现形式的有效工具。建筑师有时将这种单纯的几何形体作为完美的题材提炼出来，有时会利用一定的法则将其进行组合和变形。需要指出的是，几何学的具体形态或者说具体方法有很多种，随着科学技术的进步，建筑理论的积累，建筑师在利用几何学考虑建筑造型的时候，有着越来越多的深刻认识。尤其是进入 20 世纪以后，抽象艺术的发展大大拓宽了几何学的意义。而随着时间的推移，几何学在今天也逐步呈现出复杂、混沌的迹象，从而影响着建筑造型变化的丰富。

（2）建筑造型与文化

建筑是人类建造的，供人类进行生产活动、精神活动、生活休息等的实体。在建造过程中，人类在满足功能需要的同时，根据自身的意愿赋予建筑一定的意义，从而反映出某些社会状况与意识形态。建筑的造型反映出一片地域的文化、一段时期内人们的审美水平、接受程度，同时也暗含着下一阶段的发展需求。由于建筑本身存在的时期较长，因此，通过建筑自身的特点，我们很容易了解过去的社会、政治、技术、文化、美学等要素，建筑造型所传达出的视觉语言在影响人们心理的同时，也会影响到其他建筑的创作构思。

（3）建筑造型与技术

建筑具有艺术的特质，同时也是一门实用科学。建筑的建造离不开科技的进步、材料的丰富、技术的完善。同时，新的材料、新的技术也会大大丰富建筑形式的语言，从最初的"上古穴居而野处"（《易经·系辞下》）到砖、土、木、石的使用，再到现代建筑的钢筋混凝土、玻璃等材料的大量使用，再到当代一些塑料结构、充气结构、薄膜结构等等，都反映出了生产工艺和制作材料的进步，同时建筑的造型也发生了深刻的变化。而现代科学技术下新的建筑造型的形成也会反过来影响科技的完善，从而为产生下一个新的形态奠定基础，如此的循环往复，就需要建筑师了解和掌握新材料、新结构与新技术，并将其适当地运用和体现在建筑的造型上，从而适应社会的进步、市场的发展。

1.2　形态构成

1）形态的定义

《说文解字》中说："形者象也"，"态者意也，从心，从能"。所以"形"字代表了事物的客观存在，"态"字则说明了另一个主观世界的存在。有形必有态，态依附于形，两者密不可分。

"形态"就是指事物在一定条件下的表现形式和组合关系，包含形状和情态两个方面：从人的主观心理体验来看，一定的形状总会表现出某种表情和意义，从而引起人们心理上的某种呼应。因此，如何使形态具有影响人们心理和情绪的能力是构建形态的重要方面。

对于形态的研究，主要有两个方面：一是指形态的可识别性，即物体是什么样子的；另一个方面则强调形态给人带来的心理感受。因此，对于形态的认识既有主观的部分也有客观的部分。什么是好的形态、打动人的形态，取决于形态设计中的使用功能和精神功能的问题，即人们对于建筑形态的生理和心理需求。对于形态、符号、意义、感受等的认识，是形态的本质，也是在建筑造型设计中要牢牢把握的关键因素。

2）形态的分类

一般来说，我们将形态分为自然形态和人工形态两大类。随着社会的发展，在建筑设计中，人工形态也有着逐渐向自然形态靠近的趋势，如形态发生学、仿生建筑等，然而自然形态与人工形态的本质差别还在于形成的条件和方法不同。

（1）自然形态

自然界中，如树木、山峦、流水、花鸟都属于自然形态，因此可以认为，在自然界中，一切可视的、且不为人的意志而转移的物质的形态都是自然形态。自然形态虽然是自发形成的，但其中也存在着偶然形和规律形。偶然形是指那些形成于偶然之中，充满混沌、模糊、不定的现象，如云朵、河流、山石等；而规律形则一般用来指那些几何形态或者具有一定数理性的形态，如蜂巢、树叶、蝴蝶等（图 1.2，图 1.3）。

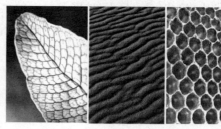

图 1.2　自然界中的偶然形　　　　　图 1.3　自然界中的规律形

（2）人工形态

人工形态是指人类有意识地从事视觉要素之间组合或构成活动所产生的形态。人工形态一般可分为具象形态和抽象形态。具象形态是指以模仿客观事物而显示其客观形象及意义的形态；而抽象形态则是指不具有客观意义的形态，以纯粹几何形观念概括、提升客观意义的形态。前者强调的是模仿现实的能力,后者强调的是概念的意义和符号的作用。

无论是具象形态还是抽象形态,在当今的时代背景下,都逐渐被建筑师用来分析和构建建筑,使得无论从语言句法方面还是几何形体方面都存在很深的理论基础,而将这些理论用在建筑的造型方面都可以用"构成"一词加以概括。

3）形态与建筑

"实用、坚固、美观"是建筑的三个基本要素。尽管建筑是一个综合体,要考虑功能、技术、经济、环境等要素,但不可否认的是,建筑所传达给人的心理暗示,其形态的美观是很多建筑流传至今的关键所在。"建筑是凝固的音乐"这句话充分说明了建筑的艺术感染力。因此,建筑形态的建构一直是建筑设计的关键环节和设计师的共同目标,也是一个建筑师所应掌握的基本技能。如何分析建筑作品,如何认知建筑,又如何建构建筑,建筑形态构成的学习至关重要。

对于建筑师的作品而言,建筑形态肩负着传达设计意图与被读者解读的双向任务,是建筑师与使用者的一座沟通桥梁。作为时代的产物,各个时期的建筑形态往往深受这一时期的主流审美意识的影响。有些作品也会记录当时的文化信息并唤起后人对那个特定时代某一文化特征和社会心理的记忆。

因此,对建筑形态的理解和认识,必须置身于研究对象所处的特定环境中进行分析与审视,不能切断时间的轴线,要整体地、全面地分析,才能取得较为系统、客观的认识。

4）构成的定义

"构成"(Construction)是一个近代造型的概念,原文为德文 Gestaltung,指将各种形态或材料进行分割,作为基本要素重新赋予秩序组织。"构成"一词来源于"构成主义","构成主义"本身属于哲学和艺术的范畴,它有具体的内容形式、思想方法和行为准则,本身也属于一种风格和流派。因此"构成"更多的是哲学和科学的含义,即从造型要素中抽取那些纯粹的形态要素加以研究,强调对要素进行分解与组合,使其满足不同的需求。

中国古代哲学家老子在《道德经》中有这样的一句话:"朴散则为器。"其中,"朴"是指未经加工的木材,"无刀斧之断者为朴",而"散"即为分解之意。整句的意思是说将原始材料分解为一些基本物质要素,才能组合起来,制成各种器具。这句话充分说明了事物形态的形成规律,把要素进行组合是造型活动的基本手段,把观察和设计中的现象符号化、抽象化成基本要素,对其进行组织编排的过程,就是对形态元素构建的过程。

构成是创造形态的方法,研究如何创造形态,形与形之间怎样组合,以及形态排列的方法与技巧。在建筑的造型设计中,构成可以理解为以形态为基本元素,按照美学、力学和心理学等原理,科学地进行打散与组合的构建过程。它不再被简单地理解为一种构图的概念,而是一套形态组织的新的语法关系,成为现代设计的基本方法。(图1.4)

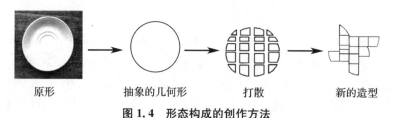

| 原形 | 抽象的几何形 | 打散 | 新的造型 |

图1.4　形态构成的创作方法

5）构成与建筑

构成被应用于建筑方向起源于德国的包豪斯,发展至今已有百年历史。它顺应了当时大工业发展的趋势,结合新发展的现代抽象艺术特点,成功探讨并解决了日益尖锐的大工业生产和美的形式之间的问题。

从前面的概念可以了解到,所谓构成是指将各种形态或材料进行分割,作为素材重新赋予秩序组织,具有纯粹化、抽象化的特点。建筑构成,则是通过确定各个要素的形态与布局,并把它们在三维空间中进行组合,从而创造出一个整体。从构成的角度来看,现代建筑的基本倾向是几何抽象性,墙体、柱、窗等建筑元素也被抽象为点、线、面、体,建筑成为这些元素的合理组合。当然,随着时代的发展,几何理论也在逐渐地被一些新的理论相继挑战,一些先锋建筑师逐渐将新的血液融入到建筑构成之中,使得建筑造型向着多元化、复杂化、仿生化的趋势发展。(图1.5)

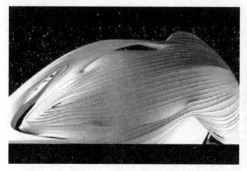

图1.5　多元化的建筑构成形态

1.3　建筑造型与形态构成的关系

需要指出的是,这里的"建筑造型"和"形态构成"是作为两个名词出现的,"建筑造型"是指建筑最终形成的形态,而"形态构成"则是形态的构成法则。前者是目的,是最终效果;后者是过程,是方法论。

建筑造型的目的不仅仅是锻炼用形态体现逻辑,也是锻炼如何创造出隐喻逻辑的形态。这就必须把各种思维元素连接成新的形象系统,了解不同的形态带给人的不同的视觉差异和心理暗示。在这种特殊的思维过程中,形态的思维和逻辑的思维是同样重要的。把思维元素连接为新的形象系统的过程,对于建筑造型至关重要,这也是建筑师在造型上寻求突破的关键手段。

但是,对基本要素进行组织综合的思维过程不是随意的、盲目的,而是必须要遵循一定的审美规律,这样才能保证最后形成的视觉能够为人们所接受和喜爱。形态构成的设计过程就是选择的过程,而选择的过程就是审美的过程,所以"美"与"不美"就是形态构成过程中的控制因素,它决定形态的层次和品位。

由于建筑的特殊性,将涉及很多的影响因素,编排组织的思维过程也会更加复杂,因此,必须对相关的视觉审美规律进行深入的理解,才能更加有效地协调各个要素,生成美的造型。

对于形体构成的研究,是我们设计出好的建筑造型的关键所在。

2 建筑形态构成的发展与演变

历史对建筑来说是一个丰富的宝藏,对于形态构成也是如此。建筑形态构成的发展与演变架构在形态构成的基础之上,而形态构成涵盖了很多方面,其自身也经历了漫长的岁月,在人们逐渐地用新的角度去观察和思考之后,形态构成首先反映在绘画上,紧接着反映在建筑上。

现代意义的形态构成源自于造型艺术运动的构成主义,并在包豪斯学院得到发展与推广,从而应用于各艺术设计领域。因此,它是在不断的艺术实践中逐渐演变而来的。实际上,形态构成的创作方法贯穿于造型艺术发展的始终。然而,传统的"构成法则"并不同于我们所说的现代意义的"构成",但现代的"构成"又是在传统"构成法则"的基础上发展而来的。

2.1 第一阶段——走出古典主义建筑的牢笼

实际上,在我们所知的形态构成概念出现之前,绘画和建筑设计中就已经有了"构成"的观念。虽然这种概念还比较模糊和不完善,然而,这种思想却深深地影响了几代人,并为最终形态构成的形成奠定了基础。

1) 迪朗的思想与贡献

18、19 世纪新生的资产阶级的思想以及对建筑的需求使其对整个庞大的传统知识体系产生了巨大的冲击。新兴的资产阶级推翻了传统贵族的统治,因此也要求有自己的区别于传统建筑的崭新的建筑形式。

在 18、19 世纪的欧洲最具影响力的建筑学院是巴黎艺术学院(Ecole des Beaux-Arts in Paris)。19 世纪初,曾在巴黎艺术学院学习的建筑师让-尼古拉-路易·迪朗以自己所持的理性主义原则,确立了建筑组织的网格系统。他认为建筑是由水平、垂直两部分构成,即他的出发点不在于建筑的空间,而是建筑的平立面的结合产生了建筑的"体积"。伴随着这种概念形成了由原来的对建筑物主体外形进行区分或细分的设计模式转向结合个别构件、组合不同元素的设计模式。这种方法趋向于忽视功能的造型潜力,而赞美外部表现。他的这种理论体系促使巴黎艺术学院进一步发展,并为建筑设计的组织方法与概念带来了重要的转变。

2）加代及其"构成"观念

继迪朗之后，巴黎艺术学院教授朱利安·加代于 1901 到 1904 年间编写了《建筑理论元素》（*Elements Et Theorie de L' Architecture*）一书。在这本著作中，可以看出加代的理论体系中包含有"各种建筑的组成，从单独的元素到整体的组合，从艺术以及将艺术应用于具体设计项目中的二元论观点，到材料的必要性等等"。加代还呼吁"艺术中通常和永恒的原则"，并认为这种艺术的永恒原则便是组合的创作方法，他称之为构成（composition）。他对这种原则的关注，可以从他对"构成元素"的强调中了解一二，他将"构成"看成是建筑的"艺术品质"，并将"构成"定义为"构成意味着将整体的各个部分组合，焊接和结合在一起。在这个意义上，这些部分本身就是构成的要素"。

加代的理论体系对现代建筑设计的理论产生了相当大的影响，他用建筑构成概念取代了盛行于 18 世纪并处于主导地位的"布置"（disposition，配置、组织与排列）的概念。他认为"构成"应是建筑师们最关心的问题，它是建筑艺术的永恒原则，并给予"构成"在建筑设计中极高的地位。

由此可见，加代的"构成"思想更接近于现代意义上的构图、布置，更多地运用在二维建筑平面的布局上，而他对于元素、组合方式的理解与今天"构成"的含义也有所不同。由于加代本身受法国古典传统建筑的影响，并有折中主义的倾向，因此在他的建筑构成影响下的建筑造型并没有完全摆脱传统建筑形式的束缚，而这些建筑仍然只是处于传统建筑与现代建筑之间的一个过渡期。

2.2 第二阶段——造型艺术的影响与推动

建筑与艺术从造型观念上看，都是相互交叉、错综复杂的。形态构成原理源于对抽象艺术的创作方法的总结与提炼。19 世纪末 20 世纪初这一阶段，是造型艺术运动最活跃的时期，它们彼此互相渗透并借鉴，分享着共同的美学领域，从中也产生了不少新的造型艺术理论，为构成理论的形成与发展奠定了理论基础，并影响着建筑造型的设计。

20 世纪初的欧洲各国的艺术运动均是受到抽象艺术的影响。在西方，较为权威的费登版《20 世纪美术辞典》解释："二十世纪'抽象艺术'这一概念，乃是指不造成具体物象联想的艺术，它不贪求表达其他视觉经验。"抽象是相对于具象而言的，其含义实际上被确定在两个明确的层面上："一是指从自然现象出发加以简约或抽取富有表现特征的因素，形成简单的、极其概括的形象，以致人们无法辩证具体的物象；二是指一种几何的构成，这种构成并不以自然物象为基础。"两者构成了抽象艺术的两大类型①。

1）绘画的先驱者

"仅靠眼睛是不够的，思考是必要的。"

——保罗·塞尚

从造型艺术的角度来说，颠覆以往传统绘画形式的要属现代艺术的三位巨匠。他们分别是法国画家高更、塞尚以及荷兰画家梵·高。他们直接引起了20世纪初现代造型艺术的发展与变革。其中，被人们认为是"现代艺术之父"的塞尚，是20世纪探索绘画先知的19世纪画家中最具影响力的一个。

塞尚（1839—1906），他是"绘画形式因素的发现者，完成了色彩造型、艺术变形、几何程式的研究，使西方绘画模仿事物的成规决裂"②。他除了用颜料来表现他的艺术的本质，重要的是，他更强调一种"艺术的真实"而非传统绘画中"自然的真实"。他认为，绘画中静物各要素之间存在着某种关系，而这种关系便是绘画的基础。他提出"所有的形体都是由柱体、圆球、方体、锥形等四五个基本形体构成的"理论，从而使造型语言彻底地独立。他刻意用扁平的笔触去打破物体原本清晰的轮廓线，并使之变形，从而在物体之间建立起空间的紧密关系，这是一种存在于物体之间并且相互作用的紧密关系，是一种有意义的视觉体验。1890年之后，塞尚的笔触变得更大，他所描绘的物体也更加抽象化，轮廓线也变得更加破碎。他利用排列的笔触将原来自然的物体分解成抽象的成分，然后重新组织成新型的绘画，从而产生新的绘画形式。

由此，我们可以清楚地发现，塞尚的这种在绘画中用到的创作方法实际上就是现代形态构成创作的最原始的表现形式，即将自然中的事物进行抽象并分解，从而重新组织成新的形式，它在造型艺术的创作中具有开拓性和创新性。

绘画像往常一样走在了前面，塞尚的发难使人们不再追求那种"透过窗户看东西"的真实，而是留出了足够的空间给观者进行思考。这种类似"构成"的思维，不断影响着各流派画家为创造新的艺术造型及其创作方法不断地探索，其创作理念与思想也日渐清晰，其中对"构成"思想形成影响最大的是19世纪末20世纪初的抽象艺术。

随着时间的发展，现代主义理论及艺术实践给几何的、抽象的艺术形式带来了生长的土壤，各种艺术门类的推进以激进的方式相互影响，并在概念上常常出现惊人的相似之处。这其中主要有立体主义、未来主义、至上主义、风格派、构成主义等

---

① 杨志疆.抽象派艺术与现代建筑的形态构成[J].华中建筑,2005,23(1):67.
② [俄]瓦·康定斯基.论艺术的精神[M].北京:中国社会科学出版社,1987:43.

一些门派，它们不仅在发起时间上相近甚至出现重叠，在艺术语言、形式特征及形态构成等方面都表现出几何化、抽象化的倾向。虽然各种门派、风格在哲学思想、艺术理念及理想方面不尽相同，但它们都是抽象艺术的杰出代表，都为后来"形态构成"在包豪斯的形成奠定了坚实的理论基础。

2）立体主义

"把我们所看到的一切，只是作为一系列各种不同平面、表面的一定分割来理解，这就是立体主义。"

——巴勃罗·毕加索

立体主义属于早期的抽象艺术。早期的立体主义是受塞尚的影响而发展起来的。立体主义画家们追求碎裂、解析、重新组合的形式，其绘画特征是强调绘画的结构性以及对对象的分析、重构以及综合的处理，并追求一种几何形的美及其形式的排列组合所产生的美感。

以毕加索和勃拉克为代表的立体主义在发展过程中大致经历了三个阶段：立体主义的形成阶段、立体主义的分析阶段和立体主义的综合阶段。在创作方式上也逐渐地从二维的分解到拼贴画面再到不同材料的尝试与组合，从而构成了立体主义的完整脉络。而绘画与雕塑的互相促进，也从另一个方面反映了立体主义的发展方向和最终归宿。也正是这些变化，使得立体主义的观念和创作方法对20世纪艺术实践产生了深远的影响。

立体主义是20世纪初期的现代艺术运动的核心和源泉，也是"构成"思想形成的源流之一。立体主义包含了对具体对象的分析、重新构造和综合处理的特征。这种特征造成对形体结构的分析和组合，并且把这种组合规律化、体系化，强调理性规律在表现"真实"中的关键作用。这种探索对荷兰的"风格派"运动，俄国的"构成主义"运动，包括德国的包豪斯都产生了影响，并体现在绘画、雕塑、建筑、设计等各个领域之中。

3）未来主义

"一个轮廓在我们的眼前绝不是静止的，它不断地显现和消失。"

——《未来主义技术宣言》

兴起于20世纪初期的未来主义运动继续扩展了立体主义的绘画风格。未来主义强调艺术作品更多地用尖角、斜行线、旋转的圆或螺旋做重复从而引起视觉的动势。这开创了艺术创作中的第四维空间——时间，提倡绘画不应是凝固的形态，而要展现一种动态美。

未来主义的美学观点是建立在反传统基础上的。与别的艺术流派不同，它对待历史是持完全的反对态度。未来主义的产生,并不是一个纯粹强调个人感受或形式探索的艺术运动,其目的是为了影响意大利的文化、艺术、政治、思想的发展轨迹。

纵观整个未来主义运动的发展,未来主义的艺术主张所关心的不仅仅是表面艺术形式上的变化,而更主要的是希望通过激进的宣言与艺术运动来引发人们对机械时代的关注。未来主义者的灵感与20世纪初的一些原始主义所不同的是,它来自城市机器的轰鸣声与刺耳的尖叫声,也就是说,未来主义者们意识到了机器时代的到来所带来的一系列的物质与精神的变化,并明确要求把这些变化纳入到艺术表现的范畴中,试图在艺术与工业之间建立起直接的对应关系。

虽然未来主义没有统一的风格,时间也比较短暂,但这一切并不能抹煞它的重大意义和影响。它促进了艺术家对当时的时代产生一种感受和认识,如机械、速度、力量等与时俱进的东西。他们的一些艺术观念和艺术实践,包括消灭传统与规范,反对模仿与守旧,提倡创新和机械美,等等,尽管言语激烈并缺乏妥协,但却使得未来派在当时的欧洲产生了强烈的影响。不仅如此,未来主义还影响到了当时的俄国以及亚洲的日本,对达达主义、构成主义、超现实主义等都具有深刻的指导意义。

4) 杜尚的贡献

"我最好的作品是我的生活。"

——马歇尔·杜尚

杜尚对于西方现代艺术的贡献是深入的、彻底的。同塞尚被称为"现代艺术之父"一样,杜尚被尊称为"现代艺术的守护神",以体现其重要性。可以说,二战以后的西方现代艺术的发展,其主要思想和表达方式都离不开杜尚的影响。虽然达达主义、超现实主义等流派都试图拉拢杜尚,然而,不可否认的是,杜尚的跳跃式思维是任何故步自封的流派都望尘莫及的。

虽然杜尚一生作品并不多见,但是他对于艺术本质的思考使他得以跳出当时的艺术屏障,思想和作品都成熟和丰富起来,杜尚从不重复自己的创作,新鲜的想法总能引领他不断前进。然而,即使这样,他也从未改变过自己的初衷:颠覆传统的艺术观,消融艺术与非艺术之间的界限。

当塞尚打开了现代艺术的大门时,毕加索用语言诠释了它,而杜尚则用态度回应了它。语言和态度虽然有着相辅相成的联系,然而,态度却是更深一层的东西。这就是为什么整个美国现代艺术不论多么千奇百怪,其初衷都逃不开杜尚追求自由、取消生活与艺术界限的主张,却最终又走回到毕加索那条创作之路的原因。当然,随着时间的推移,当杜尚的作品被——复制的时候,浮躁的人们也开始使用杜尚的"语言",即使那不是杜尚所希望的。

　　杜尚对于现代艺术的影响是深刻的:一方面反映在他的反叛思想中,另一方面则体现在他大量的实践中——包括材料的大胆尝试和大量的"现成品",遗憾的是,他的很多言论在当时都过于激进,并没有被大多数人所接受,直到他死后的50年,其相关的思想和实践才被艺术家理解和推崇,而那些当年或后来出现的达达主义、超现实主义、波普艺术、装置艺术、大地艺术、偶发艺术、行为艺术等等,都是杜尚某一方面思想或实践的延续。

　　5) 抽象主义

　　"就外在的概念而言,每一根独立的线或绘画的形就是一种元素。就内在的概念而言,元素不是形本身,而是活跃在其中的内在张力。"

——摘自《点、线、面》

　　俄国画家瓦西里·康定斯基最早奠定了抽象艺术的理论基础,并将俄国在抽象和构成方面的探索传播到西方。他重视形式的重要性,认为艺术创作的目的不是捕捉对象的外形,而在于捕捉其内在精神,并强调艺术家在绘画中应表现出自己的内心感受。康定斯基在1913年创作的《构成第七号》,通过线条、色彩、空间和运动来传达其感情意识,不再参照自然物。

　　康定斯基在对抽象构成艺术的探索中也有不少著名的理论著作,如1911年他所写的《论艺术的精神》、1912年的《关于形式问题》、1923年的《点、线、面》。1938年的《论具体艺术》等论文,也都是抽象艺术的经典著作。其中,在《论艺术的精神》中首次解释了绘画中"构成"的含义:"所谓'构成',就是内在的、有目的地使诸要素、构成(结构)从属于具体的绘画创作目标。"他认为如果单从表面上来看,构成就是绘画,并认为它是绘画艺术灵感的来源之一。康定斯基在这本书中还提到,构成是对物质进行逻辑性的瓦解而非清除,即对物质各部分进行分解,并把它们散在画面上的结构方法,从而表现出物质的外表,产生出与以往绘画形式完全不同的新的形式。它是继形式创作方法之临摹、变形之后的一种属于现代艺术的创作方法,是一种对物质形态各要素进行分析、分解的研究方法,并成为现代艺术创作中的主题。

　　而《点、线、面》这一著作则是《论艺术的精神》的续篇,从中可以看出康定斯基已经无意识地将构成艺术的"艺术元素"与建筑艺术联系起来。在书中,他提出了基本的"绘画元素",并认为这是作为建立分析研究艺术科学的方法,以及它对实际运用的检验的一种尝试。

　　康定斯基的这些理论著作对荷兰的风格派以及德国的包豪斯设计学院的设计教学产生了重要的影响,也为之后的形态构成理论奠定了理论基础。

6）风格派

"对于新的时代精神来说，过去的艺术无疑是多余的，有害发展的。正因为这种艺术的美，它阻碍着人们接近新观念。然而，新艺术则是生活所必不可少的，它用一种明确的方法建立了一种真正的平衡所赖以生存的法则。此外，它肯定会在我们中间创造一种深沉的人性和丰富的美，这种人性和美不仅被优秀的现代建筑如实表现出来，而且还被绘画和雕塑等所有一切积极的艺术所表现。"

——彼得·蒙德里安

风格派于1917年创立于荷兰，与此同时创建了《风格》杂志，其目的是表达自己的观念，同时它也架设了一个可以把艺术与建筑、设计联系起来的桥梁。风格派认为艺术应当运用几何形象的组合和构图来体现整个宇宙的法则与和谐，强调艺术需要抽象和简化，其作品以数字式的结构追求艺术的纯洁性、必然性和规律性。风格派是20世纪初期在法国产生的立体派艺术的分支和变种，代表人物是彼得·蒙德里安（Piet Mondrian，1872—1944）。

蒙德里安受到康定斯基的影响，认为"构成是所有艺术作品的基础"，并认为无论造型艺术的外在形式如何变化，但它的本质具有普遍性，且都来自一切事物的存在本原，而这种普遍性或说是事物存在的本原便是构成。其暗示构成的本质就是表现事物各要素之间的组织关系，他强调构成所表现的这种关系，在造型上既表现了精神又表现了自然。他认为在构成中，关系的造型表现即韵律是首要的，而造型方法是第二位的；同时，他也强调其秩序性。蒙德里安认为在造型艺术中存在着固定的法则。在《造型艺术与纯造型艺术》中，他指出"这些法则控制并指出结构因素的运用、构图的运用，以及它们之间继承性相互关系的运用"。

其实，蒙德里安的抽象理论与康定斯基的抽象思想在本质上都是以纯粹的视觉元素来造型，并以抽象元素来揭示客观世界，表现主观情感。所不同的是，康定斯基强调激情与自由，感情即兴抒发，而蒙德里安则更加理性，强调严谨的秩序和比例关系。因此，在艺术界，有将康定斯基的抽象风格归为"热抽象"，将蒙德里安的作品归为"冷抽象"的论调。

需要指出的是，虽然风格派的很多理论和影响来自蒙德里安的绘画作品和思想，然而，其在建筑方面的探索和贡献在今天似乎显得更有意义。尤其是在战争年代的断层期，中立国荷兰是少数几个可以持续从事建设的国家，因此，从风格派的建筑实践中能够清楚地追溯出从第一次世界大战的战前到战后过渡的建筑探索工作。自20世纪30年代，风格派就在建筑艺术领域被认为是1914年前的先锋派：立体主义和未来派与1918年后几何抽象的现代主义与国际风格的连接部分。

虽然大多数风格派的建筑只停留在方案阶段，设计作品很少得以实施，但是这不能掩盖他们在建筑设计上的前瞻性和启发性。如奥德对标准化和社区概念的实践表达了他对个人与社会关系的关注；简·维尔斯对空间体量的强调表达了他对传统建筑对称、平面、静止特征的突破；罗伯特·万特霍夫作为赖特风格欧洲的传播者，在推广有机建筑的同时强调了室内外的渗透；格里特·里特维尔德对空间多变、连续、开放的探索更是将其回归到一种最基本、最普遍的状态，从而进一步启发了流动空间的形成。这些对于思考现代建筑的发展起到了一定的推动作用。

风格派虽然只维持了十几年的时间，然而它的影响却是深远的。很多流派都试图在绘画、雕塑、建筑、设计等艺术门类寻找联系，风格派在20世纪初做了一次成功的尝试。他们所追求的很多抽象元素和思想得以真正地被应用于新建筑和新的设计中。风格派一直强调的艺术与科学紧密结合的思想，以及强调艺术家、设计师、建筑家的合作的观念也为后来以包豪斯为代表的国际现代主义设计运动奠定了思想基础。

7）至上主义

"至上主义的新艺术通过赋予绘画感觉以外的在表达方式创造出新的形式和形式之间的相互关系，这一新的艺术将成为一种新的建筑样式，它将要把这些形式从画面移至空间。"

——卡西米尔·塞文洛维奇·马列维奇

至上主义试图通过抽象的语言表达超越可视世界的感觉，表达艺术的"绝对性"，它以"纯粹的艺术"为其终极目标，作品象征了新时代的秩序与和谐。

卡西米尔·塞文洛维奇·马列维奇（Kasimier Severinovich Malevich，1878—1935）是至上主义的代表人物。与康定斯基类似的是，马列维奇是另一位强调艺术与内在精神关联性的艺术家，他的作品中同样有着一种精神至上的表达，我们可以将其理解为俄国玄学色彩的体现。不同的是，马列维奇在其艺术生涯的顶峰所提出的"至上主义"思想可以被视作抽象艺术极端发展的结果。他的作品也显现出一种空寂、静默甚至乏味的感觉，从内至外传达出一种哲理意味。

马列维奇用自己的至上主义证明了一幅绘画是能够完全脱离任何映像，或者脱离对于外部世界——不管是人物、风景或静物——的模仿而独立存在的。不过，他的这一思想实际上早在康定斯基的作品中已经有所体现。所不同的是，康定斯基是将自己所有的情感运用色彩和形式作极丰富的表达，而马列维奇则是将所有的思想带入到一种最终的几何简化中去。

由于马列维奇的这些关于艺术形式的试验始终停留在二维绘画的畅想中，因此并没有在当时推崇实用主义的俄国人民那里得到足够的重视和关注。不过，他的至上主义作品彰显出鲜明的个性,在整个艺术流派中独树一帜,很少夹杂其他流派的影子,足够的纯粹和绝对,进而影响了很多人的思想。"作为开拓者、理论家和美术家,他不仅影响了俄国大批的追随者,而且通过李西茨基和莫霍利·纳吉影响了中欧抽象美术的进程。他处在一个运动的中心,这个运动在一战后从俄国向西传播,与荷兰风格派东进的影响混合在一起,改变了德国和欧洲不少地区的建筑、家具、印刷版式、商业美术的面貌。"①

8)构成主义

"构成主义设计是非无产阶级、也非资产阶级的,它是基本的、原创的、准确的和放之四海皆准的。"

——莫霍利·纳吉

构成主义者力图用表现新材料本身特点的空间结构形式作为绘画及雕塑的主题。他们的作品,特别是雕塑,很像工程结构物,因此被称为构成主义。

构成主义者强调动力学的平衡,认为造型的生命力应显示为平衡力的不断动力,并认为只有相互协调的内聚力的结合的结构才是构成,才具有表现力。构成主义的代表人物有塔特林、佩夫斯纳、加波、罗德钦科、李西茨基等,其中塔特林是奠基人。一般人认为,"构成"一词来源于构成主义,它的英语翻译为"Construction",即建造或构造的方式、结构的意思,它代替了以往二维绘画中的"构图"一词。构成主义者认为构造、质感和结构是构成主义的三个原理,并认为结构就是标志创作过程和视觉组织法则的探索,这个视觉的组织法则便是"构成"。构成主义者还主张技术与艺术不可分离,艺术必须表现工业化时代的精神,这些观点构成了正统的现代主义建筑思想的基础,也是俄罗斯构成主义对包豪斯的主要贡献。

不仅如此,构成主义者还注重将光、色以及材料特征作为视觉要素的传递信息。在色彩研究方面,奥斯特瓦德和蒙赛尔在 1921 年和 1929 年先后发表了《色彩图》等著作,提出了他们的科学色彩体系;在形态的知觉和心理研究方面,有考夫卡的《格式塔心理学》(1935)、勒温的《拓扑心理学》(1936)、阿恩海姆的《艺术与视知觉》(1954)等,这些来自不同方面的重要著作将感性与理性相结合,为形态构成的最终形成打下了坚实的理论基础。

值得一提的是,构成主义的思想在构成教学上的优越性直接影响了包豪斯的教学工作。而这种将艺术思维与科学思维相结合的新课程方法,对于造型能力的开发也是十分有益的。在研究建筑造型的问题上,构成主义的一些理论和方法在今天同样发挥着巨大的作用。

---

① Alfred H Barr. Cubism and Abstract Art, Museum of Modern Art [R]. New York, 1936.

2.3 第三阶段——包豪斯与形态构成理论体系的形成

王受之在《世界现代建筑史》一书中评价过包豪斯:"包豪斯的存在时间虽然短暂,但对现代设计产生的影响却非常深远。从具体的影响来说,它奠定了现代设计教育的结构基础,目前世界上各个设计教育单位,乃至艺术教育院校通行的'基础课',就是包豪斯首创的。这个基础课结构,把对平面和立体结构的研究、材料的研究、色彩的研究三方面独立起来,使视觉教育第一次比较牢固地奠立在科学的基础上,而不仅仅是基于艺术家个人的、非科学化的、不可靠的感觉基础上。"由此可以得知,包豪斯所开创的"基础课程"就是后人对其总结的三大构成理论。

1) 包豪斯成立的宗旨

由于三大艺术运动的推动以及抽象艺术对各种造型艺术的影响,包豪斯在成立之初便以"将技术与艺术相结合"为其创立的主要原则。

包豪斯是一个综合性的设计学院,它第一个将20世纪初发展的抽象艺术各流派的思想及其创作原理应用于建筑设计及其学校的教学当中,在这些流派中对包豪斯的设计教育影响最大的是荷兰的风格派以及俄国的构成主义运动。包豪斯将这些艺术流派的探索及其研究成果加以发展与完善,并发现了与设计和建筑相关的艺术原理,形成了一套关于现代各造型设计领域共同遵循的法则,即构成理论体系。

2) 包豪斯的教师与构成理论体系的统一与完善

在包豪斯的整个办学期间,格罗皮乌斯成功地召集了一群知名的艺术家,聘请他们作为包豪斯的指导教师,其中包括:德裔美籍画家李奥纳·费宁格,瑞士抽象派画家保罗·克利、约翰·伊顿,俄国的抽象派画家瓦西里·康定斯基;风格派画家特奥·凡·杜斯伯格,构成主义艺术家莫霍利·纳吉等。这些艺术家使当时流行的各艺术流派对包豪斯的理论产生了重要影响。

(1) 约翰·伊顿

瑞士画家、美术理论家约翰·伊顿长期致力于抽象构成的研究。伊顿在包豪斯期间开设了基础课程,他为基础课设了三个内容,即强调学生的创造性、天分多样性和形的基本原理。其中有关形的基本原理的内容是"向未来以艺术为专业的学生介绍创造性的构成原理。让学生掌握客观世界的形与色的规律。在工作中以不同方式运用关于形和色的主观和客观的规律"[1]。

---

① 贾倍思. 型和现代主义[M]. 北京:中国建筑工业出版社,2003:7,51.

在他的基础课中,他要求学生必须通过严格的视觉训练,对平面、立体形式、色彩和肌理有着完全的掌握。这个试验,为现代设计教育奠定了非常重要的基础,它是现代建筑教育、设计教育基础课程的开端。其理论著作《设计与形态》和《色彩艺术》开拓了构成艺术的理论体系,使包豪斯学院确立了 20 世纪的艺术设计理念,奠定了现代艺术设计的基础。(图 2.1,图 2.2)

图 2.1 鲁道尔夫·鲁兹三维图形的研究
选自伊顿的基础课程习作

图 2.2 "白人住宅"方案,1920 年

(2)瓦西里·康定斯基

康定斯基将俄国在抽象和构成方面的探索传播到西方,他于 1922 年加入了包豪斯学院,是对包豪斯观念最具影响力的人。这是因为他能够系统地、清楚而准确地表达他的视觉和理论上的概念,并且能将各学科融会贯通,这对以后的设计教育来说是很重要的。康定斯基在其所著的《图形的基本元素》一书中将图形元素分为两个部分:狭义的图形——平面和体积;广义的图形——颜色以及颜色同狭义的图形之间的关系。他认为:"在这两种情况中,练习在逻辑上都必须从最简单的图形逐渐过渡到复杂的图形。因此,在关于图形的基本问题的第一部分中,平面被简化为三种基本元素——三角形、正方形和圆形,而体积则根据这三种元素被转化为金字塔、立方体和球体。"

从康定斯基的造型理论中,我们一方面可以看到他对图形元素的理解是今天三大构成理论体系统一化的理论源流之一;另一方面可以看出康定斯基用最简单的语言说明了平面与立体图形之间的转化关系。在这之后,康定斯基于 1926 年将自己的构图课程出版成一本名为《点、线、面》的书,在这本书中,他尝试给艺术作品的要素及其之间的关系下一个比较绝对的定义,这种关系是指一个要素对另一个要素,以及对整体的关系。康定斯基的抽象艺术理论在这本书中得到科学的阐释,这本书成为包豪斯教学课程的理论基础,同时它也可以被认为是现代形态构成理论的雏形。

在包豪斯教学期间,康定斯基设立了自己独特的基础课程,注重形式的细节和色彩的细节,研究形式与色彩在具体的设计项目中的运用。他要求学生对形体与色彩的"单体"进行不同的组合,并从中研究其结合方式和产生的视觉效果。康定斯基对于包豪斯基础课程的贡献主要在两个方面:① 分析绘画;② 对色彩与形体的理论研究。

(3)保罗·克利

1920 年,瑞士抽象派画家克利被包豪斯邀请来校任教。他强调形态的简洁性,并认为所有复杂形体都是来自简单形体的演变。他还反复强调艺术家不能单纯地模仿自然,而应寻找自然形态发展的内在规律。他在包豪斯最大的成就就是将理论课、基础课与创作课放在一起上,以此启发学生的创作力。他与伊顿、康定斯基在很大程度上是相似的,但是他更强调感觉与创造性之间的关系,他对点、线、形态赋予了心理内容并使它们具有象征意义。同时,克利还强调形式与形式之间的相互关系,他认为形式不能单独存在,而应是相互依存的,只有这种相互依存的关系,才能使形式具有真正的内容。

(4)特奥·凡·杜斯伯格

风格派的领袖特奥·凡·杜斯伯格于 1921 年受聘于包豪斯,从而将风格派的思想和设计原则带入包豪斯。

一位名叫韦尔纳·格雷夫的包豪斯成员这样评论过他:"……凡·杜斯伯格对造型的讲解和伊顿有名的包豪斯初步课程有本质上的重大的区别。和伊顿一样,凡·杜斯伯格是个好老师。如果说伊顿致力于发现和鼓励个人天赋(内在的'感性'、'表现性'和'建构性'),杜斯伯格只对建构感兴趣。"这就说明杜斯伯格是一个理性主义者,并且他对包豪斯的理性主义试验持怀疑态度,他认为只有荷兰的风格派才是真正的理性,才真正了解结构与色彩的关系。他在艺术理论上主张理性的表现与结构的次序,他批评包豪斯是"浪漫主义"的,是非理性的,但是他带来的却是更加非理性的无政府主义混乱。(图 2.3)

然而,杜斯伯格这种极端的教学与工作方式却提醒了格罗皮乌斯必须使包豪斯把握其方向。因此,格罗皮乌斯放弃了教学最初的手工艺倾向,明确要求学校的教学体系必须进行改革,从而建立一个以理性的、次序的方式代替以往个人化表现方式的新的教学体系。包豪斯的这一改革使其教育思想及其理论体系得到进一步的统一。这使得杜斯伯格的极端的思想理念反而为包豪斯设计教育的改革起到了极大的促进作用。

图2.3　艺术之家模型

（5）莫霍利·纳吉与约瑟夫·阿尔贝斯

莫霍利·纳吉是匈牙利出生的艺术家，于1921年加入包豪斯，代替伊顿的职位，参与了包豪斯教学结构的改革。由于纳吉是构成主义的追随者，因此他也将构成主义思想和理论带进了包豪斯。纳吉强调形式和色彩的客观分析，注重点、线、面的关系。对于纳吉来说，造型活动是基于人类生物的、生理的机能综合的作用，目的在于使学生通过实践了解如何客观地分析两度空间的构成，并进而推广到三度空间的构成上。在教学过程中，他着重教授空间构成和构成练习，以培养学生对建筑的造型能力为目标。

与纳吉同时教学的另一位包豪斯教员约瑟夫·阿尔贝斯是包豪斯的学生，后来成为包豪斯的教授。阿尔贝斯对材料的研究与制作很感兴趣，他要求学生在某些阶段只能研究和试验几种材料（玻璃、纸、金属、草、波形纸板和铁丝网等等），在其他阶段研究材料的组合，从而获得对这些材料的理解和经验。阿尔贝斯认为："材料的运用应该避免产生任何废料，即经济性是首要原则，应该体现在材料裁剪和折叠后表现出的张力。"阿尔贝斯对纸张情有独钟，他擅长发掘纸张在创作形式方面的潜力与可能性，他利用剪子和纸张进行造型练习，纸造型是他最大的特点。（图2.4，图2.5）

从以上可以看出，伊顿、康定斯基、克利强调基础课程教学中的对于平面、立体及色彩的系统研究，而纳吉与阿尔贝斯在对材料的研究与应用上的探索及实践共同为包豪斯关于立体构成理论的完善作出了极大的贡献。他们的教学思想、教学方法最终形成了我们现代意义上的形态构成理论体系。

包豪斯在大量的教学与实践过程中，吸收了各抽象艺术流派的思想与理论，并在各艺术家及指导教师的共同努力与探索下，其设计教育中关于形态构成的理论体系得到了初步的统一与完善。建筑系成为包豪斯设计教育主要的发展对象，形态构成原理首先被纳入到建筑设计的教学当中，这一影响至今没有改变。

图 2.4　俄克拉荷马城的砖墙

图 2.5　纸的构成

2.4　建筑形态构成在我国的发展与意义

在中国,形态构成的相关课程从 20 世纪 70 年代后期便相继开展起来。许多院校为了培养学生的造型能力都将形态构成纳入到基础课程之中。

形态构成具有普遍性、创造性、抽象性、秩序性、逻辑性、组织性、目的性、简单性、独立性、个性等特征;它是理性与感性的统一;它是事物形态的外在规律与内在规律的结合,即事物形态的物质性的组织规律和心理上的视觉组织规律;它将事物形态的原形简单化、抽象化并将其打散,然后对其进行重新组合,创作出新的造型:这一思想与理论的精华从包豪斯时代一直发展、延续至今。

对于建筑学专业的学生而言,建筑无论大小都会受到功能、环境、经济、文化、技术等方面的制约,这些多元的制约因素使得建筑的价值取向变得复杂化、模糊化,建筑造型作为众多需要考虑的要素之一,并不是也不该是评价建筑好坏的唯一标准。

然而,抽象化的建筑形态构成对于建筑学的最大贡献在于提供了一种易于学习掌握、易于操作实践的"生成新形"的方法。因为形态构成本身就是一种将元素抽象、打散、组合的过程,因此,如果熟练掌握并运用这一技能,那么在以后的建筑设计中,当造型受到各方面的要素制约的时候,都可以随之进行调整。建筑造型由于形态构成的存在而变得灵活化、逻辑化、普遍化,成为建筑师的一种工具,而不是一种限制因素。这是建筑与建筑造型、形态构成的本质问题。

因此,在建筑造型的训练过程中,需要把建筑的形态同其他制约要素分离开来,在一种比较自由、宽松的环境中,将关注的焦点集中在基本形体上,将其作为一种纯造型现象,探求建筑形态的视觉特性,研究建筑形态的关系要素,考虑建筑形态的心理因素,最大化地挖掘建筑造型的可能性。

3 建筑形态构成的基本要素

3.1 构成元素

"所有的绘画形式，都是由处于运动状态的点开始的……点的运动形成了线，得到第一个量度；如果线移动，则形成面，我们便得到了一个两度的要素；在从面向空间的运动中，面面相叠形成体（三度的）……总之，是运动的活力，把点变成线，把线变成面，把面变成了空间的量度。"

——保罗·克利《思考的眼睛：保罗·克利笔记》

1）点

（1）平面中的点

点，是一切造型艺术的开始。点是所有形式中的原生要素，线、面和体都是从点派生出来的。点没是由长、宽和深，它是静态的、无方向的，但它有位置，并且具有相对性。比如一个建筑的单体是很大的，但把它放在一个空旷的环境中却成为了一个点。

点可以用来标志一条线的两端、两条线的交点、面或体的转角线条相交处、一个范围的中心等。（图 3.1）

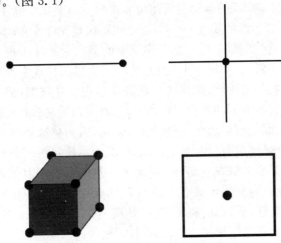

图 3.1 各种条件下形成的点

点具有可变性:一个点通过对其逐渐地扩大,其特征被逐渐削弱,最终由点转化为面。然而,无论多么小的点,还是存在大小和形状。点也可分为规则和不规则的点,当然,规则的点也可以转换为不规则的点。(图 3.2)

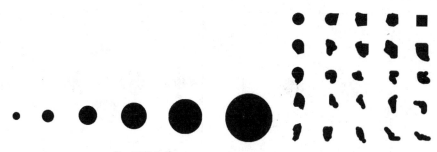

点—面的变化　　　　　　　　规则点—不规则点的变化

图 3.2　点的变化

点的作用:点是视觉中心,单独的点能够产生积聚视线的效果。如果画面空间有两个同样大小的点,并各自有它的位置时,它的张力作用就表现在连接这两个点的视线上,产生连续的效果。当两点的大小不同时,视线会逐渐地从大的点移动向小的点,最后集中到小的点上,越小的点积聚力越强。当空间中有三个点并在三个方向平均散开时,点的视觉作用就表现为一个三角形的虚面。点的数目越多,其周围的间隔越短,感觉出面的性质就越强。(图 3.3,图 3.4)

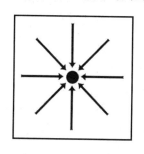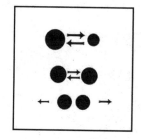

图 3.3　点的张力

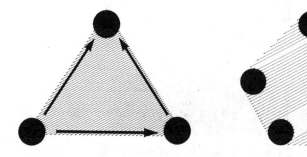

图 3.4　点形成的虚面

点的错觉现象：同样的"点"与周围的点的关系不同，就会产生不同大小的错觉；由于有一个点比较接近角的尖端，就会有这个点比较大的错觉，角度越小，错觉程度越高。（图 3.5）

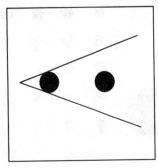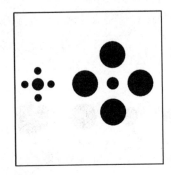

图 3.5　点的错觉

(2) 建筑形态中的点

在实际创作中，不同形态的点、处于不同位置的点以及点的多少会给人不同的视觉感受，点的不同的排列组合方式也会产生不同的表情。一般来说，点的构图作用具有积聚性、向心性、控制性、导向性等，点对空间的限制度最弱。

虽然点是一切造型的出发点，然而在建筑形态中，纯粹的点的造型并不多见，而且点一般不作为单独的形态出现，需要有结构的支撑。而在建筑表面，点由于其组合后能产生疏密变化，运用得较多一些。（图 3.6）

图 3.6　曼谷 Lightmos 商铺中点的应用

2）线

（1）平面中的线

在几何学中，线是点的运动轨迹，也是面运动的起点。因此，可以说线是在运动中产生的，它代表着一种张力和方向。一般来说，人们将长度远远大于宽度的形称为线，并且线被认为是没有宽窄，没有粗细的，它依附于面，是物体形体的轮廓，并决定着物体的形状。它也具有相对性，凡是看起来相对细的形态都可被认为是线。

线有两种基本类型：直线（垂直线、水平线、斜线等）和曲线（几何曲线、自由曲线等）。从这两种类型中又可派生出许多种线条来，而它们又各自具有不同的视觉感受。如：

水平线——静止、安定，使人联想到广袤的大地，开阔、平静、安宁；

垂直线——阳刚，有升降感，严肃、庄严、寂静、崇高；

斜　线——飞跃、积极，容易使人感到重心不稳，动感强，有延伸、冲动感；

细直线——运动感，纤细、敏锐；

粗直线——紧张感、厚重、严密；

长直线——时间性，持续性，速度感；

短直线——急促，断续、刺激。（图3.7）

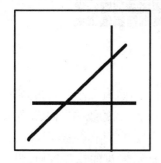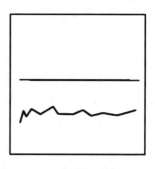

图3.7　不同视觉感受的直线

相比较而言，曲线具有温和、缓慢、丰满、柔软之感，几何曲线有理智的明快感，抛物线有流动的韵律感，自由曲线有奔放和丰富感等等。（图3.8）

线的错觉现象：

① 平行线在不同附加物的影响下，显得不平行；

② 斜线的折角越锐，视觉效果越长，垂直线感觉比水平线长；

③ 直线在不同附加物的影响下，呈弧线状；

④ 同等长度的直线，由于两端的形状不同，感觉长短也不同；

⑤ 白线交点上可感觉出灰点，黑线交点上可感觉出白点。（图3.9）

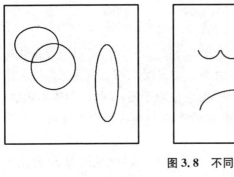
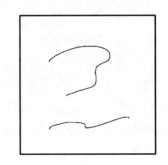

图 3.8　不同视觉感受的曲线

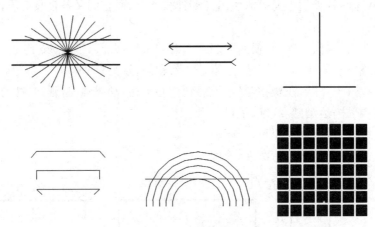

图 3.9　线的错觉

（2）建筑形态中的线

在建筑形态中,线不同于几何学中的线,它有宽窄,有粗细,也有大小和长短,它表现为立面的装饰线、建筑中的立柱或建筑立面的交线。不同形状的线的方向、位置的变化所产生的动感(比如其力量、速度、方向等因素)是支配线的感情的主要因素。

线在建筑造型中具有分割、改变比例与尺度的关系、显示建筑的精神气质、强化或软化建筑轮廓等作用。在建筑造型中,建筑的边线可表现为以下几种:直、锐、钝、劈、虚、退、圆、阴、错、延、凸、凹、突、复、悬、斜劈。(图 3.10)

不仅如此,线在建筑造型中可以形成形体的骨架,成为结构体本身。线也可以作为形体的轮廓而将形体虚化,从而达到分离的作用。在建筑造型中,线一般以线群的形式出现,使得简单的线按照一定的秩序进行组合,从而产生空间的节奏感。有的时候,由于视点稍微一动就可以产生变换的感觉,因而视觉效果极其丰富。总之,不管是作为建筑装饰还是结构、是应用于外部还是内部,线在建筑造型中的应用都是十分广泛的。(图 3.11)

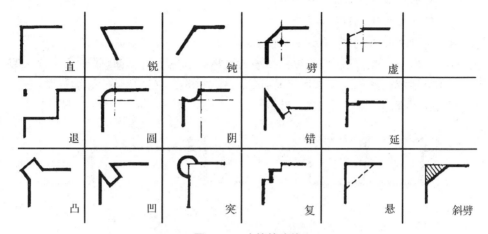

直　锐　钝　劈　虚

退　圆　阴　错　延

凸　凹　突　复　悬　斜劈

图 3.10　建筑的边线

图 3.11　马德里巴拉加斯国际机场中线的运用

3）面

（1）平面中的面

面是线的运动轨迹。一般认为，面是点的面积的扩大或线的封闭及推移而产生的。在二维空间中，它有长度、宽度、方向、位置和形状，没有厚度。它的形状和颜色等可以直接作用于人们的感觉器官，激发出人们的联想。

面的构图作用有：限定体的界限；以遮挡、渗透、穿插关系分割空间，面的空间限定感最强，是主要的空间限定因素；以自身的比例划分产生良好的美学效果；以自身表面的色彩、质感处理，产生视觉上的不同感受等。

（2）建筑形态中的面

在建筑的形态设计中，按照空间层次，面可分为三种类型：

① 底面。底面对建筑形式提供有形的支承和视觉上的基面，底面支撑着人的活动。抬高或降低底面可增强限定感，限定感的强弱影响到视觉的连续程度，它们都与底面的高低起伏有关。（图 3.12）

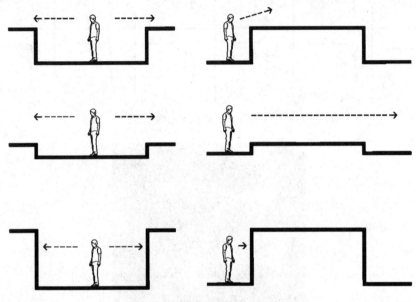

图 3.12　不同底面的空间限定感

② 顶面。顶面可以是屋顶面，也可以是顶棚面，它是建筑空间的遮蔽构件和对气候的保护构件。不同的顶面对于空间的限定感是不尽相同的，无论是从室内还是室外来观看，顶面的变化都是空间视觉上和心理感受上的重要影响因素。（图 3.13）

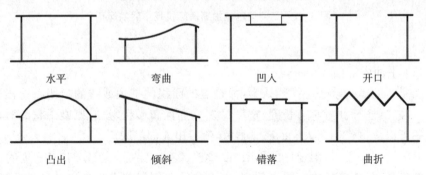

| 水平 | 弯曲 | 凹入 | 开口 |
| 凸出 | 倾斜 | 错落 | 曲折 |

图 3.13　不同顶面的空间限定感

③ 墙面。垂直的墙面是视觉上限定空间和围起空间的最积极的要素。按照其形态,可归为两类:几何形(直面几何形、曲面几何形)与任意形(非几何形态的曲面与偶然性的直线边形态)。从视觉上而言,几何形看起来要比任意形显得更有秩序性,而这种秩序性能吸引视觉,给人一种整齐有序、舒适完整的心理感觉;而任意形则给人一种流动感,显得运动感十足,没有规律的任意曲折给人以丰富的变化和无限的联想。(图 3.14,图 3.15)

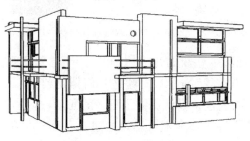

图 3.14　施罗德住宅

图 3.15　伦敦水上中心

4) 体

体实际上是相对于三维空间形态的基本元素,它是由点、线、面这三大基本要素组成的。在建筑形态学中,体被认为是最基本的元素也是最重要的元素。因此,建筑形态学认为建筑造型本质上是体的造型。

几何学中,体被认为是面的移动轨迹。体有实体和虚体。实体,也就是形体,是由长、宽、高三个向量共同构成的"三维空间"。形体从不同角度观看,得到的感受也不同,这是体与其他基本元素的不同之处。其特征在于形体的量度表现,即它的体积和质量,并可以与自己所处的空间中的背景相区别。决定形体的属性有形状、尺度、色彩、质感、方向、位置、空间、比例、重量等。而虚体则指空间,它分为正空间、负空间和灰空间。正空间是形体所包围的部分,即建筑的内部空间。负空间是包围形的部分,即建筑的外部空间。灰空间是指建筑与其外部环境之间的过渡空间,以达到室内外融合的目的,比如建筑入口的柱廊、檐下等。

实体与虚体,即形体与空间,它们之间的关系在于形可以限定空间的体积,创造出一个自己的影响区域。这些限定空间的形有:线性元素(柱体)、单个面、L 型平面、平行平面、U 型平面,以及各种元素的围合。

对于建筑造型,通过建筑的体的排列与组合能够得到不同的建筑体,因此,建筑的体块的组合是建筑设计中在直觉上作用最大的因素。它不仅决定着建筑的天际线、轮廓线和立面的造型,它更是建筑作为整体的感觉形象。通过对建筑体块的不同组合方式可以得到丰富多变的建筑造型,达到建筑造型创新的效果。

一般来说,建筑的体被分为规则几何体与不规则几何体。(图 3.16,图 3.17)

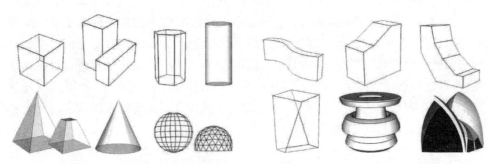

图 3.16　规则几何体　　　　　　　　　　　图 3.17　不规则几何体

当然,随着科学技术的不断进步,出现了一些新的几何体,并被用于建筑造型的设计当中,从而产生了当代被认为是"非常规"的建筑。这些几何体是:拓扑几何、晶体几何、分形几何等等。它们的出现,为建筑设计提供了更多的元素,这些元素参与到体块的排列组合之中,从而创造出许多让人不可思议的建筑。(图 3.18,图 3.19)

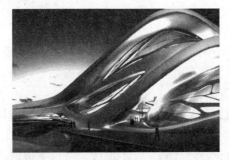 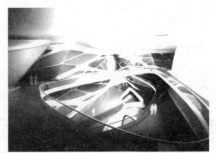

图 3.18　通过拓扑理论生成的建筑模型

图 3.19　通过计算机辅助设计生成的分形形态

3.2　基本形

基本形是最小的元素单位。一个点,一条线,一块面,一个单元体都可以作为基本形出现。它们构成了大千世界的一切,是简单的,又是复杂的。

1) 基本形的概念

如果设计中包括一个主体的形,或者包括几个彼此不同、自成一体的形,这些形被称为单形。一个整体的形态中,如果包含过多的单形,则会显得涣散、凌乱,表达没有重点,而如果由一组彼此重复或者关联的形组成,则容易使设计形态获得统一感。我们称这一类的形为基本形。

由此可见,基本形是构成作品中的形象主体,无论是复杂的还是简单的形态要素都可以被称为基本形。一个基本形可以由更小的基本形构成。一些优秀的作品虽然形态丰富,但包含的基本形往往十分简单,这是因为对基本形进行不同的排序与组合,可以得到不同的视觉效果。

2) 基本形的变形与组合

(1) 基本形的变形

变形是丰富基本形的一种手段,是事物运动变化的结果。它是由一个物体到另一个物体的转化过程,可以说,各种物体的形都是存在于其构成部分的一系列连续变化的过程中,每个形从一时看是静止的,但如果深入一层会发现这只是在下一个形体连续变化之前的短暂期。从一个形到另一个形,总会有着内部连续性,使得基本形有章可循,这是构成手法在变形上起到的重要作用。

① 位置的改变:通过前后、上下、左右等位置或方向的变化形成不同的空间感。(图 3.20)

② 尺寸的改变:改变一个或者几个方向的尺寸,形成新的形状。(图 3.21)

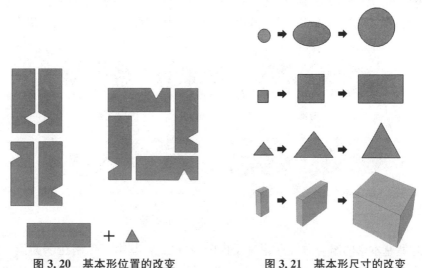

图 3.20　基本形位置的改变　　　　图 3.21　基本形尺寸的改变

③ 数量的改变:通过增加或减少数量,改变为相似形。(图 3.22)

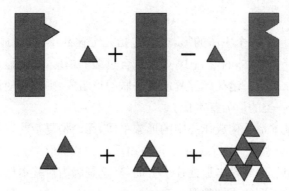

图 3.22　基本形数量的改变

（2）基本形的组合关系

①　分离：形于形之间存在一定的空间，彼此不接触。

②　相接：一个形的边缘（或顶点）和另一个形的边缘（或顶点）刚好接触。

③　复叠：一个基本形叠在另一个基本形之上，两者产生前后关系，形成空间层次感。

④　透叠：两个基本形复叠后，其复叠面运用透明处理，使各自的形象有着完整性，但不产生上下面的相互关系。

⑤　联合：两个基本形相叠，彼此联合后成为一个新的形体。

⑥　减缺：两个基本形相互覆盖，前面的基本形不可见，后面的基本形减去两者重合的部分，形成新的形体。

⑦　差叠：只显出相叠的部分，将不相叠的其他部分隐去，产生了新的形体。（图 3.23）

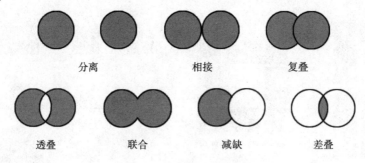

图 3.23　基本形的组合关系

这些基本形的组合方式在建筑设计中经常出现，其主要作用在于为设计师提供一个最基本的形体组合的设计方法，它们可以用于建筑平面造型的确定，也可用于建筑体块的组合或变形，从而创造出更多、更新的造型形式。

3.3 骨骼

骨骼是一种关系要素,决定了基本形在形态构成中的彼此关系。(图3.24)

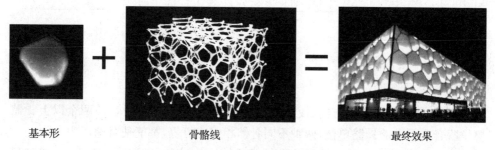

基本形　　　　骨骼线　　　　最终效果

图3.24　骨骼与基本形的关系

1) 骨骼的定义

基本形在空间的排列与组合需要建立明确的行伍关系,我们将这种行伍关系称之为骨骼。骨骼在设计形态学中被称为骨架结构,它决定着物体形态特征,同时还规定着其机能特性。

骨骼由概念的线要素组成,包括骨骼线、交点、框内空间。骨骼起到的作用是组织基本形和划分空间,它是一种关系元素,有助于我们排列基本形,使形态变得有规律、有秩序,有时骨骼本身也是表现形态构成的一部分。(图3.25)

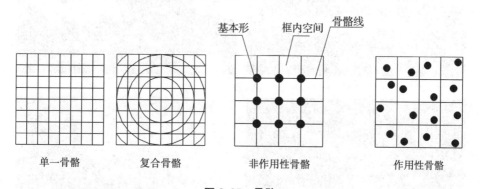

基本形　　框内空间　　骨骼线

单一骨骼　　　复合骨骼　　　非作用性骨骼　　　作用性骨骼

图3.25　骨骼

2) 骨骼的种类

骨骼按照不同的性质可以分为规律性骨骼、非规律性骨骼、作用性骨骼、非作用性骨骼、可见性骨骼和不可见性骨骼等类型。(图3.25,图3.26)

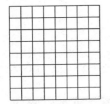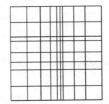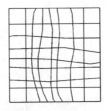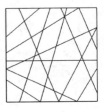

规律性骨骼   非规律性骨骼

图 3.26　规律性骨骼与非规律性骨骼

3）骨骼的变化

变动骨骼线的间隔、方向、线质，改变骨骼单位的比例、形状，使两个以上骨骼单位联合成更大的骨骼单位，两种不同骨骼相组合等等，都能使骨骼产生变化。

对于建筑形态而言，骨骼即建筑的骨架结构，或构成建筑体的框架，一般在建筑造型中，建筑外立面很少能完全显现出骨骼的造型，它一般隐藏于建筑体的内部。但是，随着科学技术的进步，建筑材料的多样化，建筑的骨骼也可以成为建筑造型美的重要元素。这些骨骼结构包括网架结构、壳体结构、悬索结构、悬挂式结构、剪力墙结构、井筒结构、帐篷结构和充气结构等等。（图 3.27）

图 3.27　各种骨骼结构形成的建筑造型

4 建筑形态构成的审美原理

建筑美学原理认为：建筑的美是人们通过视觉感知的。这就直观地表明，建筑作为一门艺术，在类别上属于"视觉艺术"，但建筑的美与其他视觉艺术不同，主要在于其抽象性和概括性，而这也正是形态构成的视觉心理学所要研究的主要内容。

4.1 格式塔心理学原理

1）格式塔心理学概述

"格式塔"（Gestalt）为德语的音译，是"完形"的意思，即"完整"与"形式"。其含义是形式、图形和组织结构或整体，就是说完形是一个有组织的全体，它的特性是由其内部的整体性决定的，它本身是一种具体的存在，而非其部分简单相加之和。格式塔心理学是西方现代心理学的主要流派之一，1912 年诞生于德国，其创立者是德国的心理学家韦特海默，后来在美国得到进一步发展。发展这一心理学理论的主要代表人物有韦特海默、苛勒和考夫卡。

格式塔视觉心理学主要研究人们观看事物形态时的知觉经验与行为的整体性，通过认知的过程，将形态组织好，感知心理学将这种认知的过程称为完形。在这个过程中，完形属于心理阶段。简单地说，格式塔心理学所要向人们阐释的是，人们在观察物体时通过视觉系统不断地进行完形计算从而获取的是一个完整的形的信息。（图 4.1）

图 4.1　格式塔"完形"图解

由此可见,建筑物的群体形象要努力建立一些较为明显突出的目标,使之互相产生视觉上的联系(如建筑形态上存在某些类似或相同之处),从而使视觉能较快地在目标之间建立一种视觉感知,把握整个环境形象的主要特征。

2) 格式塔视知觉的组织原则

为了对形状知觉的复杂性和灵活性作出一定的解释,格式塔心理学家必须对大脑中决定性的过程有所描述,这就是在知觉组织的过程中所遵循的组织原则。这些组织原则,即知觉形态的形成模式的一般规则,在以后的审美活动中起着重要的指导作用。它们包括:

(1) 图底关系原则。在具有一定配置的场内,有些对象凸显出来形成图形,有些对象退居到衬托地位而成为背景。一般说来,图形与背景的区分度越大,图形就越可突出而成为我们的知觉对象。而如果形与底的特征比较接近,形与底的关系就容易产生互换,形成视觉上更丰富的变化。

值得注意的是,形与底交替显现时有时也会出现模棱两可的图形,这种隐藏的形式,取决于人的意志和希望,而且一经形成就很难改变。

(2) 接近性原则。某些距离较短或互相接近的部分,容易按照它们彼此接近的关系而被分组,这是由于相互接近的物体容易被作为一体而感受,单元的相对距离近,使这些物体连接紧密成为稳定的形体。文字中的横排版或竖排版正是由于字与字之间和行与行之间的临近关系所决定的。

(3) 连续性原则。连续是指将形体一个接着一个排列成行的概念,连续性原理涉及的是某种视觉对象的内在连贯性。在建筑造型中,连续性强调了形态局部变化与整体之间的关系,使整体形态变得单纯和统一。

(4) 相似性原则。刺激物的形状、大小、颜色、强度等物理属性方面比较相似时,这些刺激物就容易被组织起来而构成一个整体。一个视觉对象的各个组成部分,越是在形态、色彩、空间等方面相似,看上去则越统一。相似性原则在建筑造型中的运用主要在于形体的组合以及局部符号的呼应,使得整个建筑在丰富中显得整体化、单纯化。

(5) 闭合性原则。一个模糊的、不连贯的线条图形,由于观察者的经验,看起来似有一种使其闭合的倾向,也就是线条被"连接"了。这种趋合的原理在中国四合院的形式上体现得较为明显。在建筑造型中,闭合性原则便于处理建筑的围合问题,使得相对独立的部分与另外的部分产生联系而看作是一种延续的存在。

4.2 阿恩海姆的视知觉心理学原理

视觉器官是人体接受外界信息的最重要的感觉器官,视知觉是最清晰、最直接地表达环境信息的途径。人主要是靠视觉来感知形态的。视觉感知包括三个方面:一是感知对象发出或反射的光波被眼睛捕获,这是物理过程;二是视网膜接受刺激送达大脑,这是生理过程;三是大脑皮层对刺激的解读,这是心理过程。由此可见,视觉过程是一个物理—生理—心理的综合过程。阿恩海姆在《艺术与视知觉》中说:"视觉形象永远不是对感性材料的机械复制,而是对现实的一种创造性把握,它把握到的形象是含有丰富的想象性、创造性、敏锐性的美的形象。"研究表明,单纯化是视知觉接受对象时的基本法则,过于繁复杂乱的形态,视知觉会因感到疲劳而拒绝接受,人们便放弃了认知过程。这就是为什么单纯的形态易识别,也易于记忆,复杂的形态不易被感知,在记忆中也往往被单纯化。

阿恩海姆还用格式塔心理学从二维的平面关系来分析和研究建筑的形式,他在其所著的《建筑形式的视觉动力》一书中指出可以通过物体形状的几何特征、尺寸、面积和位置来表达建筑的性质。他认为建筑形式是由一系列视觉心理的力所决定的,这些力包括视觉的张力与收缩的力,推拉、前进与后退的力,上升与下降的力等。这些都可以达到建筑形式的表现力。(图4.2)

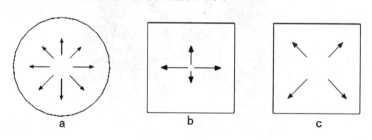

a b c

图4.2 张力的表现

从图4.2中可以知道,视觉张力就是指人们在对物体观察的过程中所感知的物体朝向某一共同方向的运动趋势。我们所感知的物体具有倾向性的张力。它是一种外力对视觉系统的刺激,从而打破了神经系统的平衡。这种张力是人们视觉感知到的,是视觉活动不可缺少的内容之一,故称之为心理"力"。张力在建筑造型中经常被用到,它的存在打破了原有的平静,给人以一种动势。

4.3 形式美的基本法则

1) 主与从

主与从是指建筑形式各要素之间整体与局部的组合关系。主即形体中处于主导地位的要素,决定着形体的个性,是视觉特性在建筑造型中的反映。从是指形体中处于从属地位的要素,有着烘托主体形象的作用。

只有明确主从关系,才能形成明确的形象。如果组成建筑的各要素全都以主要形式出现,或者都处于同等重要的地位,不分主次,便会削弱建筑的整体形态。因此,在一个统一体中,组成建筑的各部分不能同一对待:它们应当有主与从的差别;有重点与一般的差别;有核心与外围组织的差别①。在建筑造型中,表示其各部件的主从关系的方式可以通过它们的位置、体型及形象的差异等来体现。因此,主从关系的主要特征在于它具体体现形式美"多样统一"的基本规律,这是任何造型艺术在创作的过程中都必须遵守的法则。(图 4.3)

图 4.3 主与从

2) 统一与变化

格式塔心理学家考夫卡曾说:"艺术品是作为一种结构感染人们的。这意味着它不是各组成部分的简单的集合,而是各部分互相依存的统一整体。"②用格式塔视觉原理来说,统一实质上就是完形,它强调物体在视觉上的一种完整性,即和谐

---

① 彭一刚. 建筑空间组合论[M]. 北京:中国建筑工业出版社,1998:35.
② (美) M. 李普曼. 当代美学[M]. 邓鹏,译. 北京:光明日报出版社,1986:412.

的整体,它是建筑形态构成的重要准则。由于建筑是一个矛盾的复杂体,因此在其创作的过程中,组成建筑的各个元素之间既有区别又有联系,它们是通过一定的规律组成的一个有机整体。因此,统一应是多样的统一。而这里的多样性就是指建筑形态所要表现的变化问题,它是指在重复的元素中加入不同的元素,或者对同一元素做少量的改变,而不影响元素的特征和整体性。统一与变化是共存的,因为缺乏变化会使建筑形式过于单调,而缺乏统一性,建筑形式则会变得杂乱无章。所以说,变化赋予建筑以个性、以生命,统一则是建筑生命和个性存在的形式,是变化的结果。(图4.4)

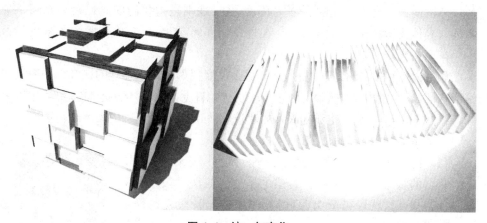

图4.4　统一与变化

3) 比例与尺度

　　"所谓比例就是指美观、各部分组合适度。这就是说,建筑物的各个长、宽、高相互协调,即整体要与其局部统一相呼应。"

——摘自《建筑十书》

　　"比例,是陶冶我们心醉之感的工具。我们的感受与之密不可分,以至于在它的最高形式中,我们窥测到了神的奥秘:那是上帝的语言。源自建筑的感受取决于距离、尺度、高度和体量;数学,是一把钥匙,可以使我们接近——或远离——统一。……比例,这把建筑的钥匙,……显然属于视觉范畴,它能涉及形而上学,从而把物质引向精神。比例,也许可以成为愚人漫不经心摆弄的玩具;但,倘若我们能把这一视觉要素置于支配的地位,那么这场游戏便可少些危险。"

——摘自《勒·柯布西耶与学生的对话》

由此可见,完美的比例是产生建筑美的最主要因素之一。学习比例,就是学习在建筑形态构成中把握美在形态中得到表达的一些基本的法则。

比例是指造型中整体与局部或局部与局部之间的大小关系。它是建筑形态构成的一切元素大小，以及各元素间编排组合的重要因素，和谐的比例可以给人以美感。

人们在建筑设计中一直运用比例关系，并在长期的实践过程中，总结经验，即使是一些直觉上的设计，背后也会隐藏着某些数比关系支撑的美。如现代建筑的形态构成中常用到的数理比例的种类有黄金分割比、勒·柯布西耶的控制线及模数理论等。

与比例紧密联系的另一个概念是尺度。如果说比例是关于形式或空间中的各种尺寸之间的一套秩序化的数学关系，那么尺度则是指我们如何观察和判断一个物体与其他物体相比而言的大小。在处理尺度问题时，我们总是把一个东西与另一个东西相比较[①]。

如果说比例强调的是理性的分析，那么尺度则更加注重感性的认知。一般在建筑形态推敲的过程中，建筑师有时也偏于自己的直觉，把握建筑的整体造型。不管怎样，要想创作出一个视觉上看起来好的建筑，良好的比例和正确的尺度缺一不可。

下面是几种常见比例的图示分析：

（1）黄金分割比

著名的"黄金分割"来自古希腊的毕达哥拉斯学派。黄金分割比是指一条线段被分为两段，其中短段与长段之比等于长段与全长之比，即$[a/b=b/(a+b)=0.618\cdots]$。黄金分割比一直被人们认为是一种美的比例关系。如：由亚历山德罗斯于公元前1世纪雕刻的维纳斯身长比例，便可以看做是黄金分割比例的经典之作。雕塑以肚脐为中心，上下两部分的比例约为1:1.618，头顶到咽喉与咽喉到肚脐的比例为1:1.618，肚脐到膝盖与膝盖到脚底的比例同样为1:1.618。诸多黄金分割点的存在使维纳斯呈现出一种完美的视觉美感。她在1820年才被人在爱琴海的米洛斯岛发现，她端庄典雅而富有残缺美，被誉为是古希腊女性雕像中最美的一尊。（图4.5，图4.6）

图4.6 维纳斯雕塑

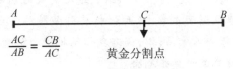

$$\frac{AC}{AB}=\frac{CB}{AC}$$

黄金分割点

图4.5 黄金分割比例图

① 程大锦. 建筑:形式、空间和秩序[M]. 2版. 天津:天津大学出版社,2005:313.

（2）黄金矩形

以黄金分割比(0.618)为两边之比的矩形视为黄金矩形。黄金矩形用起来比较方便,但在针对建筑设计的实际尺寸中却很难使用,即便如此,建筑家仍心驰神往。不过这种比例在古典建筑中经常见到,而在现代建筑中却不多见。如位于雅典的帕提农神庙正立面则符合多重黄金分割矩形。二次黄金分割矩形构成楣梁、中楣和山形墙的高度。最大黄金分割矩形中的正方形确定了山形墙的高,图中最小的黄金分割矩形决定了中楣和楣梁的位置。(图4.7,图4.8)

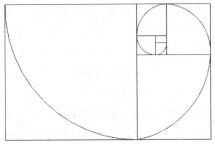

图4.7　黄金矩形

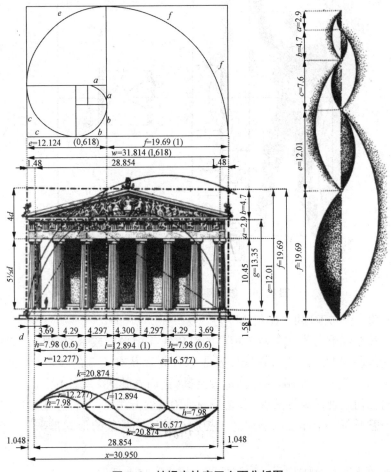

图4.8　帕提农神庙正立面分析图

（3）连续比的数列

文艺复兴的建筑师认为建筑是将数学转化为空间单位的艺术，他们应用希腊音乐音阶间隔的比，发展了一个连续的比的数列，作为建筑比例的基础。（图 4.9）

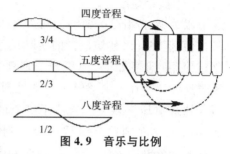

图 4.9　音乐与比例

（4）勒·柯布西耶的人体模数

基本网格由 113、70、43（cm）三个尺寸构成，按黄金分割原则构成相应比例。在 113 cm 和 226 cm 之间运用红尺和蓝尺来缩小与人体有关的尺寸的等级。（图 4.10）

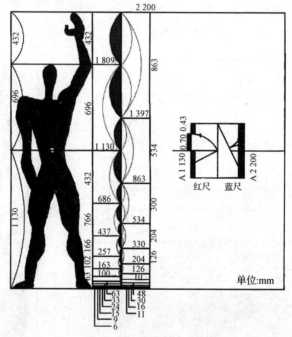

图 4.10　勒·柯布西耶人体模数理论

（5）勒·柯布西耶的"控制线"

所谓控制线就是指如果两个矩形的对角线互相平行或垂直，那么表明两个矩形的比例是相同的。这些对角线以及表示各要素共有关系的线，都称之为"控制线"[1]。对于控制线的作用，柯布西耶曾在其《走向新建筑》一书中说道："一条控制线是反对任何主观任意性的保证；它是一种验证的方法，可以矫正在激情中做出的工作……它赋予一个作品以韵律感。控制线给这一具象的形式带来了数学，而数

[1]　程大锦. 建筑：形式、空间和秩序 [M]. 2 版. 天津：天津大学出版社，2005：290.

学则给这种形式以可靠的秩序感:一条控制线的选择规定了一件作品的基本几何特征……它是为了达到一定目的的手段;但它不是一个现成的药方。"①可以看出柯布西耶将"控制线"作为衡量建筑秩序的标尺,并认为建筑师对"控制线"的选择应是一种灵感的闪现,而并不是一成不变的。他首先去分析古典经典建筑中的控制线,后又将其用于自己的建筑设计中。在他所设计的建筑中,他经常利用对角线互相垂直的方法来调节门窗与墙面之间的比例关系。(图4.11)

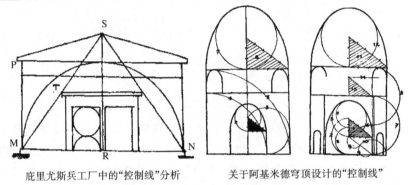

| 庇里尤斯兵工厂中的"控制线"分析 | 关于阿基米德穹顶设计的"控制线" |

图 4.11　勒·柯布西耶的控制线

4) 对称与均衡

对称是一种控制重复图形在构成中位置和方向的特殊规则。假定在某一图形的中央位置设一条垂直线,将图形划分为相等的左右两部分,其左右两部分的形量完全相等,这个图形就是左右对称的图形,这条垂线为对称轴。对称性具有超越了简单地使形状整齐划一的表面作用,而产生出一种更为根本的构成上的规律性。对称所表现出的建筑造型的表情往往是庄重与严肃的。

均衡就是平衡,它是指形体的左右部分不同,而量相同或者相近。按照格式塔知觉理论对静态和动态平衡的概念图示,支点支持均衡器两端重量,当双方获得力学上的平衡状态时,称为平衡。由于它不失重心,形成了势均力敌的感觉。(图4.12)

均衡实质上是对称的发展,比对称更富有趣味与变化。因此,在建筑造型中,我们不能只考虑其形式上的对称,而且还要考虑建筑各要素的规律及等级所产生的一种均衡的状态。在现代建筑中,完全对称的建筑已经很少见,非对称也能给人以美感与稳定感,这是因为均衡延续了对称的特质,并比对称更富有表现力,使其所要表现的建筑更富有活力,更易被人们所接受。它给人以视觉上动态或静态的稳定感,人们可以通过建筑平衡的状态感受到其中各种位置、特征和强度的力的作用,这是静态的建筑造型表现其动态生命的本质所在。

---

① [法]勒·柯布西耶. 走向新建筑[M]. 陈志华,译. 西安:陕西师范大学出版社,2004.

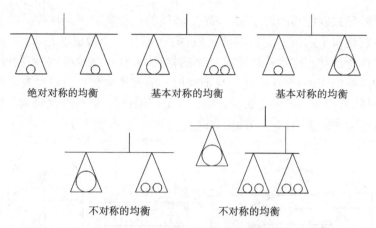

绝对对称的均衡   基本对称的均衡   基本对称的均衡

不对称的均衡   不对称的均衡

图 4.12 格式塔理论对均衡的图解

在建筑造型中,无论是建筑的外部体量还是建筑的内部空间以及其平面的组织,都应考虑其均衡的构成原则。均衡可分为对称均衡、非对称均衡和动态均衡。

对称均衡与非对称均衡都属于静态均衡。对称均衡对于建筑造型来说具有严格的制约性与完整统一性,它一般被用在政府或办公类建筑。而非对称均衡与对称均衡相比起来其形式要显得轻巧活泼,用到的领域也比较广。格罗皮乌斯在《新建筑与包豪斯》一书中曾强调:"现代结构方法越来越大胆的轻巧感,已经消除了与砖石结构的厚墙和粗大基础分不开的厚重感对人的压抑作用。随着它的消失,古来难于摆脱的虚有其表的中轴线对称形式,正在让位于自由不对称组合的生动有韵律的均衡形式。"[①]

均衡也可用动态的方式来表现。这种均衡称为动态均衡,一般用于现代建筑的造型设计中。在生活现象中,如人体的运动、鸟的飞翔、兽的奔跑、水的流动等都是动态的特征表现出的均衡美。因此,其所表现出的建筑形体是生动的,具有张力的美感。(图 4.13)

图 4.13 对称与均衡

---

① 彭一刚.建筑空间组合论[M].北京:中国建筑工业出版社,1998:37.

5) 节奏与韵律

节奏本指音乐中音响节拍的轻重缓急的变化和重复,而在建筑的构成设计中指组成建筑的同一要素连续重复所产生的运动感,是造型元素既连续又有规律、有秩序地变化,它能引导人的视觉运动方向,控制视觉感受的规律变化。

韵律原指音乐(诗歌)的声韵和节奏,诗歌中音的高低、轻重、长短的组合。构成中的韵律是指由有规则变化的形象间以数比、等比处理排列,使之产生类似音乐、诗歌的旋律感。它是表达动态感觉的造型方法,可有效地使一些基本不连贯的感受形成规律。

在造型设计中,节奏与韵律的关系是密不可分的,因为它们都是有组织的运动,它们运动的急速、缓慢或轻快,都会给人以不同的视觉感受。在表达丰富的建筑造型时,其韵律美一般可分为:连续的韵律,渐变的韵律,起伏的韵律,交错的韵律。这四种韵律都体现出明显的条理性、重复性和连续性,它们可以使建筑造型建立一定的秩序,并处于一种丰富多变的统一体中。(图 4.14)

图 4.14 节奏与韵律

6) 对比与微差

由于建筑是一个复杂多变的统一体,因此,根据功能的不同,在形式上就会有一定的差异性,这种差异就要通过对比来表现出来。对比是指构成建筑各要素的形态属性相反所产生的差异和矛盾。形成对比的建筑各要素在一定条件下如果共同处于一个完整的统一体中,便会形成相辅相成的呼应关系。建筑造型中各要素属性之间的对比可以创造出建筑的重点和趣味。对比可分为形体对比、尺度对比、色彩对比、质感对比、方向对比、位置对比、空间对比、重量对比。另外,由于对比有可能产生混乱和不稳定,从而影响建筑造型的统一性和整体性,因此,在使用对比这种表现手法时,还要注意组成建筑的各要素之间的调和关系,这样才能产生明确和统一的效果。

微差,顾名思义,就是指建筑形体上所表现的微小的差异。由微差到对比其实只是一个度的概念。例如，构成建筑的某一要素按照从小到大的顺序依次变化，而这种变化始终处于连续的状态，那么这就表现为微差关系；如果这之间缺少了这一连续的变化，那么这一要素发生的变化就是一种突变，这便是对比。突变越大，对比也就越强烈。（图4.15）

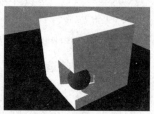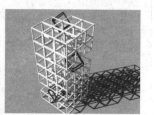

图4.15　对比与微差

5 建筑形态的构成法则

5.1 从二维平面到三维立体

1）理论与思想的演变

从形态构成漫长的演变与发展的历史中，我们了解到这种新的创作方法来自抽象绘画，因此它的最初表现形式体现在二维的纸面上。随着不同流派的相互影响和总结，其最终被应用到探索建筑造型的可能性与多样性之中。

在现代建筑创作中，形态构成原理贯穿于建筑创作的始终，无论是从平面还是从立体，它们都共同作用于创作的整个过程。虽然在建筑设计理论中，平面始终被人们认为是建筑生成的源泉，但如今它的最初用意与传统的从平面开始的目的已完全不同，它重视功能，但却不被功能制约。现代建筑大师认为，建筑首先并主要与它的体量或空间有关，这一观念首先孕育于荷兰与德国的现代主义之中。

2）二维到三维

按照几何学的定义，立体是平面运动的轨迹。如矩形平面按照一个方向移动，其轨迹呈现为长方体或正方体；圆形平面以其直径为轴进行旋转得到一个球体等。然而，在建筑形态构成中，平面与立体关系并不是简单的运动结果。虽然两者都具有构成的本质，然而它们的组合原则、观察视角都存在很大的区别，因此，从平面到立体的转变既是复杂的又是简单的。

（1）平面—表皮

形态构成的历史衍变使得这一原则发展至今。该方法可以是简单的从平面到半立体（浮雕）的二点五维的变化，或者是从平面中切割图形构成立体，即通过沿平面图形线的切割、折叠、弯曲使之与原平面脱离，并进行围合，出现三维的空间效果。

该立体有着极其鲜明的特征：第一，它具有平面图形和立体造型双重意义；第二，该立体可以恢复为一个平面；第三，该立体具有平面上的负形（被切割后的残余形）与空间中的正形（脱离平面的形）形成的相互呼应的组合关系。

在当今建筑造型中，这种手法十分常见，其本质是建筑的表皮效应。当然，有

些表皮也是建筑本身的结构显现，但不管怎样，其本质还是平面到表皮的转换。（图 5.1）

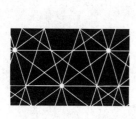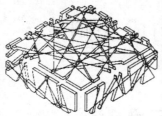

图 5.1　从平面构成到建筑表皮

（2）平面—空间

这一法则要求任何立体和空间形态都是建立在平面的基础之上，其关键在于立体形态在平面上的正投影。因此，平面是关键，是基础。它对空间中的形态起到了限制作用，但是同时，由于只是正投影的效果，因此这个作用也是有限的。即使是简单的平面，在空间中都可以是复杂的形态组合而来的。（图 5.2）

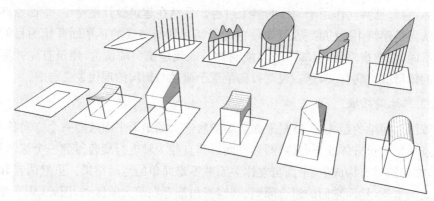

图 5.2　从平面到空间体块

5.2　建筑形态的组合形式与构成方法

无论是历史的发展还是建筑设计手法的成熟，我们都可以看到形态构成对于建筑造型的影响是很大的。平面构成在二维空间中，研究了形与形、形与空间的相互关系以及形本身的特征及变化。它具有分析性与逻辑性，图形富有秩序感与机械美。其核心内容则是基本形按照一定的骨骼关系进行编排和组合。随着建筑造型手法的丰富，平面构成在建筑形态中的应用早已深入人心。从前面的章节中，我们已经将其归纳为"平面—表皮""平面—空间"的主要内容，这里我们主要从构成的手法上,由平面到立体的递进角度研究基本形与骨骼的变化关系对建筑形态的影响。

1)重复

相同或者近似的基本形和骨骼连续地、有规律地、有秩序地反复出现叫做重复,它在构成设计中是最基本、最简单也是最常用的创作方法。其所产生的视觉效果是一种秩序美。重复的创作手法在设计中比较常见,它是对元素的简单的组合排列。如建筑外立面窗户的排列、几个形态的重复组合或是建筑造型中母题的重复出现等,都属于重复构成。它的规律性强,呈现出一种安定的机械美感,但是它有时也和其他构成形式同时使用,否则容易显得平庸、单调,缺乏变化。

重复的构成形式在骨骼线和基本形上的体现:

(1)骨骼线:按照相同比例重复编排,将空间分成相同的骨骼单位。改变骨骼单位比例,骨骼线方向,使骨骼线弯折、联合或加密,均可以得到不同形式的重复骨骼。

(2)基本形:基本形在重复骨骼中,只需改变其方向、位置、图底关系等便可得到各种变化的效果。

在建筑形态中,"重复"更多地体现在建筑表面的处理上或者建筑体块的组合上。当然,在一些以骨骼作为主要表现手段的建筑造型中,重复的骨骼形式也是一种常见的手法。(图5.3,图5.4)

图 5.3　平面构成中的重复案例

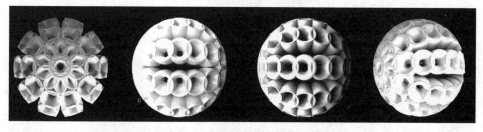

图 5.4　空间造型中的重复案例

2）近似

自然界没有完全一样的形状,不过近似的形状却很多,如植物的叶子、连绵起伏的沙丘,都有着相似的轮廓。构成中的近似是指物体各基本形的大小、形状、颜色或肌理的相似,在统一中表现出生动的变化。在做近似构成时,物体的近似度不能过大也不能太小,过大会有重复感,太小则会破坏其统一感。

近似的构成形式在骨骼线和基本形上的体现:

（1）骨骼线:骨骼单位相似或者产生位置上的改变。

（2）基本形:基本形之间虽然保持着不同,但是内部又有着相互的联系。基本形的改变可以通过减缺、增加、局部变形等方式取得。

在建筑造型中,"近似"的应用主要体现的是建筑体块的组合,几种不同功能的建筑体块相互之间通过近似的手法组合在一起或者彼此呼应,使得建筑形态在整体上既统一又不失变化。（图 5.5,图 5.6）

图 5.5　平面构成中的近似案例

图 5.6　空间造型中的近似案例

3）渐变

基本形或骨骼逐渐地、有规律地循序变动,因而产生出节奏和韵律的变化,即渐变。渐变构成的排列或组合顺序比近似构成要强,它有较强的规律性,它是有节奏的、有韵律的变化,在视觉上能使人产生强烈的空间感和透视感。如马路两边的树由近到远、由大到小的排列。在构成中,应该注意渐变与近似的区别,渐变中骨骼的变化有着很强的规律性,其基本形的排列也十分严谨,而近似的变化规律性不强,其基本形之间也具有较大的差异。

渐变的构成形式在骨骼线和基本形上的体现:

(1)骨骼线:按照一定的数学规律做不同的疏密变化,使骨骼线产生一个方向或者多个方向的变动。

(2)基本形:基本形的形状、大小、方向、位置都可以产生渐变的效果。

在建筑造型中,"渐变"的应用主要体现的是建筑形体上的大小变化,应用渐变的构成形式,可以使建筑产生一种节奏感和韵律美。当然,不仅在形体上,由于渐变的这种韵律,也使得很多建筑形态将骨骼的渐变展现出来,以求得视觉上的美感。(图5.7,图5.8)

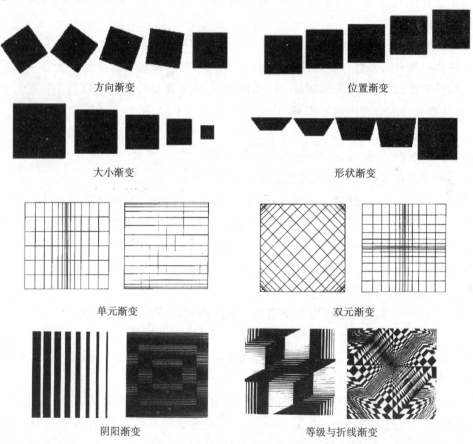

图 5.7　平面构成中的渐变案例

图5.8　空间造型中的渐变案例

4）特异

特异是指构成中出现个别不同的元素打破由原来具有相同性质的元素所规定的秩序感，从而成为造型的视觉中心，产生鹤立鸡群的效果。它是通过一小部分不规律的对比，使人在视觉上受到刺激，从而打破单调，得到生动活泼的视觉形象。

需要注意的是，特异是相对的，是在保证整体规律的情况下，小部分打破常规，但整体仍具有联系性。我们前面了解到的重复、近似和渐变都是造型上容易取得规律性的重要手法，容易形成统一连贯的风格，而局部的特异则可以打破这种连贯感，使得单调的形态出现紧张感，从而打破以往的平静，使形态活跃起来。如果这种局部冲突的成分过多，对于形态整体而言，特异感反而会削弱，这时的造型将不再让人们感到特异，而是融于整体的一种表现方式。

特异的构成形式在骨骼线和基本形上的体现：

（1）骨骼线：一般具有规律性，多用重复的骨骼形式，只是在局部产生一些冲突，以达到特异的效果。它包括骨骼规律的转移，即规律性的骨骼一小部分发生变化，形成一种新的规律，并与原规律保持有机的联系；另一种是规律的突破，即骨骼中特异部分没有产生新的规律，而是原整体规律在某一局部受到破坏和干扰，这个破坏、干扰的部分就是规律突破。

（2）基本形：它包括基本形的方向、大小、形状、位置、色彩等变异。

在建筑造型中，"特异"的手法还是十分常见的，尤其是20世纪六七十年代以后，建筑思潮在经历了后现代主义的洗礼后，变得开放化、多元化，建筑流派在吸收了各种文化和思想之后，其形式也变得多元并充满了未知数。值得关注的是，由于近几年旧建筑改造事业的迅猛发展，为了保护原有建筑，一些局部改建、加建项目增多，为了与过去的历史产生对比，一些大胆的建筑师打破了原有"建旧如旧"的常规，而大胆地选择了"特异"的手法，使得"特异"在今天的建筑业又有了更多的意义。（图5.9，图5.10）

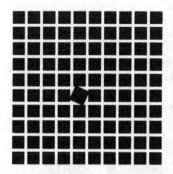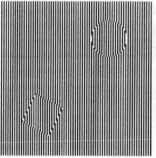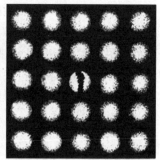

图 5.9　平面构成中的特异案例

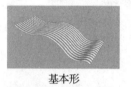

基本形

特异

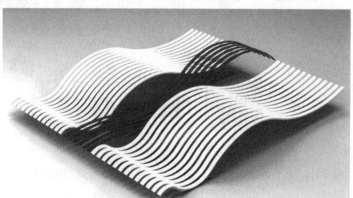

图 5.10　空间造型中的特异案例

5）对比

与前面几种构成方式不同的是，对比构成不以骨骼线为限制，而是通过形态本身大小、形状、虚实、疏密、色彩等方面进行对比，它是与平衡、协调、统一相对的。它主要是突出其矛盾性，以加强对物体形象的刻画与表现，从而给人一种强烈的紧张感，以增强视觉效果。

相对于特异构成来说，对比是强调形态本身的对比性，而特异构成则是强调局部的或物体整体中很小一部分的变异。在对比构成中，视觉要素的各方面要有一个总的趋势，另外，对比也要把握相应的度，如果处处对比，反而强调不出对比的因素。

对比的构成形式在骨骼线和基本形上的体现：

（1）骨骼线：一般不受骨骼线的限制。

（2）基本形：包括基本形大小、形状、疏密、色彩等方面进行对比，也有形体之间的重心、虚实等的对比，也可以在基本形的对比中融入重复、近似、渐变等的对比,以增强视觉效果的刺激感。

无论是形体上的整体对比还是局部的装饰对比,"对比"在建筑造型上的应用随处可见。尤其是近几年来,随着科技的进步,各种材料和结构的出现,建筑在造型上有了很大的突破,过去很多限于建筑技术未能实现的造型构想在今天也成为可能,使得一些建筑流派得以发展和壮大,"对比"的手法也在其中起到了很大的作用。(图 5.11,图 5.12)

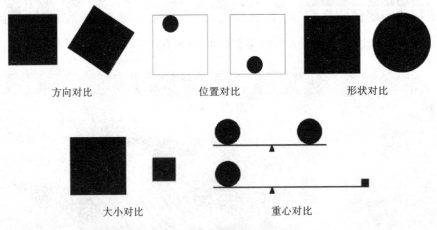

图 5.11 平面构成中的对比案例

图 5.12 空间造型中的对比案例

6)发射

发射是渐变的一种特殊形式,也是一种特殊的重复,它是由基本形或者骨骼单位环绕一个或多个中心点向外散开或向内集中而形成的结构。其在自然界中经常出现,如花的绽放、空中的烟花以及水面的涟漪等都属发射构成。用发射原理创造出的形式以中心轴和中心形为特征。它是由有秩序性的方向变动形成的,其发射中心为最重要的视觉焦点。在建筑中,中心空间通常在形式上居于主导地位。具有相似的形式和长度的线性分支可以保持构图整体的规律性;但也可能根据各自的功能需求和环境的差异而互不相同。

发射的构成形式在骨骼线和基本形上的体现:

(1)骨骼线:由发射点和发射线组成,常见的构成形式有离心式、向心式、同心式、多心式。它们可以相互叠合,也可以架构在重复、渐变的骨骼之上,组合出发射的骨骼形式。

(2)基本形:一般在重复骨骼中,基本形大多不参与变化。

在建筑造型中,"发射"的手法并不多见。一般的单体建筑很少也不容易形成发射的构成形态。这种方法大多运用在建筑群落中或者是通过骨骼的发射呈现出来。然而,作为一种构成形式,"发射"构成所产生的效果还是十分强烈的,尤其是其产生的张力效果,容易引起观者的注意,因此,其作为建筑表皮的装饰还是比较多的。(图 5.13,图 5.14)

图 5.13 平面构成中的发射案例

图 5.14 空间造型中的发射案例

7)密集

密集是在造型空间中对基本形的一种常用的组织编排方法,它以基本形的多少进行疏密关系的自由安排,通过画面产生的疏或密的地方,形成了整个画面的视觉焦点。同时,疏与密、虚与实、松与紧的对比所产生的节奏感,使画面呈现出视觉的张力。

密集的构成形式在骨骼线和基本形上的体现：

(1) 骨骼线：重复、渐变、发射骨骼都可，或者按照视觉需求编排骨骼。

(2) 基本形：可应用基本形的大小变化、近似变化，或者使用覆叠、透叠、重叠等组合方式加强密集的空间感。

在建筑造型中，密集的使用并不多见，更多的是在建筑群体中使用密集的手法，一般都是依靠最疏或者最密的地方成为影响视觉的中心，在画面中造成一种张力。(图 5.15，图 5.16)

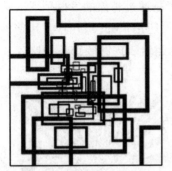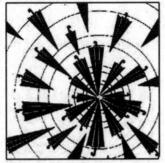

图 5.15　平面构成中的密集案例

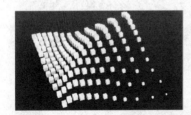

图 5.16　空间造型中的密集案例

8) 群化

群化是重复构成的一种特殊表现形式，它不需要任何几何秩序，具有灵活性、独立性。群化必须具备两个以上形态的存在，当它们相互结合产生关系时，便产生整体的生动感。值得注意的是，为了使得群化构成的变化趋于丰富而统一，基本形以简单为宜。群化构成中的元素在形状、大小或表面等属性上具有相似性。群化构成的形式一般包括：基本形的对称放射排列、平行对称排列、多方向自由排列。

视觉中形的群化感知可分为两类：一类是利用格式塔接近的原理将易于形成组合并在群化中保持着各自组成部分的形态进行组合，即类同的原理；另一类是利用连续的原理、闭合的原理将建筑中的各元素形成相互联系的视觉关系的同时,使各部分失去了各自特征,从而构成了新的表情。

需要注意的是:有两个以上的基本形集中排列在一起并相互产生联系时,才能构成群化;基本形的特征必须具有共同元素才能产生同一性而形成群化;基本形必须具有规律性和一致性,才能使得图形产生连续性并构成群化。

在建筑设计中,人们以网状的结构、相邻关系与线性的连续将建筑形体或建筑的内部空间进行组合,产生群化的效果。当然,多个建筑形体的临近或者连续的组合有时也会利用群化关系增强其整体性或者产生新的形态。(图 5.17,图 5.18)

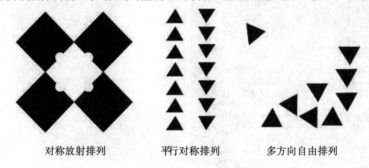

对称放射排列　　　　平行对称排列　　　　多方向自由排列

图 5.17　平面构成中的群化案例

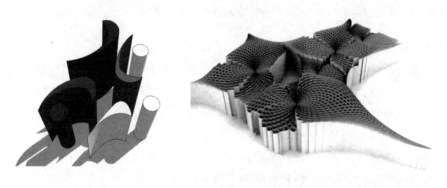

图 5.18　空间造型中的群化案例

9) 网格框架

网格是指有着相同尺度或对称的等值空间体系。它在形体、形式和空间之间建立起一种视觉与结构上的联系。形式与空间的位置以及它们之间的相互关系通过三维网格来限定。

网格的构图能力来自所有要素之间的规则性和连续性。大小、形体或功能上不同的空间,可以通过网格建立起连续的秩序或参考区域,从而产生普遍联系。网格可以通过删减、增加或分层等方式处理不规则的,不同大小、比例和位置的等级模式;可以进行比例的渐变,以改变视觉和空间的连续性;可以被主要空间或基地的自然特征所打断;可以在基本框架之内取走或旋转部分网格;还可以在基地内改变视觉意象,从一点逐步变为线、面或体。

在建筑造型中,网格框架主要指骨骼的形体,而基本形则多用简单的集合体,尤以矩形居多。网格的使用不仅使建筑造型得以自由组合,变化丰富,最重要的是,其灵活性可以适应不同的设计要求,满足功能的需要。(图5.19)

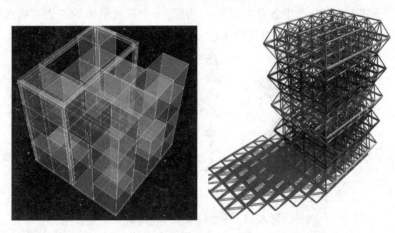

图 5.19　空间造型中的网格

10) 打散与重构

打散与重构在构成中也是十分常见的,它是一种提炼要素语言的构成方法,即把一个完整的东西分为各个部分、单位,然后进行变形与提炼,最后根据一定的构成原理进行重构。这种方法有利于抓住事物的内部结构及特征,从不同的角度去观察、解剖事物,从而从一个具象的形态中提炼出抽象的成分,用这些抽象的成分再组合成一个新的形态,使新的形态具有原型的隐喻效果,具有鲜明的建筑元素或者符号,传递最终的建筑思想和形态的美感。(图5.20)

图 5.20　打散与重构

打散与重构主要分以下几个步骤：

（1）打散：将一个完整的东西进行打散与解构，分解出各个部分；

（2）提炼：择取打散后具有原型特点和美感的部分，经提炼概括后作为基本元素；

（3）重构：按照形态美的法则重新组合形体，同时注意保留关键元素的关键特征。

11）分割与移位

分割是研究被分割的形体与整体造型之间的关系，这种关系主要体现在分割的线形和分割的数量两个方面。

移位则是将分割好的新形体做空间运动，以滑动、拉开、错落、拼接等方式重新组合到一起。由此可见，分割是将形体进行拆分的过程，而移位则是将形体重新聚合的过程，两者的性质正好相反。

与前面提到的"打散与重构"不同的是，分割与移位更显得理性化，逻辑性也较强。"打散与重构"强调的是如何分解和提炼元素，使得形成的形体具有一定的抽象性，重组后的新形体表达一种建筑的隐喻美；而"分割与移位"则更强调形体之间的空间关系，组合成的新形体由于是通过对原形的分割产生的，因此在原形上会同时产生被移除的"负形体"和新组合的"正形体"，以达到一种视觉的平衡和理性的统一。

一般常用的分割方法有以下几种：

（1）平行分割：平行分割是指分割线相互平行地对形体进行分割。这类分割产生的新的形体相互之间一般具有相似的特征，容易达到统一的视觉效果。需要注意的是体块之间的大小关系和平衡关系。

（2）等形分割：等形分割是指将形体进行分割后得到相同的基本形。这类分割看似单一和呆板，但是由于形成的新的形体和其所占的空间大小都是相同的，因此，将基本形分组进行组合和移位，很容易得到其他的形态。

（3）比例分割：比例分割是指将形体分割后彼此之间成为等比的体态关系。由于彼此之间具有共同比值和形的正负关系，故而使得整个形体体现出一种数学的逻辑美。

（4）自由分割：自由分割是指分割线、被分割的形体以及分割后的新形体都不受限制的一种分割手法。其主要依靠自身的美学修养和一定的构成法则，对体态进行分割。

分割与移位在建筑造型的推敲过程中还是经常能够用到的。当然，由于建筑本身的外在条件的限制，完全按照"分割与移位"原理所产生的建筑并不多见。（图 5.21）

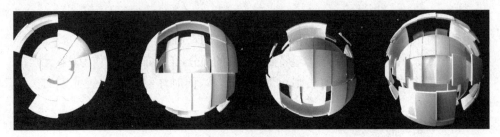

图 5.21　分割与移位

12）矛盾空间

立体是以一种空间形式存在的,因而建筑的体例往往也具有空间的效果。在平面构成中,空间感只是一种假象,在二维平面中产生三维的空间效果,使其具有平面性、幻觉性和矛盾性:

（1）平面性:即二次元空间,也就是由长与宽两种单元元素构成的空间。

（2）幻觉性:指平面中的直体感,由几个面组合而得到的高、宽、深三次元的空间感觉,不同形态线的肌理重复和渐变排列亦会产生出幻觉空间。

（3）矛盾性:矛盾空间实际上是一种错觉空间、幻觉空间,是在实际中不可能存在的空间形式。这是以三次元空间透视中视平线的视点、灭点的变动而构成的。矛盾图形是图底反转矛盾的一种延伸,同时与错觉是具有共通性的。

矛盾空间的形成方法:

（1）加减视平线或者灭点的数量和变动位置。

（2）两个不同视点的具体形象以一个共同面或共用线联结起来。

（3）通过形的交叉造成错觉。

（4）利用直线、曲线或折线在平面中空间方向的不定性,使形体矛盾地连接起来。

在建筑设计中,绝对的矛盾空间是不存在的,但是,矛盾空间产生的幻觉和神秘感对于观者视线的吸引力是毋庸置疑的。因此,一些前卫的建筑师也会试着追求一些建筑形态上所谓的"矛盾感",以增强建筑的噱头,造成视觉上前所未有的感觉。（图5.22）

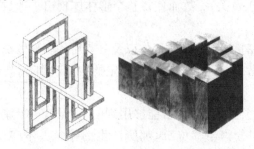

图 5.22　矛盾空间作品

5.3　建筑形态的形体变形

通常,在建筑设计的最初阶段,建筑师一般将复杂的建筑造型各元素抽象为简单的形体,其特点是单纯、精确、完整并具有逻辑性,从而产生出各种各样的建筑造型。将这些简单的几何形体通过某些原理进行增加、减少、收缩、扭曲等变形便可得到不同的体块形态,从而产生出各种各样的建筑造型。这些方法和技巧统称为构成形体的变形原理。

任何复杂的建筑形体均可简化为基本形体的组合,任何复杂的建筑形体也是由简单的建筑形体逐渐变形而来的。它们各自具有明显的不同的视觉表情和强烈的表现力,需要建筑师根据不同的需要进行建筑形态选取和表现。

基本形的形体变形主要有以下几个方面:

1)*加法*

加法是指在基本形体上增加某一部分,以此构成新的建筑形体的方法。需要注意的是,增加的部分应该处于附属地位,当然,有时也可能是视觉的中心,但如果增加的形体过多或者体量过大,则会影响原形体的性质,也丧失了加法原则的意义。(图 5.23)

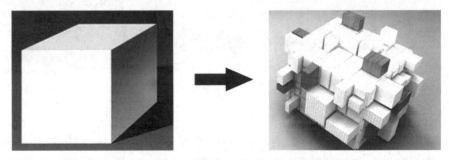

图 5.23　加法

2)*减法*

与加法相反的是,减法是在建筑形体上进行削切和挖减,从而改变原来的建筑造型的整体美感。需要注意的是,内部的减法并不会影响建筑形体的变形,而只是增加了局部的丰富感,但过多地削减边棱和角部,也就是形体的外轮廓,则会使得原形转化为其他形体。

减法是形态变化的一种方法,根据减去的程度大小,建筑形体可以保持原来的本性,或者变化成为其他的形式。例如,一个立方体被削去一部分,它仍然保持其立方体的本性,如果对其边角进行削减,它也可以变化成其他形体甚至是球状体。(图 5.24)

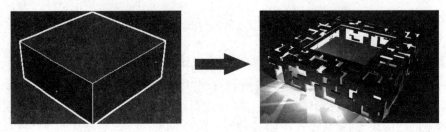

图 5.24 减法

3）拼贴

拼贴是指不同质感的材料或不同形状的建筑各要素组合在一起，通过表层叠加、衔接，并制造表层凹凸的变化，从而使该部分与建筑体的其他部分形成对比。（图 5.25）

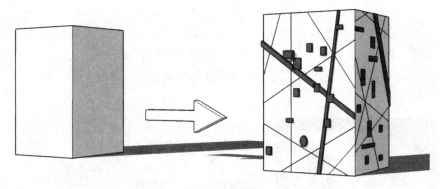

图 5.25 拼贴

4）膨胀

膨胀是指组成建筑的某要素向某一方向或各个方向凸出，使其边棱、外表面成为曲线或者曲面，使规则的几何体具有弹性和生长感。这种建筑造型往往给人一种内在的张力，感觉建筑外部好像被内力撑开一样，极具冲击感。（图 5.26）

图 5.26 膨胀

5）收缩

收缩是指形体垂直面沿高度渐次后退，使体量逐渐缩小的变化。这类建筑一

般给人以稳定感,但也会显得笨重;反之,也可自上而下收缩,造成上大下小的形态,产生倒置感。(图 5.27)

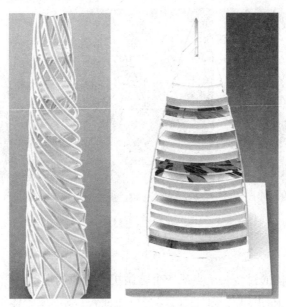

图 5.27　收缩

6)分割

分割是指将建筑的基本形按照比例或者构成法则有目的地进行合理的划分,在保持建筑统一性和完整感的情况下增加形态的美感。建筑形态发展到今天,分割在很多形体的推敲和建筑的隐喻中都起到了很大的作用,尤其是对于一些解构主义的建筑,分割所造成的张力和不安定给人以强烈的视觉印象。(图 5.28)

图 5.28　分割

7)旋转

旋转是指建筑形体朝着一定方向进行旋转运动,一般在水平方向旋转的同时,也进行垂直方向的上升移动,从而在视觉上给人一种动态、生长的动力感。在建筑造型中,这种动势常用于超高层建筑之中,展现形态的柔美和生命力。(图 5.29)

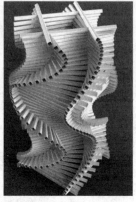

图 5.29 旋转

8)扭曲

扭曲是指形体通过绕一个点或一个轴做扭动弯曲的运动,使其具有柔感、流动感。在操作过程中,可以对整体或局部进行扭曲,一般形成的体块多是中部变窄,两端改变了原来的方向,呈现一种特殊的动态美。(图 5.30)

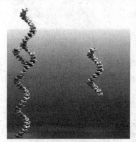

图 5.30 扭曲

9)倾斜

倾斜是指形体的垂直面与基准面(地面)成一定角度的倾斜,也可使部分边棱或侧面倾斜,造成某种动势,给人一种不稳定的紧张感。(图 5.31)

10)波动

面或者线在空间中像水波一样的伸展,创造出一个动态的整体,这种形态被称为波动。波动可以是振幅、波长都相等的匀速波动,形成均匀、相同的

图 5.31 倾斜

韵律美,也可以是振幅、波长至少一个不同的变速波动,甚至是局部的波动。不管怎样,波动的地方一般多是整个体态的视觉中心,给人一种曲线美。(图5.32)

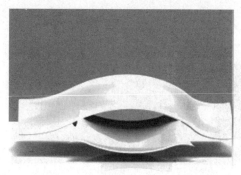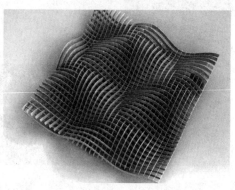

图5.32 波动

11) 折合

在可变构成中,通常会用到这种手法,即通过折合的手法,使地板、屋面、墙面形成一个连续的界面。这使传统的水平垂直的墙面与地面所限定的有着清晰界面的空间体块概念变得模糊,并在满足使用功能要求的前提下,包容了建筑的内部与外部空间以及水平与垂直的对立关系,其形态呈现出软化的、弯曲的且具有连续性的特征。组成建筑体量的不同单元要素被融合在一起,使其空间地面呈现出非水平面化的特征,从而消解了传统美学观念中的比例与尺度,给人们一种新的视觉享受。比如托哈·哈迪德设计的辛辛那提当代艺术中心的室内空间便用到了折叠转换的创作手法。(图5.33)

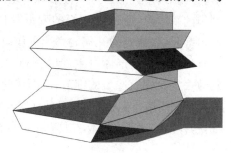

图5.33 折合

12) 异形

异形是指通过用各种转变的手法对建筑形体进行变形。这种手法通常使建筑的形态具有动态的特征,从而产生一个全新的形态,给人以视觉的陌生感。科技的发展使得一些天马行空的造型成为可能,计算机软件的发展也使得这一建筑造型有机可寻。并且它被人们认为是具有比几何形更精确的建筑形式,因为几乎每一个点都要有精确的坐标位置,通过计算机的模拟实验,最终成为可以用于实际的建筑造型。异形建筑的出现也带来了建筑理论上的质变,如仿生建筑、建筑的非线性思维等。(图5.34)

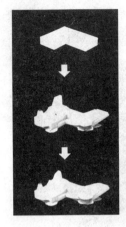

图 5.34　异形

13）拓扑

拓扑一词来自周相几何学。"周相"是图形外边缘的形态，从语义来讲，拓扑是未加工的自然形态。

以往建筑形态的构成元素，是以经典几何学为基础，其组成的基本形多以圆形、三角形、多边形、方形、棱形等为主。形态构成将这些规则的几何元素作为建筑创作的基本形，通过对它们的变形、打散以及重新组合从而创作出新的形态。然而，利用这些规则的几何元素所创作出的建筑形态都属于一种同形异构体，虽然也会有不同的建筑形体产生，但是它们大都缺乏个性，更重要的是，它们无法更加精确地去描绘建筑造型的细节，从而使建筑缺乏生机和活力。

而利用拓扑变形得到的几何元素通常是一种接近于自然式的抽象形状，它们精确、细致，有着不规则的形体，并具有一种自然美。它们在自然界中随处可见。（图 5.35）

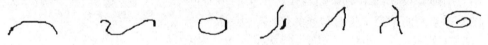

图 5.35　自然界中的拓扑形态

经过拓扑变形的几何形元素具有复杂的、连续的、动态的、自相似的且无形态尺寸的特征。它不是停留在形态表面的情感的表达，而是在形态的行动过程中使人们去认知它的存在。因此，它也包含了时间的因素，是一种四维的形体。它打破了以往以概括的点、线、面为基本要素的形态构成的模数化的局限性，其表现的建筑形态是以一种非规则且多样化的空间姿态展现，其形态不再单一、均质，反之呈现的是一种多元的、复杂化的造型特征。并且它将时间因素融入到建筑造型当中，从而可以使人们从多视点的角度去体验建筑空间。（图 5.36）

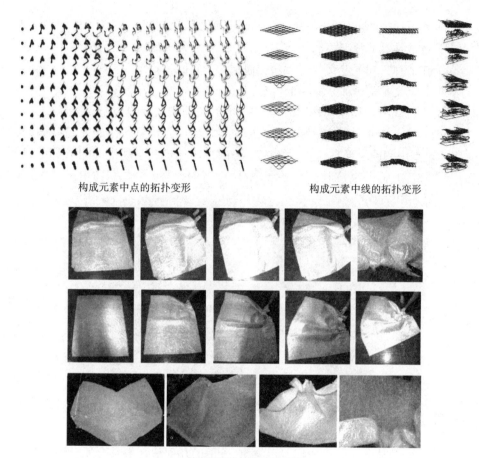

构成元素中点的拓扑变形　　　　　构成元素中线的拓扑变形

构成元素中面的拓扑变形

图5.36　各种拓扑变形

与其他形体变形不同的是,拓扑所传达的是一种动态的视觉张力和具有流动式的无重力感,因此给人一种更强烈的流动感与漂浮感。利用拓扑变形的几何形体进行建筑创作的最典型的建筑大师要属扎哈·哈迪德,她的建筑造型多以动态的、漂浮的、流动的和无重力的特征出现。

14)分形

"分形(fractal)"一词是从拉丁文"fractus"转化而来的,它的原意是"不规则的,分数的,支离破碎的"物体。顾名思义,分形几何是一门描述不规则事物的规律性的科学。英国数学家肯尼斯·法尔科内(Kenneth J. Falconer)在其所著的《分形几何的数学基础及应用》一书中将分形的性质归纳为:

(1)具有精细结构,即在任意小的比例尺度内包含整体。

（2）是不规则的，以至于不能用传统的几何语言来描述。

（3）通常具有某种自相似性，或许是近似的或许是统计意义下的。

（4）在某种方式下定义的"分维数"通常大于它的拓扑维数。

（5）其定义常常是非常简单的，或许是递归的[①]。

从分形的这些特质中，我们知道，实际上分形几何比传统那种充满逻辑与秩序性的经典欧式几何更能够精确地描述自然界中复杂的现象。比如变幻莫测的白云、银河星系中的旋涡形态、绽放的花朵、树的根茎等这些不规则的图形都可以通过分形来描述它们的生长形态。（图 5.37）

图 5.37　自然界中的分形形态

从以上的几何分形图中我们可以看出，分形的几何形元素具有复杂性，它是由自相似的简单形式衍生出来的，它们所表现出来的图案是通过缩小自身的比例并不断地进行重复而得来的。从形态构成的角度来说，分形几何形具有自身的构成规律，即通过对简单几何进行变形，然后单个几何元素进行大量的重复，或者将其排列组合的距离缩小，便完成了对简单几何体的分形，从而得到了复杂的几何形体。因此，这些复杂的分形几何元素同拓扑的几何元素一样，是一种异形同构体，而经典的规则几何元素所创作出来的建筑形态属于一种同形异构体。

此外，表现分形图形的形式有很多，但它们都有着共同的性质，即组成它们的各单元要素之间都具有相似性，也就是说，整体与局部有着相似的功能、结构和形状，并且当部分被放大时一般都与整体差不多。从视觉审美的角度上来说，它给人们展现的是一种新的对称性，即局部与整体的对称和跨越尺度的对称。另外，它的最大特征就是缺少空间的尺度性与形态的非平滑性。

---

① 　林小松，吴越．分形几何与建筑形式美[J]．中外建筑，2003(6):59.

　　通过分形变形的几何元素是在非线性思想的影响与指导下被应用于建筑的形态构成当中的,利用这种几何元素所构成的建筑形态无论从建筑的平面到立面的体块,还是从表皮到深层结构,都独特并精确地表达建筑的整体与细部。(图 5.38)

　　通过分形变形的几何形作为建筑形态构成的创作元素为建筑师的创作提供了一种新的思路和选择,它们对传统建筑中的比例、尺度提出了挑战,从而由此产生出别具特色的新形式。其表现出的建筑形态具有分叉、缠绕、突出、不规整的边缘和丰富的变换的特色,使建筑的细部呈现出一种精致、复杂而有序的美,而这种美感是传统的形式美所无法给予的。

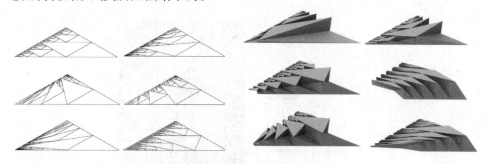

图 5.38　从平面到立体的分形变形

5.4　建筑形态构成中的组合原理

　　建筑有时并不只是单体的存在,即使是单体的建筑,除非是高层或者超高层建筑,有时大型的建筑体块也是由几个不同的形体组合而成的。需要注意的是,这里的组合并不是那种类似小区规划里的组团,由于是研究建筑体态的相关问题,因此,这里的组合也同样具有建筑的构成美,由组合产生新的形态或者由组合使形体间产生了对比、呼应等效果。总之,这里强调的组合还是为形成建筑的最终体态服务,研究的对象还是建筑的形体关系而不是建筑的群体关系。

　　常用的形态构成中的组合原理有以下几种:

　　1) 分离

　　分离是指单独的形体间保持一定的距离,但不宜过大,它们之间的关系可有方位的变化,如平行、倒置、镜像等,一般具有共同的视觉特性和欣赏角度。(图 5.39)

　　2) 接触

　　接触是指两个或两个以上独立的形体相互接近,之间没有距离并保持一定的连续性。需要强调的是,接触的两个形体接触后仍然保有各自的视觉特性,一般来说,面接触的视觉连接性最强,线接触和点接触的视觉连续性依次减弱。(图 5.40)

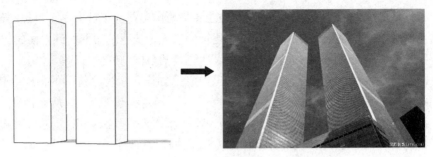

图 5.39　分离

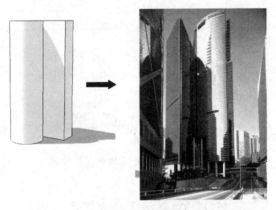

图 5.40　接触

3）相交

相交是指形体间相互穿插、相交或叠加等。其中,基本形之间不必要有视觉上的共同性,可以是相似形甚至是对比形,形体间的相互作用会打破原来各形体的独立性,从而产生新的造型。(图 5.41,图 5.42)

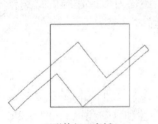

两形体相互穿插

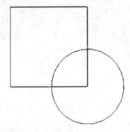

两形体相交,并共同享有相交的部分

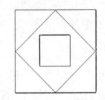

形体相互叠加,并产生一个复合形式,把相互对立的形体结合成一个集中式的组合

图 5.41　几种相交的类型

图 5.42　相交

4）套匣

套匣是指在某个形体的内部，将另一个形体完全嵌套在其中。如果外部和内部的形体是相同或者相似的，则套匣结构就显得明快、统一；如果外部和内部的形体是不同的形态，则容易产生对比的效果，一般内部多作为核心凸显出来，形成视觉的中心。如何处理外部、内部以及两者之间的空间关系，对于最终形成的套匣效果是十分重要的。（图 5.43）

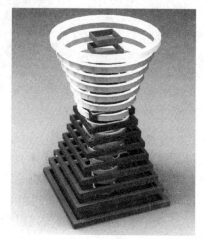

图 5.43　套匣

5）集中式组合

集中式组合是指以建筑主体为中心，不同的形体围绕在其周围，从而有种强烈的向心性。一般中心体与环绕体之间多是对比关系，如体量、形状、繁简、虚实之间的对比，以突出中心的地位，使其成为建筑形态的视觉中心。集中式组合作为一种理想的形式，可以具体表现为神圣或者崇高的场所，具有一定的纪念性。（图 5.44，图 5.45）

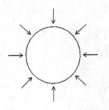  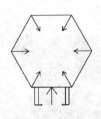 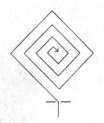

图 5.44　集中式的几种基本平面组合方式

图 5.45　集中式组合

6）线式组合

　　线式组合是指组成建筑的各个单元通过一条纽带进行单独或并行的延伸，其组合既可以围合空间，也可以形成外部空间的立面。各个形体之间可以是相似形、近似形或者是互不相关的形体，构成的线式可以是直线式、折线式、曲线式等，从而形成一条线性的轨迹。一般的线式组合按照其组合方式分为串联式和并联式两种，需要注意的是，除了平面的线式组合外，也可以沿着垂直方向形成塔式形体。（图 5.46，图 5.47）

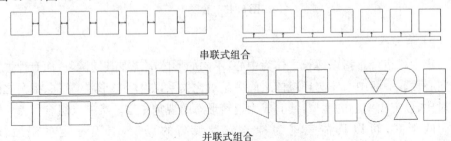

图 5.46　几种线式组合方式

图 5.47　线式组合

7）放射式组合

放射式是由核心部分向着不同的方向延伸发展构成,是集中式和线式组合叠加在一起后产生的效果,具有很强的方向性。其中,中心部分一般作为突出的形体,可以是功能性或象征性的中心,也可以是附属的过渡空间,如作为连接体的大厅等;四周的线性体量可以是规则式,也可以呈现不规则式。线式体量与中心部分可以是相互衬托的对比形式,也可以统一为一个整体。中心点可以是实体的形体,也可以是虚体的外部空间。一般的放射式组合有风车式、放射式与螺旋式三种,都是以一个中心点为核心向四周旋转或延伸。（图 5.48,图 5.49）

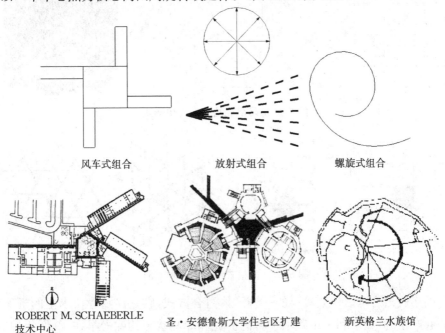

风车式组合　　　　放射式组合　　　　螺旋式组合

ROBERT M. SCHAEBERLE
技术中心　　　　　　圣·安德鲁斯大学住宅区扩建　　　　新英格兰水族馆

图 5.48　几种放射式组合方式

图 5.49　放射式组合

8) 网格式组合

网格式组合是由结构自身要素构成的有规则的框架单元组合而成的建筑网格框架,建筑的形体受控于这个三维的框架。网格框架一般由简单的几何体组成,最常见的网格是以正方体为基本元素的,因为它的几个量度都相等,以正方体为网格单位呈现出一种中性的、不分等级且没有方向性的网格结构,容易达到整体统一的效果。当然,网格框架也可通过加减法的原理进行变形而得出新的网格形式,从而影响建筑的最终造型。(图 5.50,图 5.51)

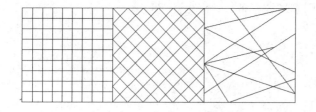

图 5.50　网格式组合的简单形式

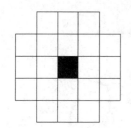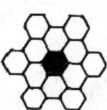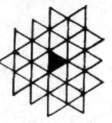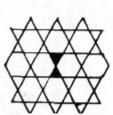

图 5.51　网格式组合的几种变形

网格式组合可以说是较早的一种形体组合方式,它是伴随着技术上的框架结构一起产生的,如亨利·拉萨尔·希区柯克和菲利普·约翰逊早在 1932 年的《国际风格》中所阐述的一样:骨架结构所具有的规律性带来了一种似乎可以取代左右对称的秩序。网格框架,尤其是其中作为点和线的柱子,不管愿意与否,都使空间产生了规则性、节奏感。因此,建筑师对此十分敏感,网格式组合也被积极地运用到构成的秩序之中。然而,随着历史的前进,网格式组合在今天也有了更加丰富的意义和内涵,其作用也被建筑师们扩大和完善。其中,需要提及的就是"形态发生学"原理。

可变构成在以往形态构成的变形组合原理的基础上,为了突破其局限性,凭借计算机的帮助,引入了形态发生学的理论,从而丰富了建筑形态的创作内容,使建筑形态更加多样化、个性化。

形态发生学是指形态按照自身发展的构成规律进行自我成长的过程。结构主义认为"形式不取决于功能,而是由构成元素组织法则(即结构系统)来决定"。植物或动物之所以长成某种形状,有两种力量控制着它成形:第一种力量就是来自自身的遗传基因(DNA)作用,它作为内在法则构成形态代码,制约了生物形态的生成;第二种力量来自外部动力的限制,各种外部条件作用于某种生物,它们只能调节自身形态,迂回或融入各种外力和关系结构之中,才能长期存活生长。因而,外部的条件及内在的基因促使生物进行自组织及自调节,从而自适应于各种条件而得以生存。

同样,在建筑创作中,设计师可以根据形态发生学的形态生成原理,将组成建筑的基本要素看成是构成建筑形态的"DNA"元素,并将其转化为形态代码通过计算机的形态生成技术创造出多样的建筑造型,组成建筑的"DNA"种类越多,则排列组合的方式也就越多,其形态也就千变万化。另外,这种方法的最大特点是体现了建筑形式和建筑行为之间的复杂关系,即建筑不再像以前那样处于被动的状态,而是作为一种事件或者说是一种有生命的物质进行自我创作,它所强调的是建筑形态自我呈现的过程,是以一种非线性的复杂方式展开。这种建筑形态自发形成的过程是与其结构同时出现的,因此它也被一些学者称为"非标准化的构成主义"。(图 5.52)

9)垒积式组合

垒积式组合是指基本形在水平、垂直方向聚集在一起,构成紧凑、重叠的整体。它没有明显的组合中心,也没有明确的主从关系。这种组合方式具有不规则的重复感。它包括定向垒积,即各形体趋于某中心呈中心线集结;无定向垒积,即各形体在各个方向按需要自由集结。(图 5.53)

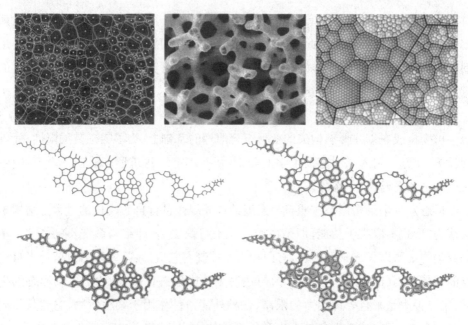

图 5.52　模仿植物细胞生长过程的渐变图形

图 5.53　垒积式组合

10) 轴线式组合

　　轴线式组合是指组成建筑的各元素以对称均衡的形式美法则并以虚而不见的一条直线或曲线为轴在其两侧做对称或均衡的布置。虽然轴线本身是看不见的,但它具有长度和方向性。在形态构成中,轴线式组合包括单轴线、双轴线、倾斜轴线等布局。轴线式的组合方式对建筑平面构成起着支配、控制全局,诱导,指向,序列等秩序性的重要作用。(图 5.54,图 5.55)

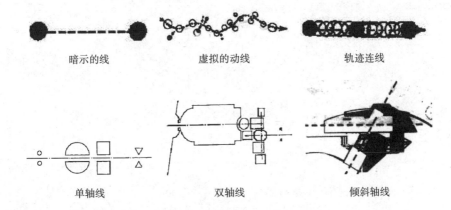

暗示的线　　　　　　虚拟的动线　　　　　　轨迹连线

单轴线　　　　　　　　双轴线　　　　　　　倾斜轴线

图 5.54　几种轴线式组合方式

图 5.55　轴线式组合

第二部分

阅 读 部 分

1 概　论

1.1　建筑与几何

　　"几何体以及其所有的定理，对全人类、对任何时代、对任何民族都不只是作为历史的事实存在，它们对于我们思考范围内的一切都具有无条件的普遍性，这一点是任何人都确信的。"

——爱德蒙特·胡塞尔

1) 建筑单体的几何性质

　　在西方，自古以来都将"数"和"几何学"作为研究建筑的基础。西方建筑的造型逻辑是一个从简单的原形逐渐细化和丰富的过程，西方哲学的传统认为简单几何体是最为完美的形体，也是宇宙构成的根本，这样形而上的精神贯彻到建筑当中，就使得西方几乎所有古典建筑都可以视为简单几何体的造型。如哲学家柏拉图从宇宙晶体理论中得到他的几何思想，认为简单的几何形可以演变或旋转成有规则的、易于辨认的形体，如圆可以形成球和圆柱，正方形可以形成正方体和长方体，三角形可以形成圆锥和棱锥等。而我们所熟知的欧几里得几何学是欧几里得在公元前3世纪创造的一门主要用于研究形体几何特征的学科，如长度、角度、平行性等，尤其适用于描述直线和平面构成的形体。后来的数学家在欧几里得几何学的基础上发展了非欧几何学，如双曲几何、椭圆几何等。而随着科学的发展，对于微观和宏观世界的研究和发现，形成了以形态学（Morphology）的数学工具为基础的现代几何学，包括影射几何、椭圆几何、双曲几何、拓扑几何和晶体几何等。形态学最初是一门研究人体、动植物的形式和结构的科学，并在以后的生物学中得到广泛应用。在建筑领域，结构主义与形态学结合则形成了我们现在所熟知的建筑形态学。由此可见，建筑造型的发展在某一层面来说也是随着几何学的研究不断深化、丰富和复杂的。

　　在建筑史上，从古至今都一直在反复思考和使用几何形态。建筑师们有时将这些单纯的几何形体作为完美的题材表现出来，有时将其组合得到具有复合性的建筑。对于几何形的思考以及使用方法的总结一直都没有间断过。如文艺复兴时期,莱昂·巴蒂斯塔·阿尔伯蒂认为,圆形是最完美的,他认为在所有的形状中,自然本身最偏爱圆形。阿尔伯蒂一共推荐了九个基本几何形体,除了圆形,还包括正方形、六边形、八边形、十边形、十二边形这样的向心性形态,这些形态都是由圆确定出来的,除了这六种形状,从正方形中还派生出三种形状,即在四边形上增加四边形的一半、增加三分之一和将两个四边形组合到一起。

15世纪意大利建筑师安德利亚·帕拉第奥从实用的角度认为,越接近正方形就越美观大方,最完美、均衡而且较为成功的辅助用房有七种,它们的平面形包括圆形、正方形、长等于以其宽为边的正方形的对角线的长方形(即边长 $1:\sqrt{2}$ 的长方形)、正方形的一又三分之一(边长 3∶4 的长方形)、正方形的一又二分之一(边长 2∶3 的长方形)、正方形的一又三分之二(边长 3∶5 的长方形)或者正方形的两倍边长(边长 1∶2 的长方形)。

到了18世纪末和19世纪,法国改良派的布雷(Étienne-Louis Boullée)和克劳德·尼古拉·鲁德(Claude Nicholas Ledoux)的作品中则出现了球形。进入20世纪,抽象性的元素开始出现,我们所熟知的至上主义、构成主义、风格派的作品都是高度抽象的几何学,而著名建筑师勒·柯布西耶在他的著作《走向新建筑》中宣称,"所谓的建筑就是集中在阳光下的三维形式的蕴蓄……立方体、椎体、球体、圆柱以及棱锥等都是原始形状,光使其形状突显出来。其形象是明确的、可触摸的,没有模糊之处。因此都是'完美的、最完美的形状','轴线、圆与正方形都是几何体的真谛……几何体是人类的一种语言'。"而随后出现的路易斯·康的作品,无论是平面、体块还是表皮装饰则都体现出单纯的几何学,展现了几何形态所具有的艺术美感。

需要理清的是,对于几何形式的选择不仅局限于数学和宗教的西方,东方对于建筑的选择也是以几何形式为基础的,这一特点在城市规划上尤为突出。如在维特鲁威的重要著作《建筑十书》中描绘的理想城市的平面就是规整的正方形与圆形的构图;从《周礼·考工记·匠人》中对于周王城复原想象的记载中——"匠人营国,方九里,旁三门。国中九经九纬,经涂九轨,左祖右社,面朝后市,市朝一夫"——我们也可以清楚地感受到基于平面几何形态的城市空间造型。在中西方,不管是匠人还是建造师,都是以几何作为其构思和表现形式的有效工具。(图 1.1)

几何形式的选择和使用,并不单单局限在审美和功能上,还受到材料和技术的局限。很多时候,建筑的造型是其构成元素按照一定的法则构成的,这种法则就是我们所知的结构。按照结构主义的观点,决定形式的主要因素取决于它的构成方式。正如路易斯·康所说:"当建筑师将各种设计上的问题都解决之后,将会惊讶于呈现在眼前的建筑造型。"

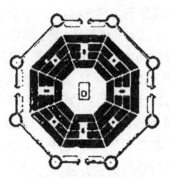 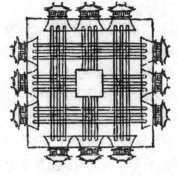

西方古代理想城市的"差叠"　　　　　　中国周王城图中的"重合"

图1.1　中西方古代理想城市比较

　　曾经很多建筑设计在构思的初期,对于几何形式的选择是追随结构的,而随着科学技术的发展,建筑结构的突破,也使得新的造型成为了可能,这也是当今许多建筑形态出现扭曲、流动、速度等视觉语言的主要原因。纵观中西方建筑发展的历史,从代表建筑文明之初埃及金字塔的正方椎体、希腊神庙的长方体到罗马斗兽场的圆形平面、拜占庭建筑的穹顶、哥特的尖锥体量,再到现代主义的钢与玻璃的"方盒子",多种体块组合的流水别墅以及当代的国家大剧院、水立方等,不难看出,几何形态的丰富与时间的推进、技术的进步密不可分。但是,即便是复杂的建筑形式,在探求基本的可能性时,空间几何的直觉对于建筑造型的影响还是很重要的,一部分复杂的形式还是来源于简单几何的变形与组合。下面,我们根据几何原形及其变形的特征对于建筑进行粗略的分类与整理。

　　(1) 圆

　　圆形是三种最基本的形态之一(圆、正方形、三角形),也是最早的建筑形式之一。圆本身是一个集中性、内向性的形状。圆的向度是半径,是以最短的周边闭合成的最紧凑的形。圆的向心性是所有形体中最强的,一个圆形形体的集中性可以形成一个中心,并能使对比的几何形式得到统一的效果。圆形在使用过程中可以独立存在,也可以很容易地和其他形式相互融合。在语言表述方面,圆形常常给人一种向心、丰满、和谐、运动等的感觉。

　　由圆发展到空间中,则出现了我们所熟知的球体,球体是一个向心性和高度集中性的形式,在它所处的环境中可以产生自我为中心的感觉。球体的状态是稳定的,从任何视点来看,它都保持了圆形。不过,需要指出的是,以完全球体为主题的建筑在具体的实现过程中则困难得多,结构的不易实施使得即使有纯球体的建筑也是很少实现的。但是以圆为原型发展出的圆柱体、半圆形、半球体等变体则在建筑设计中广泛使用。

　　在建筑发展史上，很多大型公共建筑都是用的圆形——这其中包括以圆形为基础的变形，如罗马的万神庙（Pantheon，118—128 年），它的内部空间上半部分是基于 43.43 m 直径的球体而建造的，顶部开有一个 8.23 m 的圆洞，下半部分则是一个圆柱体，外观上是一个在圆柱体上覆盖了一个穹顶，内部空间在圆形洞口射入的光线映照下显得宏伟壮观，极富神秘感。罗马斗兽场在平面上也使用了圆的形式，层层的退台式设计使得中间的表演场地成为视觉的中心，这也是再一次利用了圆形的向心性。以球形为圆形的建筑虽然在过去很少实现，但是建筑师还是敢于想象和尝试的，如布雷设计的牛顿纪念堂，就是一个球体和一个圆柱体的结合，而鲁德的大地耕作人之家，则是一个完完全全的球形构想。（图 1.2，图 1.3）

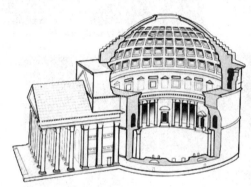 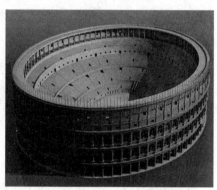

图 1.2　罗马万神庙结构分析图　　　　图 1.3　罗马斗兽场复原模型

　　圆的形式不仅在西方适用，我国古代"天圆地方"的思想在传统建筑的平面、屋顶、基座、天井、水池中随处可见，如北京的圜丘、福建的圆形土楼等（图 1.4，图 1.5）。此外，伊拉克的古巴格达城在城市规划上也使用了圆形，所不同的是，这里的圆形象征着太阳，圆形直径达到 2.8 km，有四个相互呼应的城门。整个宫殿受到波斯的影响，规模很大，中心的清真寺代表了当时建筑的最高成就。

图 1.4　北京圜丘　　　　　　　　　图 1.5　福建土楼

在现代,圆形的使用依然很广泛,如 A. 法因·西尔弗设计的维莱特球形剧场(1985 年)则是一个空间中的球体;勒·柯布西耶设计的法国驻巴西利亚大使馆(1964—1965 年),建筑平面的各部分由一个圆形组织起来,起到了很好的统一性。柯布西耶还有意识地将圆形的一部分切除,破除了圆形的稳定感,形成了一定的趣味性。此外还有妹岛和世设计的森林别墅(1994 年),平面上通过两个圆形的嵌套和圆心的偏离,成功地使两个圆形之间出现了独特的空间感。别墅的外观是典型的圆柱体量,光滑的外墙曲面在树林的遮掩下,使得这栋别墅显得浪漫、温雅。(图 1.6,图 1.7)

图 1.6　维莱特球形剧场

图 1.7　森林别墅

（2）正方形

正方形的使用一直以来都受到建筑师的推崇,它是静态的、中性的形式,代表一种理性的回归。正方形通过增加其长度或宽度,可以变化形成各种矩形,当然,我们也可以将正方形看做是矩形四边相等的特殊状态。在西方,由矩形发展出来的比例关系常常用来作为设计和制图的模数。如我们所熟知的黄金分割比,就是希腊人从自然界大量的形状中总结归纳出的理想比例,在数值上表示为 1∶1.618,符合这个比例的矩形就是黄金矩形。我们在前面提到的帕拉第奥列出的理想房间的比例,其中以 3∶5 的长方形最受欢迎,而这与公认的黄金比例十分接近。由此可见,合理的长宽比例形成的矩形不仅功能上十分合理,还满足人们的审美需求,是人类运用理性分析总结出的美的规律,因此在当时被广泛地运用到建筑、雕刻、工艺美术中,成为衡量美的标准之一,至今仍然发挥着作用。(图 1.8)

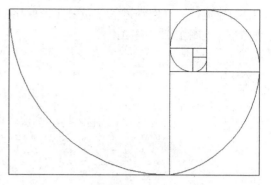

图 1.8　黄金矩形

　　不仅如此,在建筑方面,长方形空间的平行关系和直角连接也使得无论是屋顶、墙体、门窗、家具等都易于建造和使用,成为最适应功能需要的形体。在建筑思潮中,也曾因为长方体的实用性而一度出现了以现代主义的"方盒子"为代表的国际风格,以满足当时战后的建设需要和人们的实用主义思想。不仅如此,由于"方盒子"具有节省空间、简单实用等优点,在今天城市用地紧张的情况下发挥了很大的作用,如安藤忠雄设计的住吉长屋(1976年),就是典型的充分利用狭窄空间进行"方盒子"设计以解决功能问题的优秀范例。(图 1.9)

　　正方体由于几个量度都相等,因此缺乏明显的运动感和方向感,在使用过程中,常给人一种严谨、厚

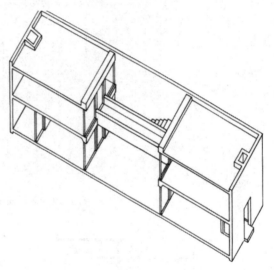

图 1.9　住吉长屋模型分析图

重和匀称的感觉;长方体的使用则带有一定的方向,竖直的长方体给人一种高耸、雄伟的视觉感;横向的长方体则具有稳固、坚实的视觉感。

　　正方形和长方形的形态很早就出现在人类的城市规划和建筑设计中,如在我国的唐长安平面图中可以看到,当时的长安城采用的是"里坊制"的营造手法,里坊大小不一,小的一里见方,大的则是小的倍数关系。坊内有东西街或十字街,坊根据情况也有两个或四个开口供出入,整个长安街构成一个规整的正方形几何形状。类似的还有日本平安时代的京都、美国现代都市纽约,都是典型的棋盘状城市平面。在西方,很多建筑的平面也是以正方形为基础的,如安德利亚·帕拉第奥设计的维琴察圆厅别墅(1556 年)就是一个四面带有门廊的正方形建筑平面,虽然形式完整、构图严谨,但是门廊的功能并不强。此外还有帕提农神庙(前 477—前 432

年)的建造,平、立面都遵循了黄金矩形的比例,使建筑显得稳重、坚实,充满了数学的美感。(图 1.10~图 1.12)

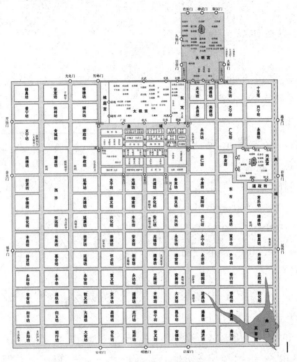

图 1.10　唐长安街平面图

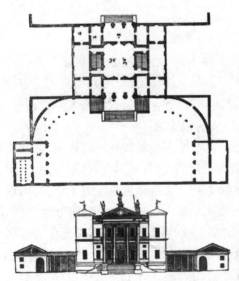

图 1.11　维琴察圆厅别墅

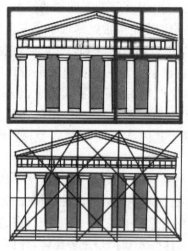 

图 1.12　帕提农神庙

　　随着科技的进步、钢和玻璃的出现以及结构和功能的解决——诸如平屋顶的大量采用,现代建筑以其典型的"方盒子"出现在世人面前,方形的平面已经发展到三维的空间中。现代主义大师密斯·凡·德·罗的建筑很多更是以"玻璃盒子"著称,如他设计的纽约利华大厦等都是形体单纯、空间匀质的方形空间,此外还有勒·柯布西耶的萨伏伊别墅(1930 年)、约翰·奥都·冯·斯普雷克尔森设计的拉德芳斯区新凯旋门(1989 年)等,都是方形体块的经典表现。(图 1.13,图 1.14)

图 1.13　萨伏伊别墅　　　　　　图 1.14　拉德芳斯区新凯旋门

（3）三角形

　　三角形是由三个边限定的平面图形,三个角可以旋转、变形形成不同的形状。当三角形以它的一条边作为支撑的时候,本身具有极强的稳定性,传达出一种庄重、稳固、崇高的形象;但是当它倒立着用一个定点支撑的时候,则给人一种动态的不稳定因素,紧张感和压迫感也随之产生。

三角形的主要特征表现在其斜边和角度上,尤其是早期受到建造技术的约束,利用斜边和角度构成稳定的三角空间作为结构支撑是很常见的现象。三角形根据其斜边的特征可以组成很多基本的多边形,如平行四边形、梯形、五边形,包括接近圆的多边形等等,因此在建筑领域运用十分广泛。如亨利·吉里亚尼设计的法国阿利斯考古学博物馆(1995年),就是一块由三个特别的场地要素界定出来的三角形半岛状用地,该设计平面为等边三角形,中央为三角形的中庭,虽然建筑包含了文化区、科学研究所以及展示区等要素,然而其内部空间衔接巧妙,外观整体,简练。

当三角形发展到空间中,则可以构成多种空间的多面体。著名哲学家柏拉图曾经在《蒂迈欧篇》中这样描绘他的思想:"宇宙的基本元素有四种:可见的是火,可触的是土,介于两者之间的是空气和水。在四者之间存在着一种表现亲和程度的比例关系,即火:空气=空气:水=水:土。这些元素都是正多面体,任何一个面也都是由基本的三角形构成的。三角形的起源就是等腰直角三角形和一个不等边三角形,这种不等边三角形的两个角分别是30°和60°,将这两个三角形合在一起可以得到正三角形——前者可以构成正六面体,后者则可以构成正四面体、正八面体、正十二面体。而正十二面体是第五个构成体。四种元素中,土是正六面体,水是正二十面体,空气是正八面体,火是正四面体(图1.15)。这些元素的形状产生了各自的特性——或是不易移动或是尖锐。"由此可见,三角形的组合关系是十分强大的,这种结构在今天的建筑构造中,也会加以利用,很多的空间网架——包括平面网架和球状网架——都是由三角形组合拼接而成的。

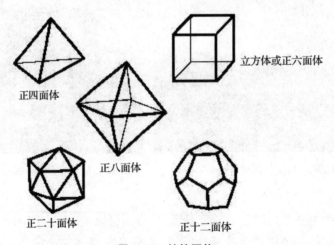

图 1.15　柏拉图体

在建筑领域,三角形发展到三维空间中应用最广泛的是四棱锥,这主要是受到构造技术的影响以及四棱锥所展现的极强的稳定感。最具有代表性的首推古埃及金字塔,其中,吉萨第一大金字塔——胡夫金字塔(约前 2580—前 2560 年)高达146.59 m,这种规则的正四棱锥体量在今天仍然是一个奇迹。类似的形状也出现与贝聿铭的设计中,他在卢浮宫改造设计中所采用的玻璃金字塔与周围代表法国文艺复兴和巴洛克形式的建筑群产生出强烈的对比效果。利用四棱锥的稳定性,许多高层塔式建筑也会选择这种形式,如建于我们唐代的西安大雁塔,虽然外形上采用了以大小和高度层层递减的塔阁,但是概括起来仍然是四棱锥体,在当时的建造技术下,如果不采用这种稳固的结构,很难建筑出这种 7 层共 64 m 高的楼阁式砖塔。在当代,由 W. 佩雷拉设计的旧金山金字塔大厦则是一幢超高层建筑,这是一个典型的四棱锥体,为了丰富体量,建筑师还在锥体的顶部加入了两个倒三角锥体,这在丰富形体的同时也加强了超高层建筑的紧张感。(图 1.16～图 1.19)

图 1.16 吉萨第一大金字塔

图 1.17 卢浮宫改造设计

图 1.18 西安大雁塔

图 1.19 旧金山金字塔大厦

从上述实例看出,四棱锥在使用上更多地追随了它自身的形态特点。然而,随着科学技术的进步,倒立的四棱锥也开始出现,如奥斯卡·尼迈耶设计的卡拉卡斯近代美术馆,倒立的锥形十分生动,而这种形态所带来的紧张感和压迫感使得站在下面的人更为震撼。同样,在2010年上海世博会上,中国馆的外形也采用了倒锥形的手法,这主要与我国古代的斗拱建造模式一脉相承,在展现建筑宏伟、紧张的同时,也加入了一点活泼的感觉。(图1.20)

图1.20　上海世博会中国馆

2)建筑组合的几何性质

在前面的论述中已经提到,圆形、正方形和长方形、三角形等原形可以构成各种复杂的形态,而实际上,建筑的形态很多是由几种形体组合而成的。在建筑造型的推敲过程中,我们需要把握好各种几何形体的特征以及它们所包含的心理暗示,适当地运用于形体的表现之中,如圆形由于光滑、连续、向心的特征而使人感觉到抒情和优雅;正方形与长方形则由于直角和平行线的关系而显得刚劲和稳重;三角形则由于斜边和定点的存在而在某一方向具有突出感,容易营造出平稳、坚固或是活力、紧张的感觉。而这三种形态在组合上既可以是同种形式,也可以是相互搭配,再加上一些局部构成的造型技巧,如加减、分割、旋转、移位、密集等,从而创作出丰富的造型,以便于建筑师根据实际情况进行挖掘与调整。

（1）相同形态的组合

圆形之间的组合关系有很多方式,如大阪世博会期间展出的日本馆(1970年)的平面就是接近圆形的五个正二十边形围绕一个圆心进行设计的,建筑内部还有同心圆和非同心圆的嵌套,整个造型是围绕樱花的花瓣形状进行构思的;而在2008年北京奥运会期间由安德鲁组织建造的国家大剧院,则是将四个椭圆的剧院罩在一个大的椭圆形体内,用单纯的外形容纳了复杂的内部结构,外观的简洁使其拥有"水上明珠"的美誉。(图1.21,图1.22)

图 1.21　大阪世博会日本馆

图 1.22　国家大剧院平面示意图

方形之间的相互结合在建筑师手中更是层出不穷,如赖特的经典作品流水别墅就是由错落有致的长方形体块相互叠加而成的,不管从平面还是从立面来看,都显示出建筑师对于体块关系把握得恰到好处,类似的建筑还有密斯·凡·德·罗的巴塞罗那国际博览会德国馆,虽然主体建筑是一个玻璃盒子,但是从其建筑与周围环境的搭配以及内部空间的分割,都可以看出这位建筑大师对于方形空间的理解与掌握。在建筑群体的设计中,方形的组合仍然十分广泛,如阿尔瓦·阿尔托(Alvar Aalto)的成名作品——帕米欧肺病养老院(1933年)就是一个根据场地情况由几何长方体相互连接组合而成的。同样的,路易斯·康在多米尼克修道院(1968年)中也用了类似的连接手法,巧妙的是路易斯·康将公用的建筑在平面上按不同的角度用直角相互连接,这在平面构图中还是十分少见的。(图1.23,图1.24)

图 1.23　流水别墅

图 1.24　巴塞罗那国际博览会德国馆

三角形之间的相互组合在建筑造型中也是极为常见的,如我们所熟知的华盛顿国家美术馆东馆(1969—1978年),就是建筑大师贝聿铭利用地形条件并结合使用功能,巧妙地运用两个三角形——一个是直角三角形,一个是等腰三角形——同时满足了环境、功能和造型的需求,两个三角形由一个公共大厅组合成整体,该建筑物共7层,空间序列穿插交错,视觉感极其丰富。外观上,首尾呼应的两个三角形显得充满动势和构图感,尤其是建筑一边只有19°的尖角,在施工上虽然有很大的难度,但其传达出的艺术水平也使得很多人为之惊叹(图

图 1. 25　华盛顿国家美术馆东馆

1.25)。在建筑群落中,三角形更多的是以边线的连接出现,这主要是出于空间使用情况的考虑,毕竟锐角的存在使得三角形在空间组合上并不实用,如贾斯特斯·杜因宝设计的三角形村(1958年),就是一个通过将三角形边线相连接出现的群落空间。

(2) 不同形态的组合

圆形、方形与三角形由于各自具有不同的特点和心理暗示,在建筑设计中,有很大一部分是将它们相互组合在一起使用,根据造型的需要,进行不同的选择和改变。而这种组合需求不管是在平面安排上还是在空间组织中多是十分常见的。西方很多文艺复兴时期的教堂都是圆形与方形的结合,如伯拉孟特设计的圣·玛利亚·德莱格拉奇教堂(1485—1497年)、米开朗基罗设计的圣·彼得大教堂等都是类似的作品。在现代建筑中,多种形式的组合也经常用到,如何镜堂组织设计的鸦片战争海战博物馆平面就是一个典型的圆形、方形和三角形相结合的设计。该建筑组合以广东特有的木棉花为意象,通过加入一个方形的空间打破造型的单一形式,整个建筑在统一的母题中寻求变化。对于几何元素运用比较突出的是现代主义建筑大师路易斯·康,他设计的孟加拉国议会大厦无论是平面还是布饰都采用了圆形、方形和三角形的简单几何形式,建筑在给人一种浑厚、稳重感的同时又不失活泼、趣味。在三维空间中,不同体块之间的结合也是很常见的,如长谷川逸子就是一个经常将球体、圆柱体、方块、椎体等进行组合的建筑师,由她设计的日本藤泽市湘南台文化中心,就是由一些破碎的体块簇拥着中心的球体组合而成,这类建筑有很多后现代主义的思想,形体处理上很容易陷入零散或主次不分的情况,在借鉴和构思的过程中要十分慎重。(图1.26~图1.29)

图 1.26 圣·彼得大教堂

图 1.27 鸦片战争海战博物馆

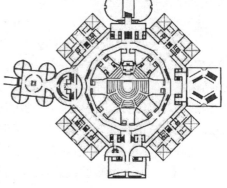

图 1.28 孟加拉国议会大厦建筑及平面

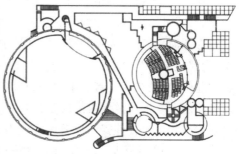

图 1.29 日本藤泽市湘南台文化中心

1.2 建筑与形态

形态学(Morphology)是一门具有悠久历史而至今仍富有生命力的应用科学。它最初产生于古希腊,Morphology 一词由希腊语 Morphe(形式)和 Logos(科学)

构成,最初是一门研究人体、动植物的形式和结构的科学,并在以后的生物学中得到广泛应用。今天,形态学已经成为一门独立的,集数学、生物、力学、材料和艺术为一体的交叉学科。

在建筑学上,形态与建筑的交叉主要是三个方面:数学、力学和材料学。这里的数学主要集中在几何学的范畴,也就是与建筑的形体有直接的关系。这三者相互结合构成建筑的形式与结构。建筑的出现需要克服自身的重力且具有一定的稳定感,因此需要对结构和力学展开研究,同时,建筑需要用材料进行搭建,包括承重材料和维护材料,对于材料和结构的选择很自然地就促使了建筑最终以几何的形式展现在世人面前。人类从营造活动开始,就通过观察大自然掌握了一定的形式、力学和材料的关系,并且利用这一原理,逐渐地发现与总结,创造了许多新的建筑形式和结构。

20 世纪初,结构主义(Structuralism)的出现使得建筑与形态学的结合更加紧密。结构主义是 20 世纪重要的哲学流派,这一主要思想来源是被称为“现代语言之父”的索绪尔。他通过对语言系统的阐释提供了一个新的把握世界的方式,这就是结构主义的方法和原则。“从结构主义的观点出发,世界是由各种关系而不是事物构成的,在任何既定情境里,一种因素的本质就其本身而言是没有意义的,它的意义事实上是由它和既定情境中的其他因素之间的关系决定的。要对整体有所认识,必须由整体出发切分出要素,而这些要素是彼此联系的。[①]”索绪尔的这一思想被称为“语言规则和单词”模式,即语言规则是一个可以使单词从中自我表达的系统,它决定了话语的结构。

在当时,受这种思想的影响,现代主义的“构成原则”强调“主从、秩序和层级”的概念,通过传统的主观的“形式美”法则,试图将建筑与形态有机结合在一起,将自然形态简化、抽象为一种可认知和易于把握的形态,以便于分析和掌握。由此可见,现代主义的“构成语法”与结构主义中还原论的概念有着深刻的联系。

此外,在结构主义者看来,结构是一个包容着各种关系的总体,这些关系由可以变化的元素构成。元素的改变依赖于整体结构,但可以保持自身的意义。元素之间关系的更改会使得结构系统发生改变。因此,解决的关键就是它们内部的组织关系,这种关系可以用数学模式来描述。而这一思想在建筑领域正是结构与材料对于形态内在规律的合理解释,这就促使研究建筑的结构主义者必须借助自然科学作为研究的分析工具。由此可见,结构主义要应用在建筑上首要掌握的就是研究形式构成规律的科学——形态学。这就使结构主义与形态学的结合成为必然,并促使了建筑形态学的出现。而事实上,建筑形态学的出现的确很大程度上促

---

① (瑞士)索绪尔.普通语言学教程[M].高名凯,译.北京:商务印书馆,1980:11.

使了一大批新型建筑和理论的产生,从而为古老的建筑学输入了新鲜的血液。

需要指出的是,在 20 世纪 50 年代,由于战后的经济倒退,功能主义成为建筑设计的主导潮流,在现代主义的推动下,出现了"国际式"设计风格。在建筑实践中,以包豪斯为首的一些现代主义大师,以法国传统理性主义为指导思想,以欧几里得古典几何为设计工具,从解决建筑功能入手,创作了一种现代建筑语言。这种方式过度地强调功能的作用,忽视了建筑造型以及地域之间的文化差异,促使以强调功能主义的建筑大都以"方盒子"的形式展现。

随着结构主义的出现,更多的建筑师认为形式不单单取决于功能而是由构成元素的组织法则决定的。由此可见,结构主义与功能主义的不同之处在于结构主义注重对于社会和形式的结构体系的研究,将空间当作体系中的构成元素来考虑。1959 年,在奥特洛举行的 CIAM 大会上,以路易斯·康、丹下健三和"十次小组"为首的新一代建筑师提出了现代建筑运动发展的新方向,同时表示了对于功能主义所带来的"方盒子"的强烈不满。这次大会被认为是结构主义的开端,至此,结构主义逐渐被接受,并对后来各种建筑流派的出现奠定了思想基础。

随着形态学的不断发展和前进,针对现代几何的深入研究,使得双曲几何、拓扑几何、晶体几何等理论的完善为人们准确描述复杂的曲面空间揭示了规律并提供了方法,建筑师得以跳出传统的欧几里得几何中所限定的古典建筑空间的框架,创造出大量复杂生动的建筑形式,从而丰富了建筑语言。

需要指出的是,时代的进步、文化的多元化也从另一个方面促进了建筑学更多地关注形态学的发展。现代社会是信息的社会,事物的交流来自信息的产生与传达。建筑已经不仅仅是作为传递信息的媒介,其本身也可以传递信息。建筑通过自身的形象,与人们进行信息的交流,不同的建筑形态传达着不同的意愿和情感。当然,我们承认建筑功能在某一方面对建筑造型所起到的作用,如建筑师通常使用对称性或向心性的造型方法来表现教堂、政府、医院等的庄重、端正的感觉。但不可否认的是,建筑在今天日益反映出社会生活的多样性、复杂性与开放性,建筑形体作为信息的载体,反映不同的审美观、不同的思想流派和建筑风格、不同的社会经济技术进步的信息,具有鲜明的时代感。

在今天,建筑形态表明了一种人与建筑的沟通与交流。一方面,建筑体现了建筑师的思想以及他们对艺术、社会学、技术等领域的理解,另一方面,建筑也反映了不同时代下观赏者的审美需要、文化素养以及欣赏水平。由此可见,建筑的形态既是主观的信息表达,同时也是客观的信息反映,这就必然导致了建筑的复杂性和多元性,促使建筑形态不断更新以适应时代的需求。因此,建筑形态在展现自身的同时,也具有了一定的文化性和时代性。形态是建筑传达信息本体,建筑意义的表达也是通过建筑造型引申到象征与内涵层面上去的。它是一个有序的知觉整体,表达建筑的设计风格和人文内涵,反映了建筑的内在逻辑、时代意义以及构成方法等特征。

由此可见,建筑形态的变革是以哲学思想、科学发展和风格流派的出现为根源的,建筑的形体造型从简单的几何原形发展到复杂多样的现代形式,深受风格流派的影响和工业现代化的发展。伴随着后工业社会的到来、文化的多样,建筑思潮也出现多样化的格局,建筑作为一种空间构筑体的艺术,首先给予人的是其物质实体的形态的丰富性,无论是纯净的柏拉图体、现代主义的方盒子,还是后现代的戏谑、高技派的金属感、解构主义的复杂性等等,虽然代表了不同时期的流派特点,但都显现出一种外在的三维空间存在形式与内部结构逻辑规律,而这正是建筑与形态构成完美结合的体现。

1.3 建筑与构成

建筑是随着社会和科学技术的进步发展起来的,建筑设计离不开客观条件的制约,要充分考虑环境、功能、技术等因素。构成是一种思维方式,是一种方法论,是认知世界、创造新事物的工具。从"建筑"到"构成",似乎很难直接找到关联性,然而,当我们加入"形态"一词的时候,其中的关系便出现了。

我们知道,构成是创造形态的方法,研究如何创造形象、形状之间的组合以及排列方式,而对于形式的创造,往往需要放松对于现实世界的过多关注,从而发散思维,追求形态的各种可能性。在这个形式创造的过程中,需要解决很多的问题,诸如技术、材料等等,思考的过程就是如何使得构成的结果成为可能。而当这些可能被解决的时候,新的形态反过来就会推动设计的发展。人类文明发展至今,都是人类想象力得以实现的过程,建筑的发展更具有代表性。每一个新的建筑形态出现,都代表着科技的进步、技术的完善,而新的形态离不开构成的手法、认知世界的过程。由此可见,构成具有哲学和科学的含义,在今天我们所说的构成,就是按照艺术效果、力学和心理学原理进行的创作,是理性与感性的结合。

因此,构成并不强调最终用来做什么,它只着重形态创造过程的训练。至于如何用、怎么用是设计的问题。在建筑领域,构成在大多数情况下是确定形式的一个手段。没有具体的创作手法就无法表明建筑是怎样思考或者是依照什么规则得到的。客观条件的限制必然影响建筑师对建筑的形态作出反应,而思考的过程就是形态构成的过程,因此,没有对于形式的调整和完善——形态构成,就没有建筑的最终实现。从另外一个方面来看,建筑也承载着丰富人们生活和精神的需要,建筑传达的感性和意义有时候甚至超越了它本身所具有的功能,如故宫、世博会建筑等等,因此,建筑师在设计的过程中,必然要在形态方面仔细斟酌,以传达出自身的理念,不断地提高建筑的存在意义,好的建筑形态对于建筑师、建筑本身、建筑理论以及建筑背后所代表的社会都有一定的推动作用。从这个角度来说,构成对于建筑的成功具有决定性的作用,需要我们给予足够的关注。

那么,如何理解和认知"构成"呢?

"构成"的一般概念是指事物的组成、结合的关系,其中,"构"有组成、组合、造成的意思,而"成"则是指完成。除了前面的概念章节中介绍的关于构成的概念,还需要补充几个相关的观点作为参考。

(1)"构成"一词的来源与内涵

朝仓直巳在《作为基础造型的构成——关于"构成"的意义》一文中,这样解释"构成"一词的来源,"'构成'作为专业用语使用在造型领域,它的含义经历了两次演变。其一为本世纪初在俄国兴起的前卫艺术运动,它被译作'构成''构成主义'或'构成主义艺术'等;其二是将包豪斯(1919—1933年)时期使用的 Gestaltung 一词译作'构成',这些文字运用于造型教育时,均被称为'构成教育'"。

俄国的构成主义对于包豪斯的构成教学有着直接影响,尤其是当包豪斯的校长格罗皮乌斯看完构成主义者在柏林的展览后,触动很大,很快就调整了包豪斯的发展路线。因此,不管是"构成主义"还是"构成教育",对于"构成"所代表的意义是一脉相承的。

虽然构成主义距今已有近一百年的历史,然而类似构成的活动在古代就已经存在,如前面提到的"朴散则为器"、汉字的组合、文艺复兴时期的建筑,包括早期的抽象艺术——塞尚的几何分析、毕加索的打散与重组——都可以理解为构成的活动。但是,构成主义的出现,使得人们开始关注和研究构成的方法和思想,并通过大量的实践运用到艺术、建筑、雕塑等领域,而包豪斯的基础课程,也推进了对于构成理论的完善,总结出一套行之有效、四海皆准的训练内容,使其成为造型艺术的方法论。因此,从这个意义上说,是俄国的构成主义和德国的包豪斯总结并完善了我们今天意义上的构成思想。

(2)"构成"是否只针对抽象?

前面的概念理解中,我们或许将"构成"与"抽象"联想到一起。的确,在前面的论述中已经说过,真正意义上的构成概念来源于俄国的构成主义,其思想的来源可以一直追溯到19世纪末抽象思想的产生。尤其是早期构成主义中,以马列维奇为首的"纯粹派",更是以单纯的抽象几何元素来表达情感和精神,而构成主义最终的衰落也与其视觉语言的抽象有很大关系。

然而,现代意义的构成更多的是作为一种方法论,而不是最终变现出来的状态。而这种方法的关键就是用分解组合的思想去观察、分析并创造新事物,它与形态最终的具象性与抽象性并没有直接的关系。这一点,辛华泉在《论构成》一文中也有论述,在他看来:"中国的传统图案构成中,就有许多具体形象(花桃结合等),也有很多抽象构成(彩陶纹样等)。并且,作为构成的原则也都是从自然与生活形态中提炼出来的,比如形态所独自存在的生命活力,就是将物体内应力的运动变化看作生物的生长变化,这一点我国东汉蔡邕论书法时曾讲过:'为书之体,须入其形,若坐若行、若飞若动、若往若来、若卧若起、若愁若喜、若虫食木叶、若利剑长戈、若强弓硬矢、若水天、若云雾、若日月,纵横有可象者,方得谓之书。'(书苑·菁华)。这清楚地说明了抽象是以具象为基础的,而构成原则也是以自然为源泉的。"

现代意义的构成概念已不单单代表传统绘画与现代绘画的分界。构成的方法早已大量地运用于设计之中,创造出更为实用、经济、美观的产品。因此,构成的形态可以来源于自然的提炼,也可以是对自然的效仿。但是,产品的生产必然受到技术和材料的制约,这就促使了一切以设计为目的的生产过程都是带有抽象的表现,这样才能保证其物质功能的兑现。在建筑领域,设计就是一个抽象的过程,建筑本身就是抽象的代表,即便是仿生建筑,如圣地亚哥·卡拉特拉瓦设计的里昂机场客运站(1994 年),墨西哥 Rojkind 建筑事务所设计的六边形蜂巢大厦(Hex Towers,2009 年)等,依然只是精神上的情感流露,不可能是完全的写实。(图 1.30,图 1.31)

因此,对于构成本身来说,并不单单只是抽象元素的方法论,构成本身也可以是对自然的抽象与概括,但是,构成形成的作品,往往受到人的主观因素、技术手段、实用功能等影响,必然带有抽象性。在这里,我们所研究的构成,更多的是一种方法论,对抽象形态和具象形态同样适用。

图 1.30　里昂机场客运站

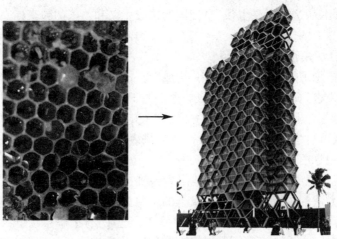

图 1.31　六边形蜂巢大厦

2 建筑形态构成的发展与演变

2.1 第一阶段——从古典主义建筑走出来的先驱者

1）迪朗的思想与贡献

让-尼古拉-路易·迪朗（Jean-Nicolas-Louis Durand,1760—1834），法国建筑师和建筑教育家。他在建筑史中的重要地位经常被现代及后现代的理论家们提及，以至于彼得·柯林斯（Peter Collins）称其为"现代建筑的先驱者之一"。

1760年，迪朗出生于巴黎的手工业家庭。1777年，迪朗开始在布雷的工作室绘图，这对他的一生起到了重要的影响。由于自身的出色表现，迪朗不仅得到布雷的赏识，也获得了参加皇家学院课程的机会，这无疑对于年轻时期的他是一笔重要的精神财富。

早年的迪朗热衷于建筑竞赛并获得很多奖项，他因为一座博物馆的设计和一个学院的设计，而成为1779年和1780年两次罗马大奖的二等奖获得者，并借此游历了意大利。不仅如此，他还在其后的很多竞赛项目中获奖，但是，这些获奖作品很少被最终建成，迪朗收获的只是声望。因此，1894年，迪朗中断了他的设计实践，转而投入建筑教学和建筑理论的事业之中。他在1795到1830年间在法国的综合工科学院担任建筑学专业的主任，这对于现代建筑理论的发展来说是一个里程碑。

综合工科学院成立于1794年，该学院以培养工程师和建筑师为目标，是第一所具有制度化教学计划和现代化培训方法的学校。与巴黎美术学院的学院式教学相比，综合工科学院的三年制教学是紧凑而高效的。为此，迪朗探索出了标准化的设计方法论，使得建筑设计通过该方法论更好地为学生所掌握，传达建筑设计的基础和原则，旨在为以后学生成为全面的建筑师打下基础。

为了在短期内使学生了解相关的建筑学知识并熟练掌握，他搜集和整理建筑实例供学生查阅。通过介绍建筑的元素、组织方法以及构图原则，使学生加深理解并掌握一定的设计手法。在迪朗看来，应该让学生迅速而有效地学习如何准备成为建筑师，而不是在学校里就培养出全面的建筑师。可以说，迪朗的教学模式是标准化的、高效的，这种模式传达了基本的设计原则，方便了建筑设计的教学工作，其影响一直延续到今天。

迪朗在任教期间倡导建筑教育的深远改革。在19世纪初，迪朗对当时巴黎美院的学院派建筑教学进行理性归纳和重新整理，逐步探索出一套全新的教学方法，旨在使综合工科学院学生在非常有限的时间内掌握建筑设计的基本知识，再加上他在此期间出版的两本重要的著作，彻底动摇了传统建筑教育的理论基础，使人们开始聚焦于建筑的实用主义和经济意义。在19世纪中叶以后，由于迪朗的影响，构图（composition）逐渐取代了传统学院派中讨论的核心——配置（distribution）和布局（disposition）而被广泛地关注起来。

在当时的学院派教学中，"装饰（ornament）—构造（constriction）—配置（distribution）"是当时讨论的三大核心。而迪朗出于功能和经济的考虑，将装饰的概念加以削弱，同时，为了方便学习和掌握，他采用了一种分解的方法，将建筑分解为各个部分，然后根据不同的层次进行要素整合。而这种整合的过程，就是迪朗的"构图"（composition）思想，进而，三大基本要素更改为"要素（element）—构图（composition）—功能分析（function analysis）"。

由此可见，这里提及的构图是基于迪朗的建筑要素基础之上的，迪朗的建筑设计方法的主要手段和工具是轴线和网格，以此来统一各种建筑要素，它们为迪朗的"构图"原则奠定了基础和方法。他首创以方格纸作为辅助工具的设计方法，使设计更加容易把握并趋向标准化。由于迪朗长期从事建筑理论的研究工作，他还利用这种网格的方法，统一绘制了不同时代和地区的建筑图，这其中不难体会到建筑中统一、均质的空间概念，而由此成为后来现代主义建筑的某种心声。他创建的建筑平面、立面和剖面的形式对建筑设计产生了深远的影响，使得建筑设计偏向标准化的类型学和功能性，逐渐远离了形而上的建筑创作论调。

一方面，迪朗在教学上建立了自己独到的方法，使学生们在短期内了解到建筑的元素、组织原则和构图技巧，促进了建筑课程的改革；另一方面，他在建筑理论上也取得了非常大的成就。

1799年，迪朗的第一本著作《古代与现代：建筑形式比较大全》得以出版，这是一本典型的建筑学图册类书籍。在这本书中，所有的建筑实例都摒弃了阴影透视的效果，用比例相同的平面、立面和剖面图来逐一表达。这部新古典主义的经典之作配合综合工科学院倡导工地实习、测绘、旅行的重要性，一方面加深了学生对于建筑本源的了解，另一方面工地实习、测绘、旅行也为迪朗的著作提供了有力的论证。（图2.1）

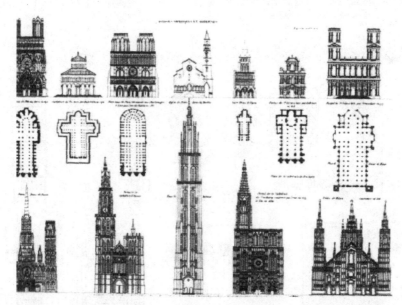

图 2.1　哥特式教堂与现代教堂的比较(《古代与现代:建筑形式比较大全》)

在这部著作中,迪朗并不局限于古代某一时期、某一地域或者某一风格的建筑,他旁征博引,将希腊、罗马、埃及、中国、中东、印度、哥特建筑、意大利文艺复兴、英国伊丽莎白时代和当代法国的建筑融会贯通,在著作中交替出现,所有的建筑都被重新绘制,以同样的比例整齐地排放在一起,进行比较和参考,可以说有点早期折中主义的身影。然而,如果说它只是对后来建筑风格产生了影响,或许在某一程度上还低估了这本书的价值,"比较法"的运用才是这一著作最有意义的地方。著作中将各个时期的各地建筑以相同比例绘制,以便更好地比较和分析,虽然之前的一些著作也有比较法的运用,但是,像《古代与现代:建筑形式比较大全》这样不强调固定时期、地域以及单一的建筑类型,而如此系统地、普遍地拿来相比较,发掘所有时代、所有社会的类型特点,并用一种拒绝阴影和明暗对比的纯平、立、剖面来展现,无论是系统性、创新性还是方法论都是前所未有的。(图 2.2)

迪朗的另一部重要著作是《综合工科学院建筑学课程概要》。该书在 19 世纪上半叶成为建筑学领域中最受瞩目的论著,一版再版并被翻译成各种语言的版本,足以看出它的重要性和影响力。它影响并改变了皇家建筑的传统建筑学教育,并成为综合工科学院课程体系的重要参考。

书中将建筑学针对古典主义中的装饰、配置和构造提出了建筑元素、整体构图和类型分析三大部分。其中的第一部分中介绍了建筑元素的相关概念:包括墙体、柱子、拱廊、门窗等,还有材料的适用性与特性,它们关系到建筑的形式语言。(图 2.3)

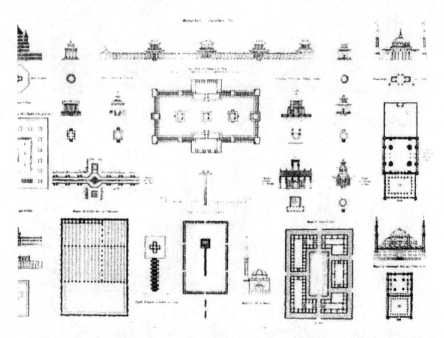

图 2.2 各时代、各地的建筑比较——清真寺、塔和其他(《古代与现代:建筑形式比较大全》)

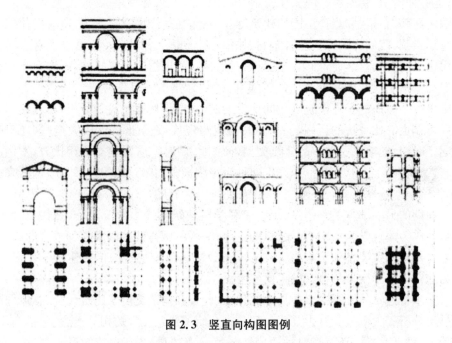

图 2.3 竖直向构图图例

在第二部分,迪朗致力于对"构图"的探讨,这主要是针对古典主义中的"配置"

概念。迪朗试着证明"构图"远比"配置"更具有普遍性。他运用水平向量和垂直向量来完成建筑的平面、立面和剖面,并将其轴线和网格的思想运用其中,通过对建筑实例的分析,说明在水平方向上,"构图"是一种将一系列建筑元素组合成规则的、复杂的重要法则;至于在垂直方向上的构图,迪朗则认为垂直方向的构图主要是参考了水平方向,在水平构图的限定下具有灵活多变的可能性。

书中的第三部分则偏重于类型学的研究,用大量实例验证前面提到的建筑构图的普遍性原则。从书中也可以发现,迪朗的思想对于建筑类型学的发展也起到了启示性的作用。

迪朗的两部著作在思想上是一种传承和延伸,在编排上也有很多相似之处。不同的是,《古代与现代:建筑形式比较大全》侧重于建筑实例的搜集和比较,而《综合工科学院建筑学课程概要》侧重于构图原理的方法论证。两者对于迪朗的建筑思想的阐述都是至关重要的。

通过大量的建筑实例,迪朗总结出基本的几何图形,并进而研究几何图形的组合方式和可能性,在《综合工科学院建筑学课程概要》的图例中,他通过运用正方形和正方体组成庞大的、复杂的平面和体量。此外,他还偏爱圆形和球体,不仅仅是因为它们庄严而极具艺术表现力的形式,也不是因为当时的新古典主义建筑师们把球体看作永恒和完美,而是因为球体是最规则的、最经济的、最符合他的实用主义建筑观的形态。(图 2.4)

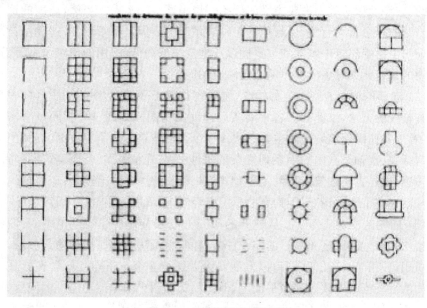

图 2.4　平面组织构图图例

迪朗的建筑理论和思想在今天看来也许是古典主义建筑的延伸,抑或被称为新古典主义,然而,如果我们聚焦当时的那个时代,可以发现迪朗的态度和思想是革命性的,而不是渐进或延伸。他以及他的那些同路人,不是在引用旧的原则来保留传统,而是重新建立和发掘新的原则。他们的革命性不亚于现代主义的先驱者和奠基人,可以说在某些方面是现代主义的启蒙:他们摒弃了古典主义繁缛的装饰,重新思考建筑的本质,一方面是因为简洁、经济和适用带来的对结构功能主义的关注,另一方面则是追求建筑语言的确定和清晰,即建筑是一个整体性的概念,建筑的装饰对于它而言是多余的。

迪朗在 1980 年前后所阐述的纯几何的建筑空间,彻底地向着清晰的体量、明确的几何形状过渡,他所持的理性主义原则使他不断地追求一个关于建筑构图(architectural composition)方面的系统理论。他通过大量的建筑实例,追溯建筑发展的整个历史,从而找到"这一个适宜于所有时间与空间的一般性原则……"。最终,他建立了网格系统,撼动甚至推翻了装饰和象征在建筑上的至高无上的地位,这不仅为以后的现代主义建筑打下思想的基础,也使我们今天探究建筑形态的时候有一个清晰的概念和对象。

迪朗对于建筑形态本身在今天的影响和作用不是直接性的,但是,我们还是可以从他的理论和思想中提炼一二:

(1)迪朗对于古典装饰的摒弃。这一思想对于我们今天研究建筑形态是至关重要的,它涉及如何跳出古典主义的桎梏去思考建筑的本质。当然,迪朗的这一思想与当时的社会背景有关,也与他的老师布雷有关。但是不管怎样,迪朗用自己的方式证明了拒绝建筑中装饰的重要性以及他提出的简洁、适用的建筑语言等,这也是迪朗的建筑元素思想的提出所必须解决的问题。

(2)迪朗的构图原则。这种构图,主要还是基于平面,构图的问题具体表现为网格和轴线的方法,以此统一各种要素。迪朗的构图原则和"单元"的概念密不可分,二者也是迪朗建筑设计的主要方法。在今天的建筑形态研究方面,其突出地表现为包括主、次轴线在内的一系列复杂的轴线式构图方法,以表现建筑的稳重、庄严等情感,这是古典建筑留下的重要遗产,迪朗将其总结和比较,以至于加代在后来的构图形式上不再论及,因为有些思想已经在迪朗的年代根深蒂固。

(3)迪朗的建筑几何学。从迪朗的研究方法以及他的建筑理论中,我们都可以看出与几何学的紧密关系。迪朗在任教期间,将画法几何应用到建筑领域,为其设计所用,使得"建筑几何学"得以发展壮大并影响至今。虽然几何学在形式语言上的简洁性在当时主要表现在平面上,但迪朗却利用它来考虑功能性的问题,这与一直以来强调的经济和适用性密不可分,现代主义建筑在某些方面正式传承了这一点,只不过是从平面发展到了体量和空间。不过,这与建筑形态的发展是密不可分的，因为一直以来，平面对于立体的影响都存在着。

然而，建筑发展到今天，当建筑师不再停留在几何学的范畴内研究建筑时，这一幕又与当时迪朗在研究建筑的几何形式时是那么地接近。因此，对迪朗及其几何学的批判，为今天研究建筑的本质又再次画上了问号。扎哈·哈迪德、弗兰特·盖里、雷姆·库哈斯等先锋建筑师对于建筑的诠释使我们看到了过去的建筑理论不断面临的挑战，对于迪朗的研究和反思是一种追根溯源，可以使我们从根本上把握建筑的形态和造型手法，这也是迪朗的建筑思想和理论在今天被再次关注的原因之一。

但是，我们通过对历史的研究不难发现，正是因为迪朗等一批建筑师的理论和思想——如他提出的大部分建筑采用的结构都源自材料的特性和物品的适用情况，影响人们真正地将新材料、新技术运用到建筑中的不断尝试，这对于现代和当代的建筑成就而言也是一脉相承的。不难想象，如果没有这一批思想家的进步和从科学技术中的借鉴——如迪朗的分类法则、画法几何，或许我们至今还沉醉在古典主义的阴影下，不断地在权威与神话、装饰与象征的牢笼里原地打转，没有人去思考建筑本身。当然，这一经典思想如今也在后现代主义之后，尤其在今天的建筑行业不断地被挑战和突破。

迪朗的理论和思想对于当时以及后来建筑师的影响无疑是巨大的，这与他从事教师这一职业并出版很多著作有关。虽然他的声望远不及一些建筑大师，而为人所知的建筑实物也少之又少，但是，对于一直从事建筑教育的他来说，对于建筑师的影响是巨大的。而由于时代和技术的局限以及随之而来的现代主义思潮的颠覆，他的思想没有得到应有的推崇，反而在今天我们反思源头的时候被加以重新研究，这一点不得不说是作为先驱者或者启蒙者的悲哀。

2）加代的构成概念

对于 19 世纪法国学院派来说，建筑设计几乎等同于构图。在 20 世纪初，现代主义运动方兴未艾之际，迪朗之后，巴黎艺术学院的教师朱利安·加代开设了一门课程"建筑学要素及理论"，对西方学院派传统进行了系统的整理，并于 1901 至 1904 年间编写了五册大部头的资料手册《建筑理论元素》一书，以便设计者们查阅。在加代的著作中包含了许多与以往的实际建造工程有关，但并没有进行理论概念延伸和分析的讲稿。朱利安·加代个人认为它是一本学生的教科书，即所谓的"入门读本"。在这本著作中，我们可以看出加代的理论体系中包含有"各种建筑的组成，从单独的元素到整体的组合，从艺术以及将艺术应用于具体设计项目中的二元论观点，到材料的必要性等等"。他的建筑观念中有功能主义的影响，但总的说来，他的理论体系是相当随意的。在风格上，他一直秉持着一种折中主义的中立态度,而他用来验证自己思想的那些实例也都来源于"所有时代和所有国家"。

《建筑理论元素》一书记录有他在 1894 年 9 月 28 日就职演说上所说的话,在这些言论之中,我们不难发现他并没有什么固定的建筑理论。关于继承法国的古典传统和"艺术中通常和永恒的原则"的呼吁,表明了他处在保守主义和勒·迪克的部分概念之间的中立位置。他认为这种艺术的永恒原则便是组合的创作方法,他称之为"构成"。对于他所关注的原则,我们能够从他对"构成元素"的强调中了解一二,"构成"对于他来说意味着建筑的"艺术品质",并将"构成"定义为"构成意味着将整体的各个部分组合、焊接和结合在一起"。从这个意义上讲,这些部分本身就是构成的要素。

作为学院派的极端代表,加代却也和迪朗一样是功能性的、科学的以及非风格的。我们首先要注意到的是,被建筑师们接受的许多学院的观念大都是来自美术教学中的建筑内容以及美术部分。巴黎高等美术学院图书管理员查尔斯·勃朗所写的出版于 1867 年的《素描艺术入门》一书,可以说在某种程度上成了西方世界许多创造性艺术家群体的下意识的内容,书中的观念甚至在德国等一众没有受到其直接影响的地方都有出现的可能。与主题内容相比,书中在绘画方面更强调表现的技术性手段,例如笔触、色彩和构图等等。全书的主题内容只用了 19 页,而技术性手段内容则足足占了 128 页,这为抽象艺术未来的发展拓宽了道路。这甚至还可以算是很好地帮加代开辟了路径:勃朗坚持认为绘画的布置才是其表现性的首要手段,而加代对建筑结构重要性的强调则一次次地对此作出应有的回应。

勃朗的对主题性相对不感兴趣,和加代的对风格完全缺乏兴趣又一次对应了起来。在《建筑理论元素》一书中,加代对于这部分很明显闭口不提;另一个沉默则是关于轴线设计。加代对这两者的态度,对学院教学的影响都是至关重要的。在受到学院 52 年的毋庸置疑的礼遇之后,他在 1886 年成为教授,与此同时,他获得了无数的第一、奖牌,甚至还有罗马大奖。他致力于强调构成,即建筑各组成部件间的整合,说起来其实是 1821 年 J. N. L. 杜朗所说的话的回声:"任何一件完工的建筑,无论它是或可能不是什么,它都只能是整合和将或多或少的部件放在一起(构成)的结果。"

《建筑理论元素》使加代的思想成为国际新古典主义的基础之一,在此基础之上,现代建筑理论就这样不知不觉地建立起来了。

加代作为一位形式主义者,在其之前从来没有人对于建筑的构成概念如此重视,因此,可以说对于现代建筑设计理论,他有着相当大的影响力。他用建筑的"构成"概念取代了盛行于 18 世纪并处于主导地位的"布置"概念。他认为建筑师们最关心的问题应该是"构成","构成"是建筑艺术的永恒原则,并给予了"构成"极高的地位。

　　加代有句话说"构成就是去利用已知的东西",构成中包含材料,就像建筑中包含材料一样,这些材料就是他说的"建筑的要素"。如果说构图代表了学院派建筑教育的核心问题的话,那么,这个"已知事物"就是学院派建筑教育的基石——"就像构筑需要材料一样,构图也有它的材料"。这个"材料"就是加代所指出的:"可以确定,没有什么比构成更加迷人、更吸引人了。这是艺术家真正的王国,除了不可能,它无边无际。构成,到底是做什么呢? 它就是将整体的局部装配、焊接、连接到一起。这些部件按着它们的顺序依次成为'构成的要素',正如你将认识到你对墙体、开口、肋拱、房屋——所有这些建筑的要素——的理解,你也将建立起你对房间、门厅、出口和楼梯的构成。这些就是'构成的要素'。[①]" 将建筑清晰地分为各个部分并加以"组合"构图的这一思想,毫无疑问正是来自一百年前综合工科学院的教师迪朗。

　　这种将"已知的东西"装配成整体的构成手法十分巧妙,将小的结构和功能性的部件整合起来做功能性的建筑的要素,而后再将这些"构成的要素"整合起来就完成了整个建筑。这样的做法其实就是一种文字和公式意义上的构成,意思就是装配。

　　这一认识在学院派传统中无疑产生了相当大的影响。英国建筑师、教师亚瑟·斯特拉顿在稍后一段时间所著的《古典建筑的形式和设计要素》一书中,同样表达了迪朗对其的影响,并明确地指出设计"不能从无中生有,而是要从已知的东西出发,向未知领域进展",以避免学生们无谓的"从零开始的幼稚发明创造"的行为。

　　加代的两类要素的组织,明确地表达出了由局部构件到整体建筑的不同层次,而这一点在迪朗的构图原理中就已有了体现。其中第一类"建筑要素",与迪朗提出的要素类似,它们是指一些结构性的或功能性的构件,共同组合成为功能体块——亦即第二类"构图要素",再由这些功能体块组合成整体建筑。

　　作为对于学院派要素及构图原理最后的总结者以及某种意义上的改革者,加代的课程中所隐含的建筑空间设计方法无形中产生了巨大的影响。雷纳·班纳姆在他的《第一机械时代的理论与设计》一书中,将加代的第一类要素"建筑要素"——主要是结构构件,与现代主义运动中荷兰风格派和俄国构成派的新"要素主义"联系起来;而第二类要素"构图要素"——主要是功能体块,则被认为是通过加代的学生奥古斯特·佩雷和托尼·加尼尔传给了现代主义大师勒·柯布西耶。

　　对于加代及其同一时代的这批人来说,构图的一个重要目标就是要将建筑物的各个不同部分组织到一种轴线式的平面中。这种轴线式的组织方式,在当时学

---

① ［英］雷纳·班纳姆. 第一机械时代的理论与设计［M］. 袁熙旸,顾华明,译. 南京:江苏美术出版社,2009:11.

院派的传统中可谓是根深蒂固的,以至于在加代的课程中,对于轴线组织形式的本身几乎不加任何讨论,而是专注于如何将不同的功能——特别是新的技术要素和社会功能组织成为整体。在这里,加代的构图要素基本上等同于各种功能体块。在对这些功能体块的不断分析中,加代又进一步区分了静态的使用功能和动态的交通功能,并要求在图纸上将这种区分表达出来。这样一种区分对其后的现代建筑设计乃至今天的城市规划学无疑都有着深远的影响。

与迪朗一样,在加代的构图中所有设计图里首要的就是平面图,这已成为了19世纪法国学院派设计的核心。对平面图的关注反映了他们对于功能布置和使用问题的关注,并在其中极为巧妙地隐含了一种将空间作为功能体块的学院派设计方式。与此相对的则是由19世纪法国建筑理论家维奥莱·勒·迪克提出的另一种方式,他从结构理性主义的角度出发,将关注的重点主要放在结构和剖面问题上,对学院派的古典主义传统进行了批判。

但加代的这种将"已知的东西"装配成整体的构成手法也并非建筑设计的唯一方法,或者说创作伟大建筑的唯一方法。例如,密斯·凡·德·罗通过总体积再分割的方式设计出了魏森霍夫公寓,他在建筑之外创造了功能空间。这种思想是20世纪早期先进建筑的一个总体特征,即根据每个单独和既定的体积构思每处单独和既定的功能,如果也依照这个方法去讨论和分析构成,那么这个分区和轮廓就很清晰了。

加代把比例看作是一种"组合的品质",是建筑师自由而理性的判断而得到的。他反对苛刻死板的规则,只从实践、结构和历史的观点来讨论柱式。他那种柏拉图式的对于美学的表述方式——美是真理的表现,让人们听起来有点矫揉造作了,但是,有一点是相同的,即他也认为建筑的目标是"真实"。

加代将自己的风格折中主义与对维特鲁威的排斥相结合,在他所提出的如下三个等式中可以看出那些标准的建筑概念的内涵是如何被抛弃的:

布置＝构成

比例＝研究

结构＝通过知识的研究把握[①]

但是,加代所研究的建筑的"构成"和现代设计中的构成还是有区别的。在这里我们进行了整理,并将其总结为三点:

(1) 加代的构成只是局限于建筑造型的平面布局中,因为他所强调的这种构成是将建筑中的楼梯、入口、房间等作为构成的要素,并认为它们是建筑内部具有一定集中性的空间单位。而现代建筑设计中的构成除了在二维的平面布局上影响

---

① [英]雷纳·班纳姆. 第一机械时代的理论与设计[M]. 袁熙旸,顾华明,译. . 南京:江苏美术出版社,2009.

着建筑造型,同时还影响着建筑的立面造型,甚至是整个建筑的体块,它俨然已经完成了从建筑造型的二维的平面布局到建筑的三维立体构造的发展。

(2) 加代的构成只强调了建筑造型元素的组合方式,但并未强调各元素之间的组合关系,即将其创作的原形打散,并抽象成简单的几何形体进行重新组合的过程。虽然他也对繁琐的装饰感到厌恶,乐于追求简单的形式,但是,由于他本身受法国古典传统建筑的影响,而且带有折中主义的倾向,因此,在他的建筑构成影响下的建筑造型并没有完全挣脱传统建筑形式的束缚,而这些建筑从严格意义上讲,也只不过是处于传统建筑与真正意义上的现代建筑之间的一个过渡期的作品罢了。

(3) 从英文的原稿中我们发现,加代的建筑构成,英语翻译为"composition",汉语解释为构图、成分、组成、组织与构造等意思,可以看出他的"构成"仍然是传统绘画中构图布置的组合方法,在当时基本被称为"构图",仅仅局限于建筑二维平面的布置上。而现代所说的"构成"一般被译为"construction",汉语中有建筑、建造、结构、构造的意思。从词义便可清楚地看出现代意义的构成强调组成建筑的各要素之间的关系,以及建筑结构的组织性,认为结构便是装饰,其本身的含义就强调了建筑自身的三维性和立体性。

加代的建筑构成虽然对建筑造型并没有创造性的突破,但是,他的探索确实为日后的设计领域的形态构成在现代建筑造型中的应用奠定了理论与实践基础。

2.2　第二阶段——造型艺术的活跃对其影响与推动

1) 塞尚的贡献与影响

对现代主义和 20 世纪的艺术家产生直接影响的是在绘画史上被称为"后印象派"的三位艺术家——塞尚、梵·高和高更。在这三位艺术家中,塞尚是最年长的一位,也是成就最大的一位,他被认为是西方美术史上具有和提香(Tiziano Vecelli)、米开朗基罗(Michelangelo Buonarroti)、伦勃朗(Rembrandt Harmenszoon Van Rijn)同等地位的艺术家,他对于绘画的诠释、观念的改变以及自然的理解深深影响了很多人。

保罗·塞尚(Paul Cézanne, 1839—1906)是一个在理论和实践上都对现代艺术作出巨大而深远影响的画家。塞尚出生于富裕家庭,他的父亲后来成功地成为当地知名的银行家。他不像梵·高、高更那样为了糊口而挣扎,不过,早期的他也因为父亲的影响而学习法律,直到 1861 年,对绘画充满兴趣的他终于说服了父亲,从而放弃法律去巴黎学习绘画。1861 年到 1870 年可以说是塞尚从事绘画的第一个时期。在他 1862 年到巴黎学习绘画的过程中,曾经结识了马奈、毕沙罗等印象主义画家。这一时期,由于学院派的束缚,他对自己的画并不持有信心。一些印象派的画家也认为塞尚不适合作画,然而塞尚却一直坚持着没有放弃。1870 年至 1879 年是塞尚的印象主义时期,这一时期的他主要致力于表现色彩和光影以逐渐摆脱古典主义绘画的明暗与轮廓,这一点和印象派画家是一致的,也是因为这些相似,塞尚得以参加 1874 年和 1877 年的印象派展览。

但是,随着绘画的深入和对绘画逐步的理解,他很快就发现印象派的作画方式和风格并不符合自己的气质,也无法充分表达自己的艺术见解。塞尚并不完全同意印象主义的创作观念,他慢慢感觉到印象派在追逐色彩和光影上的局限性,这主要体现在缺乏一种内在的、稳定的结构,画面显得松散而不稳定。印象派画家过度地追求色彩和光线,也促使在绘画的过程中,对于形体的理解显得单薄。这与古典主义绘画的写实性没有本质上的区别,只不过是将明暗换成了色彩,将轮廓模糊成了光影。

塞尚似乎对研究和展示视觉关系中物质的本质更感兴趣,想寻求一种稳定的、具有内在结构特征的绘画因素来表现他对世界的感知。塞尚希望将自然物体塑造到更好的水平,他从印象派的观点出发,使色彩结构的发展达到逻辑的阶段,重新使用内在调节的连续色域,并且比较注意在绘画作品中运用冷暖对比,以组合画面的色彩关系。

塞尚逐渐地将绘画速度降下来,开始认真思考结构与形体的关系,开始对物象进行深入的分析,以表现这种内在的结构性。在寻求这种内在结构和关系的过程中,塞尚提出了用"圆柱体、圆球、圆锥体去处理自然"的方法,这种方法无疑将物体的表面细节加以忽略,而这也是塞尚所希望的——绘画不一定要局限在表面细节的联系上,而应该突出整体的体量感,使得所有复杂的事物都向着简单的基本形靠拢,以强调物体的结构与形体。将这一思想延伸到建筑学上也同样适用——摒弃表面装饰和细节,将注意力放在建筑的体量和空间上无疑对于今天的建筑仍存在深刻的影响,这也从另一个方面体现了建筑形态的重要性,塞尚对于结构和形体的关注与今天的建筑同样关注结构和体量一脉相承。

不仅如此,为了表现这种体块,塞尚汲取了印象派的色彩理论和明显的笔触,并进而将绘画中的经典理论——"透视法"弱化和剔除。他没有固定在一个角度观察事物,而是把不同视点的印象加以概括和组合,以自己的理解和认识展现现实中物体的真实性。因此,在他的画面中,地平线往往是倾斜的,而他作品中的物象有时候看起来似乎是变形的。塞尚的这种多角度的观察方法,与迪朗的对于比例和视点的关系不谋而合。迪朗曾以精确的数字来规范拱廊的比例——"不连贯的拱搭在柱子上,轴距与柱子比例有关。如果柱子是希腊多立克或者塔斯干柱式,把临近拱廊的间距三等分定为轴线。但如果柱子是多立克或者科林斯柱式,则将相同间距八等分,两个半拱各占 3/8,中间的 2/8 为轴间距……"①——即便如此,他却认为建筑的美与数字没有关系,并认为由于视点的变化无常,任何客观比例都不能满足主观的需求,即使透视法也不能将其穷尽。这不得不引起我们的思考,由于建筑是空间中的实体,不同的视点所带来的感受自然不同。因此,如果仅靠立面或者某一个角度的好看来展现建筑无疑是片面的,塞尚对于形体的概括和整体的把握无疑可以放到建筑造型的处理之上。也许我们需要的就是一个整体的感觉,而不是某个立面或者透视角度的展现。

　　19 世纪 80 至 90 年代,是塞尚艺术特色比较鲜明的时期,他常用变形和几何化的方法处理画面。1885 年,塞尚由于遭受了一些家庭上的打击,使他变得孤僻,这时的他开始画风景画,尤其是圣·维克多山,一共画了 60 多次。他试图通过形态和色彩节奏的自律性控制画面,以构成形态与形态、色彩与色彩、笔触与笔触之间紧密的呼应关系,使画面形成一种既独立于客观,又独立于主观的视觉关系系统。塞尚通过自己不断的观察与思考,以结构分析的方法来表现自然,他摒弃了其他印象派画家所追求的瞬间的光影效果,这种分析与概括的方法在后印象派中还是第一个。塞尚的几何化的变形得到大卫·西尔维斯(David Sylvester)这样的评价:"一个苹果或者橘子可能是最适合塞尚表现的主题:首先,即使是面对自然来工作,他仍然按照自己的意愿来处理它;其次,由于苹果或橘子不带有强烈的情感暗示,就不会干扰画家准确地表现自己的感觉;第三,这些物体具有比风景更加清晰和规则的形式,很像建筑的秩序,这是创作一种纪念碑式的艺术所必须的。"②

　　静物是塞尚常用的题材,也是他变形和几何化处理画面的典型,与传统静物写生不同的是,塞尚并不是单纯模仿客观物象或追求那种光影效果,而是在利用静物形状和色彩具体特征的同时,用一种理性的方法来调节形态和色彩要素之间的关系,以构成独立于客观的、理想化的画面本身。他的《静物苹果篮子》(1890—1894年)就是这样一件非常具有代表性的作品。画面中可以看出,形态的立体感被淡化,在造成苹果和糕点轮廓丰富变化的同时,将两者的色彩作为统一的色块进行处理,一起在画面中构成横向的暖色带。而盘子、桌布、墙壁的形状和面积虽然都各不相同,但是却以浅色的共性因素构成画面的内在关系。不仅如此,桌子和物体也都不是从一个固定的视点来表现的,如左边的桌角和右边的不在同一条水平线上,深色酒瓶也偏离了垂直线,盘子和糕点的透视有意识地被削弱使其平面化,各种物

① Durand J N L. Introduction by Antoine Picon, Translation by David Britt. Précis of the Lectures on Architecture [M]. Los Angeles: Texls & Documents, 2000: 114 - 115.

② 陈又林. 浅析塞尚的静物画[J]. 艺术教育, 2007(12): 123.

体都以不同的视角和表现统一在主观的绘画环境中,而这种多视点观察,显然是塞尚经常使用的手法,他的这种方式展现了他的观察和表现比其他人更客观、更真实也更生动有趣。(图 2.5)

图 2.5　《静物苹果篮子》　　　　　　图 2.6　《从勒斯塔克看马赛港湾》

　　在风景方面,《从勒斯塔克看马赛港湾》(1883—1885 年)在那个时代具有很强的代表性。这幅画是站在一个高点远眺海湾的,一般都会表现一种深远的空间感,然而塞尚却摒弃了这种"近实远虚"的原则,而采用了一种类似中国山水画的散点透视的方法。画面中,塞尚将前景和中景的地面和建筑物以相同的笔触和虚实度来统一处理,以概括的几何体塑造出建筑物的形态,通过色块的差异作为物体的轮廓。远处的景色也没有明显的弱化,水面、远山和天空由于色块的差异而并没有混为一块而产生过去的那种空间感。从画面中,我们可以明显地感受到塞尚是连续同时地观察景色的,他概括的思想和朴素的色彩清晰地展现了不同物体的内在关系,这些对于后来在绘画中强调构成思想起到了重要的启示作用。(图 2.6)

　　在人物表达方面,塞尚经历了一个从刻画人物的结构和外形到关注人物的心理这样一个过程。《玩纸牌者》(The Card Players,1885—1890 年)则是前者的代表作。画面中的人物是由色块构成的,而色块之间的结合则取决于各个形体的相互关系,这种相互关系在塞尚看来是精神性的,而不是物理的客观存在。塞尚后期创作的以人物为题材的作品则显示出了他对表现人物心理特征的兴趣。这与他在晚年对基督教教义产生兴趣并试图从宗教的情感中寻找在他受尽种种屈辱之后能够支持自己的力量密切相关,《大浴女》(The Grest Bathers,1898—1905 年)便是这样创作出来的具有思考性的作品。(图 2.7,图 2.8)

　　由于塞尚在故乡的自闭,使得他直到 1895 年才举办自己的第一次个展,然而这次的展出空前成功,人们重新认识并关注塞尚,他不仅得到了当时同辈们的肯定,

图 2.7　《玩纸牌者》

图 2.8　《大浴女》

也开始渐渐地影响年轻画家。那比派艺术家德尼在 1901 年的沙龙中展出了一幅题为《向塞尚致敬》(*Homage to Cézanne*，1900 年) 的绘画,画中描绘了维亚尔、雷东、德尼等一群人围绕着一幅塞尚的静物画,表现出人们对他的敬仰之情。而 1904 年,塞尚在秋季沙龙举办的个人作品展览则彻底巩固了他的地位,终于使塞尚站在了绘画的顶峰。(图 2.9)

塞尚的画作在当时受到很多人的追捧和收藏,高更就是其中痴迷的一位。高更对于塞尚的画十分喜爱,曾经收藏

图 2.9　《向塞尚致敬》

了六幅塞尚的作品,不仅如此,高更还临摹塞尚的作品,体会他的神韵和思想,这一点在高更的作品中我们也是可以感受到的。

另一位重要的后印象派画家梵·高也对塞尚的画喜爱不已,梵·高曾经这样评价塞尚的作品:"我想起波的叶常说的话,从塞尚的画本身看不出什么来,但是把这些画放在别人的画旁边时,它们就使别的画黯然失色。他也常说,塞尚画中的金黄色用得很好,他对色调的处理手法很高明。或许我也在追随着他,把我的目光集中在乡村题材上。"[1]

不仅如此,塞尚的后期作品由于艺术思想的成熟,无论在对待自然景色还是人

---

[1]　[法]约翰·利伏尔德. 塞尚传[M]. 郑彭年,译. 上海:上海人民美术出版社,1997.

物上都表现出越来越大的自主性。他在晚年一直努力不懈地创作关于浴女的画面，最后几年他画了三幅《大浴女》，这些作品表达了塞尚的思想和对人物心理的刻画，画面也显得更加亲切和自然，而这些作品对于当时年轻的毕加索和马蒂斯等一批人都产生了巨大的影响。

在塞尚看来，艺术家通过自己的体验而形成的绘画远比写实重要得多，这种思考以后的绘画才是"真实的绘画"，这其中包含了人的精神因素，画家对客观世界观察、体验和思考之后的结果。塞尚不提倡描绘自然客观的物象，而强调主观与客观的结合，强调对客观物象的再创造的过程。塞尚的作品不追求对具体客观对象形态、色彩、质感细致入微的再现，也不受固定光源和焦点透视法则的约束。他常常采用一种质朴的色调、概括的笔触、粗重的轮廓、坚实的结构、厚重的形体，有意地强调绘画结构中的抽象因素，建立形态与色彩的内在紧密联系。

至此，我们可以清楚地理解塞尚作品的内涵及其影响。塞尚的成就主要来自他观察物体的角度和方式，概括和归纳物体，几何化的变形手法以及色块的组织和搭配。概括一下不难发现，塞尚的影响主要集中在"构成"和"表现"这两大范畴中，这也是继塞尚之后，艺术界发生的重大变化。从马蒂斯以 1300 法郎的价格购买了塞尚在 1880 年创作的《三个浴者》(*Three Bathers*)开始，或许塞尚就已经深深影响了他。一方面，以表现为主的思想促使以马蒂斯、蒙克等为代表的一批通过画面发泄情感的表现主义画家的出现；另一方面，以毕加索为主的一批立体派画家则利用塞尚多视角的观察和变形的手法来完成自己的最终作品。而追溯得再深远一些，这种类似"构成"的思维，也影响着各流派画家在为创造新的艺术造型及其创作方法上不断地探索，最终形成了百家争鸣的理念和风格，共同构成了 20 世纪的抽象艺术。

由于专业方面的原因，和迪朗、加代相比，塞尚对于建筑形态的直接影响微乎其微。可是，绘画的先行直到今天都深深影响着建筑的发展趋势，而前面的论述中也提及了塞尚的思想与建筑造型和设计上的共同之处，我们可以清楚地发现，塞尚的这种在绘画中用到的创作方法实际上就是现代形态构成创作的最原始的表现形式。虽然直到他生命之末，也从未脱离现实转而抽象，那是因为在他看来，抽象只是一个方法、一个过程，他剥去了他所有看到的无关紧要的枝节问题，旨在追寻作为独立绘画的真实与自然；但不可否认的是，他将自然中的事物进行分析并加以提炼和概括，然后重新组合画面的结构，这种创作的思路和方法对于造型艺术的影响时至今日都是十分巨大的。我们始终都不能忽略的就是塞尚对于"构成"和"抽象"以及"几何化"这一系列主导 20 世纪伟大艺术的重要词汇的贡献，而这些不仅仅体现在绘画上，雕塑、工业产品、建筑等各个方面都在绘画的影响下发生着巨大的改变，这就像毕加索所说的那样："1906 年前后，塞尚的影响渐渐遍及每一件东西。"

因此,称塞尚是"20世纪立体主义和抽象主义之父"甚至是"现代艺术之父",无疑也是客观的、实至名归的。

2) 毕加索与勃拉克的立体主义

1906年,64岁的塞尚离开了人世。人们为了纪念他,在巴黎举小了塞尚的大型回顾展。这个展览使巴黎的艺术界对这位伟大的艺术家有了更加深入和全面的了解。塞尚的对于形体和结构的概括性处理和变形,为那些渴望突破传统绘画艺术的艺术家们提供了一条理性的道路,毕加索无疑就是其中的一位。

1906年的展览无疑对毕加索产生了深刻的影响,特别是塞尚后期的作品使他明确了自己的创作路线。于是,1907年,毕加索展出了一幅轰动整个艺术界的画作——《亚威农少女》,这是他对于塞尚思想的延续,也是他自己艺术生涯转折的开始。作品中,他重现了塞尚提出的经典论点"将自然概括成圆球体、圆柱体和圆锥体"的认知方法,所不同的是,他完全地将作品中的女人抽象为菱形、三角形、圆锥体等简单几何体,试图割裂绘画与自然的联系。这里除了塞尚对他的影响以外,非洲和大洋洲的黑人雕塑也对他产生了重要的影响。不仅如此,画面中空间和形体都被相应地扭曲了,画面中右边的人物尤其是下面的裸女很显然是几个角度拼合而成的,毕加索将塞尚对于多角度观察而得到的整体印象生硬地搬到绘画当中,人物的背景与人物一起堵塞着画面,没有任何的空间关系,这种平面化的处理在塞尚的作品中也有体现。其实,如果我们换个角度来思考,不妨把毕加索的这幅作品看做是塞尚的半成品也许更容易理解,因为无论在思想上还

图 2.10 《亚威农少女》

是创作方法上,都是从塞尚那里拿来的,所不同的是,毕加索拿得生硬,但这却构成了他一生所追求的目标。如果不是历史的记录,我们真的很难想象塞尚和毕加索在艺术创作上是前进还是倒退。(图2.10)

20世纪初期,一些前卫艺术家对原始艺术产生了强烈的兴趣,而以这些为首的则是高更的关于"现代原始人"的思考,他的代表作《我们从哪里来? 我们是谁? 我们要到哪里去?》(1897年)表现了他的哲学思想以及画面中洋溢的原始之美。由于高更在作品上极力追求东方艺术和原始艺术的本质美,使得其作品具有淳朴、

简约的单纯色彩,这些被前卫艺术家所称道,并用来作为摆脱西方传统艺术的有力工具。然而,毕加索所追寻的不仅仅是那种稚拙趣味的表面化,他从黑人雕塑中提炼出一种对于艺术的理解方法,这种符号化的方法或许在他看过了塞尚的作品之后得到了肯定,从而成为他毕生思考和实践的目标。(图2.11)

图2.11 《我们从哪里来？我们是谁？我们要到哪里去？》

由于毕加索的大胆,他打破了一切与传统艺术相关的认知,确定了一种新的形式感,在当时除了勃拉克以外,几乎所有的艺术家都对其极力否定,连野兽派的代表人马蒂斯也对这突如其来的画面难以接受。

然而,毕加索却没有停止他追求的脚步,并和自己的伙伴勃拉克一起从事创作,这一共同的伙伴关系从1908年一直持续到1914年。1908年,当他们将立体主义倾向的作品《列斯塔克的房子》(1908年)送交秋季沙龙展的时候,遭到了当时以马蒂斯为首的其他评委的拒绝,马蒂斯还评价道:这些画除了"小方块块,还是那些方块块"。不仅如此,批评家沃塞列在《吉尔·布拉斯》杂志上评论勃拉克举办的个人展览的时候,引用了马蒂斯的话语评价道:"勃拉克使一切物体、风景、人物和房子,变成了几何图形和方块。"此后不久,"方块主义"这个称谓便流传开了。

然而,也许是翻译的原因,传入我国的时候被翻译为"立体主义"。显然,"立体主义"的译法比"方块主义"显得更加准确和形象。但实际上,毕加索和勃拉克从来没有承认过"立体主义"这个称谓。在他们看来,"立体主义"这一词汇给人的感觉过于简单,这里,更确切一点应该是"方块主义"。对于他们而言,将物体几何化的概括不是他们画面的全部,也不是他们所要展现的东西,那只是一个最初的起点,更重要的是他们要将打散的形体进行分析和组合,最终找到一种"构成"的关系。

纵观毕加索与勃拉克在"立体主义"的道路上所经历的创作过程,其大致分为三个阶段:1908—1909年是立体主义的形成阶段;1909—1911年是立体主义的分析阶段;1912—1914年是立体主义的综合阶段。

从 1908 年开始,毕加索和勃拉克认识到他们在绘画创作中共同的目标和爱好,于是在一起从事立体主义的创作工作。在早期的探索中,毕加索和勃拉克都受到塞尚的影响而不断将其转换为自己的经验。在这一阶段,勃拉克甚至比毕加索对立体主义理解得更加深刻,他将自然物象用几何面进行概括,然后把更多的精力放在组合这些分解的体块上,以达到一般视觉所看不到的空间结构。

这一时期的作品主要有毕加索的《三个妇人》《费尔南德·奥利维尔头像》(1909 年)以及勃拉克的《列斯塔克的房子》(1908 年)、《乐器与静物》(1908 年)、《吉他和糖煮水果》(1909 年)。这其中,《列斯塔克的房子》十分具有代表性,在这幅画中,所有的物体都被概括为简单的几何体,"散点透视"的构图明显来自塞尚的创作思想,画面的明暗变化并不明显,光线几乎不在考虑的范围之内,主要是强调物体的形态和体块,不仅如此,画面还产生了一种运动变化的节奏感,使空间产生出一种动势。这就像勃拉克所说的,他所追求的是"一个可以摸得到的、几乎可以说是一个手工做的空间"。这一时期毕加索和勃拉克的作品主要还是集中在寻找画面的几何关系上,画面中多角度和空间组合的概念并不明显,对象虽然产生了比较大的形变,但是轮廓上还是可以加以辨别

的。同样,这一时期毕加索创作的雕塑也具有特性,我们可以从一系列毕加索创作的费尔南德·奥利维尔的头像中,看出他用雕塑的作品阐述自己的绘画思想。《费尔南德·奥利维尔头像》中,毕加索将人物的性格和心理的塑造放在了次要的位置,而选择用几何形的概括来寻找新的创作途径,这已经是在朝着构成手法的雕塑探索。摒弃这种写实性,作品体现的不是主题,而是更多的构成趣味。当然,同勃拉克的绘画一样,这一时期的作品还是不能完全脱离客观事物的限制,因此,可以说无论是绘画还是雕塑,都"立体"得不够。(图 2.12)

图 2.12 《列斯塔克的房子》

简言之,毕加索和勃拉克还是没有完全脱离塞尚的影响,只是在他的基础上不断地分析和几何化,因此,这一阶段被称为"立体主义"的形成期。

1909 年以后,毕加索开始进一步研究绘画的结构,使其绘画开始发生转变,这一变化首先体现在空间和结构上。毕加索将形体开始与周围的空间相互融合,将形体分解成几何图形,并突破形体的轮廓进行映叠,这种空间混合的方法在塞尚的后期作品中也有体现,所不同的是,毕加索不像塞尚那样用色块的变化来展现实

体,而是将不同的体块用单纯的色彩来表现,然后将它们叠加起来,给人一种模糊感、陌生感。至此,分析的立体主义阶段便开始了。

在这一阶段中,毕加索和勃拉克的目的就是重新认识事物,抓住事物的本质,他们不断地打散、肢解、破坏传统的空间与结构,在画纸上进行着各种各样的实验。这正如毕加索在《立体主义声明》中曾经谈到的:"绘画有自身的价值,不在于对事物的如实描写……人们不能光画他所看到的东西,而必须首先要画出他对事物的认识……"由此看来,对于毕加索和勃拉克而言,主题并不是最重要的,这和塞尚追求人物心理的刻画相偏移,而且在这一时期,毕加索和勃拉克甚至不愿意被摆放的静物所束缚,他们需要更多的创作空间和感受。他们已经在逐步地接近纯抽象,主题、物象、客观世界对于他们而言已经接近遗弃的边缘,他们需要的是重新构造形体的自由以及发现构成画面的各种可能性。正是这种主题的牺牲,换来了对于绘画结构和表现方式的关注。

这一时期,毕加索的作品具有逐渐推进的趋势,从他的《勃拉克肖像》《弹曼陀林的少女》《阿尔妇人》以及《手风琴师》我们可以清楚地感觉到创作中的改变。如在《弹曼陀林的少女》这幅作品中,仍然可以感觉到人物与背景虽然不明显但的确存在的分离感,塑造方面运用了雕塑的手法,这足以说明这件作品仍处于过渡阶段。然而到了《手风琴师》,我们感觉到的却是画面中的几何结构的控制,画面中的对象由线结构围成的尖锐几何形聚成各种的块面,背景与人物已经融为一体来考虑,整个画作在分裂的几何块面的控制和支配下,加以色彩和明度丰富的细节与质感。直线条和斜平面,都用来暗示对象的角度转换,每一个块面似乎都是作者深化思考以后的结果,整个作品充斥着微妙而又强烈的视觉趣味。在这一点上,勃拉克和毕加索又是惊人的相似和统一。勃拉克在这一时期主要有两幅代表作——《小提琴和调色板》和《葡萄牙人》。《小提琴和调色板》是一幅静物作品,同样属于过渡时期的作品,但它却似乎比《弹曼陀林的少女》在立体主义的道路上走得远了一些。画面中彻底表现了几何变形、多角度观察和交错并置的概念,作者不再把绘画当作视觉的真实进行模仿,而是用几何透视的方式来思考和体验,画面中的直觉和个人掌控是以前作画过程中很难体会到的自由和轻松。勃拉克的这件作品,对于这个阶段的影响是具有方向性的。而他的《葡萄牙人》的探索也达到了毕加索的《手风琴师》的深度,从画面结构到色彩的运用再到笔触和质感的体现,都是那么地接近,以至于有一种出自同一画家的错觉感。

随着立体主义的探索和深入,艺术家不断关心现实的真实与画面的真实,试图把视觉现实主义要素,主观地加入到不断抽象的立体主义绘画中。这时的毕加索和勃拉克开始引入手写字和字母,而这一变化使得立体主义具有了现实性。逐渐地,他们开始应用各种材料,如报纸、布料等等,配合着颜料建立更加抽象的画面结构,彻底摆脱古典主义造型的方式,向着 20 世纪的现代艺术迈出重要的一步。这种探索主要体现在"拼贴法"的出现——即用材料来构成物象。

如我们所知,在过去,绘画主要是靠运用色彩和造型去模仿自然,它强调隐藏材料自身的特性而突出所要表现的对象。但是,立体主义由于是在不断地分解和破坏对象,使得物象回归到基本的单元,这已经完全地丧失了对象的意义,而构成绘画的单元变成了最基本的组成要素。在这样一种条件下,将现实中的材料引入绘画创作中,是对传统方式的一种颠覆,但却也是表现自然的一种回归,因为再也没有比用自然本身去塑造自然更真实的了。他们用真实的材料作为造型元素,把不同的材料组合到一幅画面中。这种手法在毕加索的代表作品《静物和藤椅》(1911—1912 年)中被描绘得淋漓尽致。在这幅作品中,毕加索用写实的手法画上藤椅的图案,而在上面又加入立体主义分解重组的静物,以体现他认知中不同程度的真实感,这已经走到了实物拼贴的边缘。这种以表现自然为出发点,但是又保留了形式、材料自身的独立性及其陌生感的方式,正是立体主义的"拼贴"实验对于现代主义发展的重要贡献。(图 2.13)

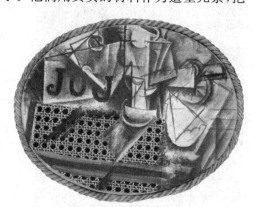

图 2.13　《静物和藤椅》

"拼贴法"的出现,标志着分析立体主义阶段的结束,也意味着新的综合立体主义阶段的开始。毕加索和勃拉克在分析阶段期间,用了大量的时间去观察、思考、分解和重组对象,彻底颠覆了传统绘画从人物到静物直至风景的题材创作过程,画面产生出前所未有的丰富感、片段感、几何感、趣味感以及真实性。然而,毕加索和勃拉克并未停止脚步,他们将自己所有的经验——包括传统的以及从塞尚那里继承的——杂糅着现实中的各种材料,带来更加成熟的立体主义。而在这一阶段,他们的重点不是分解,而是组合。

如前所述,《静物和藤椅》是毕加索最早的一幅完整的拼贴作品。1912 年到 1913 年间,随着不断的探索和尝试,毕加索与勃拉克的拼合手法愈发成熟,他们开始把一些废旧的材料运用到作品中,尝试利用不同的材料赋予作品新的构成形式,如毕加索《戴帽子的人》中用线条的图案与报纸等要素形成鲜明对比,而勃拉克则保持着贴纸要素的装饰特点。1913 年以后,毕加索和勃拉克则丰富了造型手段,进一步强调空间、色彩、运动和质感。毕加索在 1914 年期间,还尝试用木头和金属装配乐器,把他的构成又推进了一步,这一时期的作品主要有《吉他》(1913 年)、

《曼陀林和单簧管》(1913年)和《苦艾酒杯》(1914年)。这时的作品也证明了毕加索对于雕塑的兴趣,他更加强调用"装配"和"构成"的概念来组合材料。这种雕塑也同样遵循了他对于绘画的理解和认识——不重视对象的现实性,强调主观的感受与思考。尤其是《苦艾酒杯》这样一件偏向于装饰立体主义的雕塑作品,深深影响了20世纪的雕塑发展,这一影响甚至可以持续到20世纪中期的废品雕塑和波普艺术。(图2.14,图2.15)

图2.14 《吉他》

图2.15 《苦艾酒杯》

总之,从二维的分解到拼贴画面再到不同材料的组合,构成了立体主义的完整脉络,而绘画与雕塑的互相促进,也从另一个方面看到了立体主义的发展方向和最终归宿。也正是这些变化,使得它的观念和创作方法对20世纪艺术实践产生了深远的影响。意大利的未来主义、德国的表现主义甚至俄国的构成主义和抽象派都从立体主义中学到了自己想要的东西。

毕加索和勃拉克的亲密合作一直持续到1914年8月第一次世界大战的爆发,勃拉克加入了法国军队,毕加索则作为非交战国的西班牙人继续从事着艺术创作。四年的战争标志着20世纪伟大艺术的暂时中断,然而毕加索和勃拉克创建的立体主义却一直影响下去,直至今日。

从立体主义谈及对于建筑造型的影响,更多地应该来自思想上的革命性。对于建筑形态的抽象与塑造,立体主义的影响并不是直接性的,然而,当我们思考立体主义的产生和发展的过程,似乎可以作为建筑造型革新的一种参考依据,毕竟一直以来,绘画都走在了建筑的前面。不管立体主义如何分解、变形、多角度观察以及组合重构,其本质就是对于传统的颠覆,而这颠覆的不仅是传统绘画的结构和技巧,更多的是思想。立体主义告诉艺术家们如何认识客观世界,主动地创造一切,使艺术家的精神得以解放,艺术空前自由和开阔,正因为如此,才会迎来20世纪百家争鸣的艺术氛围。同样,建筑的形态如果想寻求突破,结构和法则或许还不能触及深处,思想的革命才能使其得到前所未有的解放。虽然建筑不像绘画一样,需要考虑很多实际问题,然而,建筑造型的艺术性并不比雕塑差多少,而其思想和绘画也是一脉相承的。

3)未来主义及其雕塑

未来主义的产生,并不是一个纯粹强调个人感受或形式探索的艺术运动,其目的是为了影响意大利的文化、艺术、政治、思想的发展轨迹。它是社会现实、政治气氛、科技发展的综合产物,它的出现与当时周围环境的压力密不可分。

早期的文艺复兴,曾经使得意大利成为整个欧洲的艺术中心,然而,这个曾经辉煌的光环也使得意大利对于传统的事物故步自封,墨守成规,最初的动力反而成为那个时代前进的桎梏。

另一方面,西方历史在20世纪初进入了一个新的时期,即帝国主义时期,现代化的步伐加速,大工业和科学技术高度发展。人在生产过程中的重要作用逐渐被机器所取代,一时间,人成了机器的奴隶。而在这一时期,欧洲迅速崛起了两个帝国——德国和法国。当时的德国通过工业革命迅速成为欧洲甚至世界的科技强国,而法国也由于不断的发展革新,成为欧洲新的艺术中心,当时的巴黎每年都会展出新的艺术作品,一时间云集了很多的新兴艺术家和新的理论思潮。

而此时的意大利虽然受到工业革命的影响,但与周围其他强国相比已经存在明显的差距,这种差距不仅反映在政治、军事、科技上,还体现在艺术、文化及思想上。当时的一些激进青年看到了这一历史现实,因此,那种奋起直追的野心和迎头赶上的焦灼便一时间爆发出来,他们对于工业化的向往与赞美就集中表现为对传统的绝对否定甚至是破坏,对机械、力量和速度的迷恋甚至痴狂。从某一方面看,它具有一定的爱国主义情怀,因此,它的理论与思想也往往是激进的、纯粹鲜明的,很少带有含糊和妥协的。

未来主义运动最早是由意大利诗人、作家兼文艺评论家菲利波·托马索·马里内蒂(F. T. Marinetti,1876—1944)在文学领域率先发起的。他于1909年2月在《费加罗报》上发表了《未来主义的创立和宣言》一文,标志着未来主义的诞生。这位激进的文学家是未来主义运动中最活跃的组织者和活动家,也是一个狂热的机械决定论者与现代战争的拥护者。

未来主义在文学领域率先亮相以后,迅速波及绘画、音乐、戏剧、雕塑、建筑、舞蹈、电影等各个艺术门类。绘画方面，1910 年 2 月，波丘尼和巴拉等发表《未来主义画家宣言》，4 月初又发表了《未来主义绘画技法宣言》，同月，音乐家帕拉台拉发表《未来主义音乐家宣言》；1912 年 4 月，波丘尼在雕塑领域发表了《未来主义雕塑家宣言》，宣布"绝对而彻底地抛弃外轮廓线和封闭式的雕塑，让我们扯开人体并且把它周围的环境也包括到里面来"。1914 年 7 月，建筑师安东尼奥·圣特利亚发表了《未来主义建筑宣言》。1915 年 1 月，马里内蒂、塞蒂梅利和科拉等发表了《未来主义合成戏剧宣言》，次年 9 月 11 日，他们 3 人又发表了《未来主义电影宣言》。至此，未来主义运动在各个领域扩展、壮大开来。

虽然未来主义运动涵盖面广，理论也十分庞杂，然而其哲学根基扎根于伯格森和尼采的哲学思想，并与狭隘的民族主义情绪和流行的虚无主义思潮密切相关。1909 年，尼采在《看这个人》这部著作中鼓吹战争、歌颂战争、渴望战争的论调，成为马里内蒂创立未来主义的思想基础。此外，未来主义还将柏格森的直觉主义奉为经典，提倡应否定历史、反对理性、鼓吹直觉等，认为未来的艺术应具有"现代感觉"，并主张表现艺术家进行创作时的所谓"心境的并发性"。

在政治上，未来主义者对现代战争大加颂扬，认为战争是艺术最终极的形式。一些未来主义者们怀有深刻的民族主义思想。这些经历使得他们公然支持意大利的法西斯主义，成为意大利法西斯主义的附庸。尤其是其领袖人物马里内蒂，他连续参加了各种政治活动，组织集会、游行，并与法西斯首领墨索里尼走到了一起。最初的未来主义运动是在第一次世界大战爆发时结束的。之后，在法西斯分子的怂恿下，马里内蒂甚至一度希望未来主义成为法西斯政权的"官方艺术"，并于 1924 年发表了《未来主义与法西斯主义》，极力鼓吹法西斯主义也是未来主义。然而，很快地，随着法西斯的垮台，未来主义也彻底地淡出了历史的舞台。

纵观整个未来主义运动的发展，不过十几年的时间。未来主义运动虽然是针对意大利的文化局限而发起的运动，但是这场运动所具有的独特的文化姿态使它很快地在欧洲各地赢得了众多的追随者。原因是未来主义的艺术主张所关心的不仅是表面艺术形式上的变化，而更主要的是希望通过激进的宣言与艺术运动来引发人们对机械时代的关注。未来主义者的灵感与 20 世纪初的一些原始主义所不同的是，它来自城市机器的轰鸣声与刺耳的尖叫声，也就是说，未来主义者们意识到了机器时代的到来所带来的一系列的物质与精神的变化，并明确要求把这些变化纳入到艺术表现的范畴中，试图在艺术与工业之间建立起直接的对应关系。

针对未来主义运动对当今艺术以及建筑形态的影响，我们可以从绘画、雕塑和建筑三个方面加以分析和概括。首先是绘画方面，概括地说，未来主义的绘画观点脱胎于印象派和立体派。为了表现速度与同时性，未来主义主张使用新印象派的色彩分析法，正如他们所说："没有点彩派就没有今天的绘画。"（《技术宣言》）不仅如此,在思想上,未来主义也与印象派有一定的关系。正如杜尚所说的:"说到未来主义,我觉得它是对机械世界的一个印象,完全是印象主义的延续。"杜尚这句话表明了未来主义艺术,尤其是未来主义绘画的实质。未来主义在绘画领域的实践,主要是表现光线和物体穿越空间时给人留下的印象。接着,未来主义者们在前往巴黎观看了立体主义的绘画之后,又对立体派进行深入研究。分析立体派也是注重对统一物体给予同时性的表现,把对一个物体的不同视点的观察同时展现在一幅作品之中。未来主义者们从立体主义肢解形体的造型语汇中,发现了符合他们所追求的表现动力感的这一目标的方法,并且迅速地运用于自己的创作中。未来主义者声称要凭直觉穿透现实中的一切物体,把事物外部的、内部的,附近的和遥远的,把人们看见的和记忆的东西统统同时表现出来。画家可以对物体进行任意的同时叠加和变形,用不同的色彩表现物体的重复,用不同的透视关系表现物体的变位、肢解和穿插,以表现运动的效果。

由此可见,未来主义者们确实从立体主义的艺术实践中获益良多,而在绘画方面,两者的本质不同则集中体现在"运动"一词上。未来主义者们追求的并不是对某一静态物体的多视点分析,而是连续运动的物体在穿越空间时一段时间内的状态。他们热衷于用线和色彩描绘一系列形的重叠、交错与组合,并且用一系列的波浪线和直线表现光与声音,表现在急速运动中的物象。因此,同样是没有固定的中心、散点透视,立体主义强调的是物体的打散与重组、拼贴与变形,而未来主义强调的是运动的过程、时间与力量的延续。

1912年,未来主义者在巴黎举办的展览推出了一些比较有代表性的作品,如巴拉的《系着皮带的狗》、塞韦里尼的《塔巴林舞场有动态的象形文字》等作品。(图2.16)

贾科莫·巴拉(Giacomo Balla,1871—1958)是意大利油画家、雕刻家和工艺设计师,未来画派的重要人物。《系着皮带的狗》是巴拉的代表作,它描绘了穿着裙子的女子牵着她的宠物散布的情景。为传达未来主义特有的运动感,画家把狗的腿变成一连串腿的组合,妇女

图2.16 《系着皮带的狗》

的脚、裙摆及牵狗的链子也同样成为一连串的组合,以形成它们在空间中行进时的连续性记忆。而这一表达思想很像是在一帧一帧的播放电影,而画面的效果也很

像底片的连续性拍摄。这种表现物体多个侧面的同时性真实地表现出未来主义画家对于运动、时间和空间的思考与理解,尽管这一幽默而朴实的手法在现在看来有些单一、滑稽甚至是幼稚。

在诠释运动和力量的探索过程中,巴拉很快就放弃了《系着皮带的狗》中所采用的那种朴实单一的写实方法,也许是受到了立体主义的影响,他的绘画很快地走向了抽象。其1913年的画作《快速飞翔》便是一件全新的作品。在这幅画中,竖线把背景分割为大大小小并不规整的矩形,鸟羽则以其整齐排列创造出锯齿状斜线。在它们的衬托下,前景中飞鸟掠过所留下的横越画面的弧线看起来更加生气勃勃,富有动感。竖线、斜线和各种曲线相互抗衡又相互依赖,鲜艳明快的红、黄、白色与沉着稳定的灰褐色相互衬托又相互对比,使作品获得了某种特别的力量感。(图2.17)

图2.17 《快速飞翔》

吉诺·塞韦里尼(Gino Severini,1883—1966)曾与波丘尼一起拜师于巴拉学习点彩技法。他虽然是未来主义的主要人物,却也深受立体主义的影响。1915年以后,随着未来主义的没落,他又转向了立体主义。《塔巴林舞场有动态的象形文字》是塞韦里尼作于1912年的一件作

图2.18 《塔巴林舞场有动态的象形文字》

品,该作品具有未来主义绘画的一些共同性,如立体主义手法、强烈的色彩、运动与力量以及大都市的生活题材。我们看到,画家以立体主义的分解手法画出许多多面体,这些多面体在不断变化的曲线中跳跃,使画面充满未来主义所追求的运动感。闪烁的强烈色彩,形成富有节奏的韵律,这是对画面动感的进一步强化。而一些单词的加入——VALSE(华尔兹)、POLKA(波尔卡)、BOWLING(保龄球)体现了都市生活的快节奏与狂欢的激情。画面中的各类人物连同食品、酒瓶及悬挂于背景的各国国旗,展现了极强的喧闹气氛。该画以繁琐的细节表达了空间运动感,虽然整体上显得有点杂乱和不受控制,然而在表现运动和紧张感上却正是未来主义的代表。(图2.18)

翁贝特·波丘尼(Umberto Boccioni，1882—1916)是意大利画家和雕塑家，未来主义运动的核心人物。他将马里内蒂的思想运用到视觉艺术领域，成功起草了《未来主义画家宣言》《未来主义绘画技法宣言》和《未来主义雕塑家宣言》。而其代表作《美术馆里的骚动》《城市的兴起》以及《内心状态：告别》不仅展示了自身的改变，也代表了未来主义画派的发展方向。

《美术馆里的骚动》是波丘尼的第一件未来主义绘画作品。画面采用了俯视的角度，把美术馆里的混乱和无序充分展示在观众面前。运动和奔跑着的人们涌向大门，传达出骚动不安的气息，而放射状构图进一步强化了这种感觉。这件早期的作品，色彩是新印象主义的，得益于他在巴拉画室中接受的新印象主义技法训练，画面中光和色被打碎成一片小点，烘托着运动和杂乱的气氛。(图 2.19)

图 2.19　《美术馆里的骚动》

作于 1910—1911 年的作品《城市的兴起》是其未来主义理论在绘画上的成熟反映。画面中心是一匹巨大的红色奔马，在它前面，扭曲的人物纷纷被撞倒在地，而背景是正在兴起的工业建设。很明显，在这里，红马象征着未来主义者所迷恋的现代工业文明，其势态所向披靡、势不可挡。画面以鲜艳的高纯度颜色、闪烁刺目的光线、强烈夸张的动态以及旋转跳跃的笔触表达了未来主义者的信条：对速度、运动、强力和工业的崇拜。这幅作品正是他所希望的新事物的反映，是对沸腾的现代生活的注解，作品充分诠释了波丘尼"线条与力量"的未来主义绘画技法，产生了

极强的运动感和冲击力,也是未来主义绘画思想和宣言的最有力证明。(图 2.20)

图 2.20 《城市的兴起》

1911 年,波丘尼创作了系列画《内心状态》,《告别》是其中的一部分。它描绘了拥挤不堪的车站场景,拥抱告别的人群和冒着烟的奔驰的火车占据了全部画面。从这幅画上,我们可以非常明显地看到立体主义对他的深刻影响。画面上,线条和色彩相互交织在一起,形成一系列重叠连续的形的组合。在被挤压的空间里,曲线和直线穿插交错,块面与块面碰撞变位,形成分散与聚合、断续与重复的节奏,整体上带给人们紧张不安的压抑感。虽然这幅画有立体主义的影子,但我们可以深刻地感受出画面中的运动感和不安感,这种感受从曲线的动态中、色彩的对比中都有直接的体现。同样是受立体主义的影响,作品《内心状态:告别》在恪守未来主义的原则上比塞韦里尼的《塔巴林舞场有动态的象形文字》要严谨和准确得多。(图 2.21)

图 2.21 《内心状态:告别》

在建筑方面,意大利年轻的建筑师安东尼奥·圣特利亚于1914年发表了《未来主义建筑宣言》,强烈地批判了复古主义思想,并认为历史风格的改变只是形式的变化,并没有对人类的生活环境产生改变,而工业化的发展使得这种改变成为现实。他认为未来主义的目的在于放弃厚重和静态,追求光线、实用和简捷,建筑应以新的材料米满足当代生活的需求并适应现代技术的美学,强调现代材料对建筑设计和构造的内在影响。

1914年的《未来主义建筑宣言》中还阐述了一些珍贵的艺术主张,对建筑形态的发展产生了很大的影响。如"斜线和曲线是富有生机的表现形式,它们比垂直线或水平线更富有生命感";"把装饰施加在建筑上是可笑的"。未来主义者主张保持建筑材料的自身属性,或通过色彩创造一种形式美感,"建筑艺术必须使人类自由地、无拘无束地与他周围环境和谐一致"。由此看出,未来主义对于现代主义建筑乃至今天的建筑发展都十分受用,尤其是其斜线和曲线的论调对建筑形态的丰富起到了重要的作用。

不仅如此,未来主义的影响还表现在从建筑角度来思考城市的发展。工业化社会的发展给人们的生活带来巨大的变化,建筑在城市中的尺度也应随之发生改变。未来主义建筑师们认为,城市的规划应以人口集中与快速交通相辅相成,建立一种包括地下铁路、滑动的人行道和立体交叉的道路网的"未来城市"计划,并用钢铁、玻璃和布料来代替砖、石和木材以取得最理想的光线和空间。如圣特利亚所说:"街道将不再像一层楼的擦鞋垫,而是许多商场建筑插在其间,到处是大都市繁忙的交通,建筑物由互相穿插的金属过道和快速移动的人行道连接起来。"

在雕塑方面,翁贝托·波丘尼可以说最具代表性。波丘尼不仅是一位未来主义画家,还是一位未来主义雕塑家。他的雕塑理论,不仅超越了那个时代,甚至超越了他自己的实验。在他看来,一个未来主义雕塑的构成本身就包含着现代物体中妙不可言的科学和几何学的成分。在材料方面,波丘尼指出:"必须摧毁大理石和青铜的高贵性,这种高贵性充满书卷气,传统味十足。"他宣称,只要造型情感需要,雕塑家可以在一件作品中使用二十种或更多不同种类的材料。他列举了玻璃、硬纸板、铁块、水泥、马鬃、皮革、布料、镜子、电灯等可以采用的材料。然而,由于他在一战中意外身亡,他的很多思想都没有来得及实现,但在后来的达达主义和构成主义中却变为现实。他在《未来主义雕塑家宣言》中提到的"绝对而彻底地抛弃外轮廓线和封闭式的雕塑,让我们扯开人体并且把它周围的环境也包括到里面来"是对传统雕塑的深刻思考和反叛,而他的代表作品《空间连续性的独特形式》和《空间中一个瓶子的发展》也验证了他思想,奠定了他在雕塑领域的独特成就。(图2.22,图2.23)

图 2.22 《空间连续性的独特形式》　　图 2.23 《空间中一个瓶子的发展》

《空间连续性的独特形式》（1913 年），表现的不是固定的瞬间而是运动本身的动态。通过表现对持续不断的运动的观察而获得的重叠的形体印象，来实现他所追求的"不是纯粹的形式，而是纯粹的造型节奏；不是人体的结构，而是人体运动的结构"这一目标。这件雕塑通过对运动感的表现，突破了静态雕塑对形体的限制，让人感到在形体和周围空间之间不存在明显的界线，在这里，空间已成为一个积极的组成部分。作品《空间中一个瓶子的发展》，尽管是用青铜铸造的，他通过对雕塑形体与环境之间关系的分析以及视点运动过程中所产生的不同印象的分析，使瓶子被拆解、散开并与基座融为一体，同样达到了空间中的运动感。

从波丘尼的雕塑中，我们可以清楚地看到他的追求——"运动的风格""雕塑即环境"以及"绝对和完全废除确定的线条和不要精密刻画的雕塑"。这就像他所说的："我不把金字塔式的建筑（静态）作为我的理想，而是将一个螺旋形的建筑（动态）作为我的理想。"而这一理想对现代雕塑和建筑都有极大的影响。我们现在将《空间中一个瓶子的发展》与建筑师盖里的"西班牙古根海姆博物馆"放在一起，仍能从中发现未来主义的影子。

综上所述，虽然未来主义没有统一的风格，时间也比较短暂，但这一切并不能抹煞它的重大意义和影响。它促进了艺术家对于当时的时代所产生的一种感受和认识，如机械、速度、力量等与时俱进的东西。他们的一些艺术观念和艺术实践，包括消灭传统与规范，反对模仿与守旧，提倡创新和机械美，尽管言语激烈并缺乏妥协，但却使得未来派在当时的欧洲产生了强烈的影响，不仅如此，未来主义还影响到了当时的俄国以及亚洲的日本，对于达达主义、构成主义、超现实主义等等都具有深刻的指导意义。

4）独自战斗的杜尚

马歇尔·杜尚（Marcel Duchamp，1887—1968）出生于法国，后加入美国国籍。杜尚对于西方现代艺术的贡献是深入的、彻底的。同塞尚被称为"现代艺术之父"一样，杜尚被尊称为"现代艺术的守护神"，以体现其重要性。可以说，二战以后的西方现代艺术的发展，主要思想和表达方式都离不开杜尚的影响。虽然达达主义、超现实主义等流派都试图拉拢杜尚，然而，不可否认的是，杜尚的跳跃式思维是任何故步自封的流派都望尘莫及的。直到他死后的50年，其相关的思想和实践才被艺术家理解和广为推崇，而那些当年或后来出现的达达主义、超现实主义、波普艺术、装置艺术、大地艺术、偶发艺术、行为艺术等等，都是杜尚某一方面思想或实践的延续。

杜尚出生在一个比较富裕的中产家庭，两位从事艺术事业的哥哥对早年的杜尚影响很大。年轻时的他就吸收了一些当时流行的现代艺术思想，如印象派、野兽派和立体主义等。处于学习阶段的他受立体主义的影响还是比较大的，这可以从他的早期作品《咖啡研磨机》《下楼梯的裸女》中体现出来。然而，人生的转折点出现在1912年初，当杜尚试图将《下楼梯的裸女》送交巴黎沙龙展，和其他立体主义作品展览的时候，却因为作品运动感的表达涉嫌未来主义而遭到拒绝。这使得杜尚原本觉得开放自由的立体主义变得功利和世俗，从此，杜尚开始了一个人的战斗，一生再也没有参加任何流派和相关展出。

其实，在立体主义中加入运动的元素，其根本来源于杜尚的跳跃式的不安元素。当杜尚在体会了印象派、野兽派以及立体派之后，他并没有就此停滞，不满足于个性、风格之类的表现方式，试图打破绘画的传统思路是他毕生所追求的东西。而《下楼梯的裸女》仅仅只是一个开始。早在1911年的作品《咖啡研磨机》中，杜尚就已经超出了立体主义的范畴，他在作品中加入了机械，而与未来主义不同的是，他并不是赞美机械美，而是想用机械这种冰冷的事物使得绘画失去原本的"感性美"，他试图跳出绘画或者说是艺术的终极目标——展现美，而寻求新的途径，在他看来，《咖啡研磨机》似乎已经找到了。这幅作品与其说是一张展现机器构造的绘画，不如说更像一幅咖啡机的设计草图。对于涉猎很广的杜尚来说，他有很多的表达方式，然而作品中没有光影的衬托，也没有笔触的渲染，杜尚放弃了印象派的光影表现，放弃了野兽派的个人情绪，有的也许只是立体主义分析事物的影子，然而，画面的破坏感又不像立体主义那样理性的打散和重组，这幅四不像的作品，只是想表达杜尚不安的情绪和试图打破绘画一切既有传统的尝试。

而在随后的作品《下楼梯的裸女》中，杜尚仍然在尝试。运动的加入并不是像未来主义那样加入力量和速度，而是想通过展现运动，改变画家一直观察静物的角度,并由此消融对象的感性美,以一种"下楼梯"的连续事件,通过线条的杂乱和颜色的单一来打破画面的优雅,使得裸女、楼梯等事物不再展现美感,留下的只是事件本身。由此可见,《下楼梯的裸女》在手法上或许有未来主义之嫌,然而其目的却远远地走在了未来主义的前面。(图2.24)

随后,他的作品又进行了一些这方面的尝试和探索,如1912年的《被转动的裸体所包围的国王与王后》《新娘》,1914年的《网的终止》等等,并最终在架上油画大行其道的时代,停止了布上油画的创作,而转向了思考艺术本质的过程之中。这就像他所说:"我已经完成了立体主义和运动的结合——至少是动感和油画的结合,绘画的所有过程对我来说已经是无所谓的事了……绘画中已经没有什么让我感到满足的东西了。于是,我就开始

图2.24 《下楼梯的裸女》

想和其他人正在做的事对着干,比如马蒂斯等人,所有那些动手作的画,那些有艺术家个人风格痕迹的作品,我想摆脱这些所谓的个性风格,也想摆脱所有的视觉性的绘画……"

1915年至1923年,杜尚用了8年的时间结束了一件试验性的宏大作品《新娘甚至被光棍们扒光了衣服》,由于这是一幅在玻璃上可以两面观赏的作品,因此又被称为《大玻璃》。这幅作品耗费了杜尚极大的精力,直到最后都没有完成,而只是停止了相关创作。最终,杜尚凭借着《大玻璃》以一种嘲讽的心态远离了绘画的世界。在这幅作品中,杜尚开始了自己艺术道路的各种尝试,他摒弃了布上油画的单一创作,尝试大量的新鲜材料,使得这件作品更像是一件装置艺术。在表现方面,杜尚为了将颜色固定在玻璃上,通过很多尝试,最终找到了一种用镶嵌铅线作边线,然后在边线框内

图2.25 《大玻璃》

填上颜色,最后再镀铅膜的方法。《大玻璃》分为上下两部分,上半部分画着一件横置的机械样的东西,很难看清楚它的具体形状,杜尚喻之为新娘;下面绘有一个连着九个模子的巧克力磨碎机,模子乍看起来像国际象棋的棋子,代表九个单身汉。就内容来看仍是机械和运动的展现,材料的大量使用已经使该作品超出了绘画的范畴,但由于是在玻璃上作画,又不能简单地理解为雕塑,因此,这件在杜尚看来是四维的绘画作品更接近于装置艺术。而其中晦涩难懂的标题更是让人很难理解,但对于杜尚来说这只是一个开始,在后来的作品中,名称的怪诞似乎也打上了"杜尚"的标签。(图 2.25)

对于艺术本质的思考使杜尚得以跳出当时的艺术屏障,思想和作品都成熟和丰富起来,杜尚从不重复自己的创作,新鲜的想法总能引领他不断前进。然而,即使这样,他也从未改变过自己的初衷:颠覆传统的艺术观,消融艺术与非艺术之间的界限。杜尚试图证明艺术品的价值在于它是一个传达思想的"符号",一台"生产意义的机器"和迫使观看者主动地思考和创造性参与的活动。在此之前,他必须消灭艺术之前所带来的视觉感受。而这些想法直到他找到了"现成品"——生活中的工业制品,才找到最有力的途径来完成他对于艺术和非艺术的思考。他试图通过艺术家的选择活动将普通的工业产品转换成艺术作品。在这个过程中,艺术家并不参与制作,而只是进行选择并使之"符号化"与"意义化"。这很显然令当时的社会无法接受,不管是传统派还是现代派,所有的艺术家都在模仿或者创造一种"艺术品"来展现所谓的艺术,以区别于日常的工业用品,而杜尚却去掉了制作的过程,通过选择现成品来展现自己的观念。他赤裸地将人们认为是"非艺术品"的物品和"非艺术"的观念引入艺术之中,其目的就是要破坏艺术的崇高,撼动艺术的地位。对此,杜尚给予了充分的解释:"我对艺术本身真是没有什么兴趣……在我看来艺术是一种瘾,类似吸毒。艺术家也好,收藏家也好,和艺术有任何联系的人也好,都是沾了这种瘾。艺术的存在绝对不是如同真理的存在一般。可人们谈到艺术会用对宗教般虔诚的态度,为什么艺术会受到这样的推崇? 它等于吸毒,就是这么回事。"

基于现成品的创作成为杜尚长时间津津乐道的享受,也算是杜尚唯一持续了一生的"非艺术"的创作。这其中有《自行车轮》(1913 年),自行车轮固定在凳子上的雕塑;《药房》(1914 年),在一张印刷品的风景画上点了两点;《折断胳膊之前》(1915 年),在一家五金店买的一个很寻常的雪铲;《隐藏的噪音》(1916 年),由一个麻绳团夹在两块刻有文字的金属板之间构成;著名作品《泉》(1917 年),将小便池倒立摆放送交展览,却获得展出;《L. H. O. O. Q. 》(1919 年),在《蒙娜丽莎》的印刷品上画了胡子;《50cc 巴黎的空气》(1920 年),一个玻璃容器等等。而在这其中构思并创作的《大玻璃》(1915—1923 年),虽不是一件十足的现成品,却成为代表杜尚不断思考并成熟的过渡作品。这些现成品不同于立体主义"拼贴",在保留物品原有属性、特征甚至功能的同时,通过杜尚自身的理解角度,使之脱离原有的存在方式而成为"艺术品"。而这些反叛的思想对日常物品属性、功能及存在方式等的思考,成为后来概念艺术和装置艺术非常热衷的一个主题。(图 2.26~图 2.28)

图 2.26 《自行车轮》

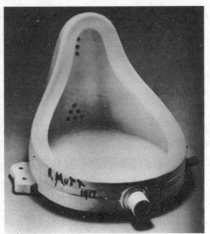
图 2.27 《泉》

图 2.28 《L. H. O. O. Q.》

杜尚一生作品并不多,这与他向往自由的生活方式有关。而且杜尚沉迷下棋,

甚至一度觉得下棋比艺术更有趣。因此,杜尚的很多艺术作品都经历了长时间的
过程,这其中最具代表性的就是他的巨作《鉴于:1. 瀑布,2. 照明煤气》。这件据说
耗费了杜尚20年的作品从1946年一直持续到1966年。它是在杜尚宣称已经放
弃艺术,转向国际象棋以后秘密进行的创世之作,其公之于世也是在杜尚辞世之
后。这件作品使用了各种现成品材料,包括一扇旧门、砖墙、皮革、绒毛、树枝、玻
璃、地毯、电动机、煤气灯、金属等素材。作品外部是一扇旧木门安置在砖墙内,透
过木门的两个孔可以窥视到里面的景象:一个躺在一堆枯枝上的裸女,裸女是用皮
革套在金属上铸成,两腿叉开,左手举着一盏煤气灯。作品的背景是有山有水的风
景画,材料是杜尚所拍的照片放大裁剪后重新拼贴到布面上的,并用画笔和粉笔进
行了修饰;流动的瀑布则是由发动机带动旋转的磁盘,再由磁盘带动上面的半透明
塑料产生的效果。杜尚不仅创作了这件巨作,还留下了一个说明,以解释如何安装
和拆卸这件作品。(图2.29)

图2.29 《鉴于:1. 瀑布,2. 照明煤气》

　　《鉴于:1. 瀑布,2. 照明煤气》这件作品材料庞杂,形式复杂,但总体来看,应称
得上是一件结构宏大的现成品,其中可以说凝聚了杜尚一生创作的精华。除了带
有机械和技术性的设计制作,还加入了他钟爱的现成品材料,大量运用了拼贴、组

装的手法,凝聚出一幅让人匪夷所思但又不得不惊叹的杰作。

从那幅被拒绝的《下楼梯的裸女》开始,或许杜尚就看清了所有的艺术运动都是美丽的幌子——从开放破坏到守旧僵死最后到排他束缚,这也奠定了他不搞运动、不立派别、否定一切、追求自由的决心。杜尚是西方理性主义逻辑发展中的一个例外,他的一生都在反叛艺术,逆向思维,然而,可悲的是,他却成为现代艺术发展壮大的源泉,他逆向性的思考目的是消灭艺术,而他的追随者不但没有消灭艺术,反而用杜尚的反艺术观念扩大了艺术的范畴。直到今日,人们谈及杜尚的贡献,很大一部分还来源于他的"现成品艺术",并声称这些作品不仅开阔了艺术实践者的视野,拓宽了艺术题材的范围,而且有益于避免美学品位的狭隘、美学标准的僵化。可笑的是,杜尚从来没有将"现成品"当作是"艺术",一个试图消灭"艺术"的人,却被他的反对者利用,为即将走向毁灭的"艺术"开拓了继续前进的道路。这也就是为什么当现代主义的"形式革命"在画布这个小天地里走到极端的时候,杜尚所追求的价值观念就开始大量被推崇和复制,而这一点是杜尚始料未及的。1962年,杜尚在给朋友汉斯·里希特的信中写道:"当我发明现成品时,我原本是要否定美,而新达达主义者却拣起我的现成品,还从中发现了美。我把瓶架子和小便池向他们的脸上扔过去表示挑战,而现在他们竟认为这些东西就是美而赞赏不已。"

由此可见,他的影响深远而持久,而且他所达到的新境界至今无一人能够真正继承。究其原因很简单,我们可以复制或模仿各种艺术流派,却无法复制或模仿一个思想者的思想。当塞尚打开了现代艺术的大门时,毕加索用语言诠释了它,而杜尚则用态度回应了它。语言和态度虽然有着相辅相成的联系,然而,态度却是更深一层的东西。这就是为什么整个美国现代艺术不论多么千奇百怪,其初衷都逃不开杜尚追求自由、取消生活与艺术界限的主张,却最终又走回到毕加索那条创作之路的原因。当然,随着时间的推移,当杜尚的作品被一一复制的时候,浮躁的人们也开始使用杜尚的"语言",即使那不是杜尚所希望的。

于是,当今天我们将杜尚的所有思想都一一实现的时候,却再也找不到一个人站出来指引艺术前进的方向,即便那个人站在大众的对立面上。再次的停滞和迷失使我们不得不重新怀念杜尚。然而,作为具有艺术价值和审美价值的建筑,在艺术的表现上还有很长的路要走,而这有很大一部分来源于建筑形态的展示。然而,杜尚的成功可以给当今建筑及其形态创作一点思考:

(1)反叛的艺术观念。杜尚一生都在与现有的规范作斗争,杜尚与那些早期的现代主义艺术有着很大的差别,他不满足于像同时代的其他艺术家那样在画布上进行"形式革命",而是不厌其烦地去追问一个问题:艺术的本质到底是什么?深入地思考问题本质使得杜尚善于发现问题,而用逆向的思维去解决问题使得当艺术家都在追求艺术的时候,他却在追求非艺术,并最终找到了"现成品"。最后,用反叛的决心抗衡了一些既有成果。艺术家赞美绘画的技巧,杜尚就放弃技巧;艺术家强调艺术的创作,杜尚就用现成品代替;艺术家展现视觉的美感,杜尚就追求观念的表达。而这些反叛的思想在建筑领域除了后现代主义建筑宣言那种华而不实的表述外,至今还没有更为深刻、彻底的理论和实践。

（2）大量材料的使用。杜尚很早地放弃架上绘画就意味着他需要新的工具来完成自身的创作,而这一点在他后来的作品中都得以体现。他运用的材料不仅数量繁多,有一部分还来源于他的实验和创作,而不是简单的拆散和组合。材料在建筑上的体现往往伴随着科技的进步,尤其是本世纪以来,科学的进步使得很多材料得以应用。然而,这里所涉及的并不仅仅是建筑表皮或结构上的最终体现,对于早期的建筑模型构思,我们也可以探索更多的材料和可能,而不是仅仅停留在木材、塑料、纸板或是计算机模拟等成熟领域。

纵观世界当下的建筑形态,各种流派和主义更像是在用各种语言来寻求出路,却还没有一个建筑领域的"杜尚"可以在"态度"上彻底改变其意义。很多时候,新形态的产生需要的不仅是经验,还有质疑的勇气。

5）康定斯基与抽象主义

1910 年,康定斯基完成了艺术生涯中的一幅重要作品——《即兴之作》,这幅画被大多数人称为第一幅纯抽象作品。然而,当问及是谁最早创造了抽象主义绘画,我们却很难得到答案。今天有人将康定斯基尊称为"抽象主义之父"或是抽象主义的鼻祖,其实更多的来源于康定斯基对于抽象绘画的认识和诠释。可以肯定的是,康定斯基是第一个对抽象艺术进行理论思考的艺术家。他出版于 1912 年的著作《论艺术的精神》中详细地阐明了他对抽象艺术的理解和思考,奠定了他在抽象主义绘画上的至高地位。

抽象艺术的研究和实践很大一部分起源于对艺术形而上的倾向,艺术家们把抽象的事物与某种神秘的东西联系起来,将抽象视为数学模式和精神的表现。康定斯基作为一个神秘主义者和通神论者,这方面的理解自然更为深刻。他的一生都在追求一种"最内在的本质"的永恒,提倡"为艺术而艺术",因此,他提出了一个重要的概念——"无物象绘画",提倡艺术家摆脱外在物象的束缚,寻求表现精神世界的一种"内在需要"。而它在实践过程中与传统的具象艺术的区别,康定斯基也做过一个比喻。在他看来,艺术家创作绘画分为两种形式:一种是在屋子里透过窗玻璃去观看大街上的人群,并且把这种印象表现出来;另一种则是打开门,走到大街上去参加人群的活动,并把这种体验表现出来。显然,抽象绘画是指后者。康定斯基认为:"走向抽象世界步骤的第一步,是排除'空间的幻觉',保持平面,把它作为观念中的平面,与空间同时来利用,迫使观者忘掉自我,而溶解于画面内,就像人们过去是从窗子看到街道,现在则亲自走了进去。"

　　然而,抽象主义绘画并非想象中的那么容易,康定斯基的艺术生涯也是历经很多阶段的,进行了不断的学习、摸索与实践。康定斯基的一生也比较传奇,年轻时的他从事法律和经济的研究,并在大学任教过一段时间。三十岁的时候来到德国慕尼黑学习绘画,并在1900年从慕尼黑美术学院毕业。作为画家的康定斯基,广泛游览和学习,他研究过高更和梵·高的绘画,又受到了新印象派、野兽派和立体主义的影响,不难发现,除了立体主义,其他流派都十分重视色彩的感受和表达。尤其是继野兽派之后,色彩的审美价值得到了极大的提升,纯色的对比以及对于色彩结构的强调成为当时绘画的主流之一。因此,康定斯基在色彩的视觉语言表现方面也是站在了巨人的肩膀上。

　　另外,对于新印象派的钟爱也许使他专门研究过修拉有关绘画要素的理论,这其中包括色彩、调子、构图和节奏等,这对于抽象艺术的形成还是很有帮助的。康定斯基在当时结合自己对俄罗斯民间艺术的爱好和感受,作品显示出色彩强烈、粗犷、纯朴的民间画风。

　　在德国的这段时间,对于康定斯基来说,主要的活动便是和弗兰茨·马克一起组建了"青骑士"团体,并合力出版《青骑士年鉴》。"青骑士"在绘画上并没有统一的风格,更多的是一群年轻艺术家对于新探索的追求,表现语言上多采用抒情的抽象语言。作为"青骑士"的灵魂人物,康定斯基承担了更多理论上的宣讲义务。康定斯基的作品在这段时间里也开始变得抽象。而他于1912年出版的重要著作《论艺术的精神》展现了他在抽象艺术上的深入思考。

　　康定斯基在这段时间的作品并不稳定,但总的来说还是不断趋于抽象的。他的作品中既有类似点彩派的画作如《莫斯科》《蓝山,第84号》,也有"构图""抒情""即兴"——康定斯基将其解释为从音乐那里得到的灵感——命名的带有野兽派痕迹的作品。而真正意义上的第一幅抽象作品——《即兴之作》也是在这一时期完成的。到了1912年,在作品《带黑色的弓形,154号》中,特定的主题和视觉的联想都消逝了。这幅画中所显示的猛烈冲突的动势和紧张,完全依靠色彩和点、线、面进行诠释。陆续创作使得康定斯基的风格也渐渐稳定了下来。1914年,他的大型季节系列画《秋》《冬》相继问世。作品都是以抽象的手法诠释季节带来的感受,《秋》在用色方面更加浓烈,《冬》则更加偏重于线条方面的活泼与生动。这也验证了他的话:"色彩和形式的和谐,从严格意义上说必须以触及人类灵魂的原则为唯一基础。"(图2.30～图2.33)

图 2.30 《莫斯科》

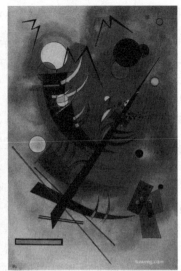

图 2.31 《即兴之作》

图 2.32 《带黑色的弓形, 154 号》

图 2.33 《秋》

　　回顾这一时期康定斯基的作品以及他的相关著作, 可以明显地感受出他对于内在精神的追求远远超越了物象和技巧, 这促使他的作品和理论都带有一种神秘主义倾向, 而这些与康定斯基对于通感、神学的浓厚兴趣密不可分。早在 1902 年, 他就接触了象征主义诗人斯蒂芬·乔治(Stefan George)为首的"宇宙社", 他们共同讨论叔本华、尼采哲学中的神秘主义, 赞赏拉菲尔前派的隐喻和象征, 反对艺术中的自然主义。在康定斯基的作品中, 我们就能对此感受一二, 而他的著作《论艺术的精神》也展现了他对于"唯物主义"的痛恨, 这也为康定斯基后来在俄国受到排斥并最终重返德国埋下了伏笔。对于通感的研究使得康定斯基十分关注色彩、数学、几何、声音以及线条等方面。而这一点在当时十分流行,很多艺术家都崇尚"神智论",他们将宗教、神学、科学、宇宙、形象等一同研究,这其中有我们所熟知的伊顿、蒙德里安,也有音乐家阿诺尔德·勋伯格等艺术家。

1914 年,战争的爆发迫使康定斯基返回俄国,直到 1921 年才离开。在俄国的这段时间,康定斯基曾试图通过造型艺术家、文学家和音乐家共同参与现代造型艺术语言的研究工作,以期建立一套能适合各种艺术创作的理论体系。不过,他的理论探索受到来自构成主义阵营中"生产艺术者"们的抵触。不可否认的是,他也从马列维奇以及俄国构成主义家们那里掌握了几何原理,这使得他开始将一些直线、几何曲线以及一些规则的形状融入画中,画面也由原来比较自由的形式变得趋于规则和理性。不过,在色彩上,他依旧保持着强烈的节奏感。这一时期作品有《灰色中》(1919 年)、《白线,232 号》(1920 年)、《卵形》(1920 年)等。(图 2.34)

图 2.34 《白线,232 号》

1921 年年底,康定斯基返回德国,于 1922 年加入了包豪斯学院从事教学工作。任教期间,他先后接触到伊顿和纳吉,了解到一些基本的视觉词汇的构成法则,比如移动、平行、质感等,这对于他理解和定义抽象元素是很有帮助的。随后,包豪斯在 1922 年后的转型,使得包豪斯内部清除了部分所谓迷信的成分——这很大一部分来源于伊顿的思想,而转向了工业和实用。而这一转变对于康定斯基无疑还是有影响的,这一点可以在他 1926 年出版的《点、线、面》一书中得到体现。较之上一部重要著作《论艺术的精神》,《点、线、面》则几乎不涉及宗教的讨论,而更多地倾向于现代建筑和视觉构成的领域,使得抽象主义具有了实用的意义,这也符合格罗皮乌斯艺术与技术相结合的教学思想。而这本书很多的理论来自他的经验总结或视觉常识,比如,一张白纸的 4 个域限,肯定跟人的右手与左手的区别有关,这也跟人头与人脚的区别有关,这虽然具有一定的普遍意义,不过一些视觉语言形成的原因也多少带有一点文化性的倾向。

1933 年,包豪斯由于政治原因被迫关闭,康定斯基也离开德国去了巴黎。在包豪斯任教的这段时间,他创作了很多作品,画中充满了主题的含义和形式之间的冲突,当然,抽象一直是他不变的视觉语言。这一时期的作品大多带有很多建筑式的几何影子,而这一点他在俄国接触构成主义时就已经开始改变。如对于圆形的钟爱,在一段时间里成为他的一个中心母题。不过,康定斯基仍然认为,他的绘画是浪漫的。他写道:"艺术的目的和内容是浪漫主义,假如我们孤立地、就事论事地来理解这个概念,那我们就搞错了……"

1933 年年末,康定斯基定居巴黎,一直到逝世。这一时期他的思想十分活跃,作品内容丰富多彩。作品中有一部分还具有了超现实主义的影子,如他所表现的生物形态、微观世界的幻想等等。当然,构成手法的成熟也令他在创作过程中游刃有余,很多作品还是显示了他对于抽象元素的把握和色彩的掌控。如《构图九,第626 号》里,用了两个相同的三角形,一正一倒,把画面的两端截开,建立了一种数学模式的色彩基础。两个三角形之间的平行四边形,又被等分为四个面积相同的平行四边形。在这个严格限定但色彩缤纷的背景中,他散布了一些各色各样的图案式的小形体。在大的几何图案上面,排列小而自由的形状,成为他那一时期的显著特征。(图 2.35)

图 2.35 《构图九,第 626 号》

在亚里士多德时期,文学、绘画和雕塑不是按视觉艺术,而是被当成模仿的艺术来看待的。"抽象"这一概念,到了 19 世纪中期才在艺术家中有意无意地出现,他们开始承认绘画是自身存在的实体,不以模仿为目的。艺术上的抽象,由于艺术家的主观性,使得主题被当成附庸的、变形的东西,以利于艺术家强调造型和表现,立体主义和野兽派都是这方面的代表。康定斯基则是在学习了很多流派和自身发展需要的基础上,向前又走了一步。于是,他提出了"无物象绘画",提倡"精神论"、视觉元素,甚至是音乐的灵感,给抽象艺术加入了一层神秘的色彩,这对于抽象艺术和康定斯基来说,都是危险的。纯粹的色彩和形式语言很可能在艺术家不断接近抽象的过程中沦为一种装饰图案,并且精神上的东西在作品最终的诠释上主观性太强,作品的评判标准也很难衡量,而这一点康定斯基自己也没有说清楚。因此,康定斯基在接触抽象绘画的时候也是十分小心的。一方面,在他的创作中,仍然保留了对可以辨认的题材的暗示或提示,如早期的《青骑士》《秋》《冬》,中期的《带黑色的弓形,154号》《圆之舞》,以及后期的《伴奏的中心》《平稳的飞跃》等等,即使是他的作品如《构成四号》,也有一个"战斗"的副标题,以便于观赏者更好地理解作品;另一方面,康定斯基也在不断地重新为抽象主义寻找出路,尤其是他从构成主义者那里学到了关于视觉语言的技巧,使得他在《点、线、面》中回归到严谨上,从强调精神至上转向了对于视觉语言的研究,这为以后研究视觉语言提供了理论依据,也为"构成"这一概念提供了方法论。(图2.36,图2.37)

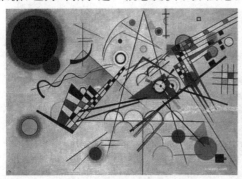

图2.36 《构成四号》

图2.37 平稳的飞跃

音乐和建筑本身就是抽象艺术,康定斯基从音乐寻求灵感将其融入绘画之中也是十分合理的。而在视觉领域的范畴,建筑和绘画同样具有交集,这也是康定斯基作出的贡献。今天我们在研究建筑形态的时候,很多地方都会用到点、线、面的知识,不仅是其中的构成技巧,还有一些视觉元素背后的文化内涵。当然,随着现代主义建筑思想的消亡,在建筑中,研究视觉感知的浪潮也随之消退,而转向对于文化差异中人的研究以及对于形式的感知。但不可否认的是,诸如凯文·林奇的著作《城市意象》,也是运用了利用点线面去抽象城市具象的思路,由此可见,康定斯基的影响在今天仍然具有重大的意义。

6)至上主义中的构成思想

20世纪的现代艺术中,有两个人是独自在战斗的。一个是一生都没有加入任何组织也不属于任何流派的杜尚,另一个则是一个人的团体——至上主义的马列维奇。

　　与康定斯基类似的是，马列维奇是另一位强调艺术与内在精神关联性的艺术家，他的作品中同样有着一种精神至上的表达，我们可以将其理解为俄国玄学色彩的体现。不同的是，马列维奇在其艺术生涯的顶峰所提出的"至上主义"思想可以被视作抽象艺术极端发展的结果。他的作品也显现出一种空寂、静默甚至乏味的感觉，从内之外传达出一种哲理意味。

　　19世纪末，西方现代艺术的发展在全世界开始蔓延。诸如野兽派、立体主义、未来主义等流派及其思想促使了俄国前卫艺术的出现。而当时，受俄国政治的影响，俄国人民对于推翻传统旧制度的急切也进一步加快了俄国现代艺术的脚步。不少前卫艺术家开始否定传统、强调精神世界，这符合了当时的革命呼声，得到了政府的认可。卡西米尔·马列维奇作为俄国现代艺术的领军者，其地位和影响力也是在这一时期确立的。

　　马列维奇的早期作品在形式表达方面受到了后印象派代表人物塞尚的几何理论的影响——当然，这其中也离不开立体主义在当时的风靡——作品呈现出一种纯粹的几何图形的抽象样式；色彩方面则是吸收了未来主义的风格，颜色艳丽且对比强烈。而这一时期的他由于作品很多时候是在描绘俄国农民，作品的形象看起来粗拙僵硬，如《午后的乡间之晨》（1912年）、《割草人》（1911—1913年），形成了他这一时期的"立体民族风情"。这些绘画的色调主要由红色、黄色、蓝色组成，画面的色彩感十分浓烈，演绎出俄国强烈艳丽活泼的红绿民族色彩风味。画中的人和物都以几何锥形和不规则梯形为基本形，每个几何形都是用由暗到明的过渡色填充，使得人物的体积感和画面整体的层次感得以展现。早期的探索虽然没有一开始就抛弃具象形式，但是可以看出马列维奇对于几何造型的浓厚兴趣。而随后俄国政治矛盾的凸显也加深了马列维奇的红色革命思想，使得他开始大胆进行新风格的尝试与创作，而他这种对物象进行几何型处理的方法，也暗示了后来的至上主义思想和作品的形成。（图2.38）

　　《白底上的黑色方块》（1913年）的诞生，标志着马列维奇至上主义风格的形成。这是一幅极为简单的抽象作品，这幅绘画以白纸为底色，马列维奇在中心画上了一个正方形，并用铅笔将其均匀涂黑。这幅作品在1915年彼得格勒的"0,10"展览上得以展出，由于作品极度抽象，使得评论家也纷纷感叹"我们失去了所钟爱的一切……我们面前，除了一个白底上的黑方块以外什么都没有"。然而，马列维奇却认为画面的空反而更彰显其丰富的意义。在他看来，观众之所以对该画难以接受，是因为他们习惯于将画视为自然物象的再现，而没有理解艺术品的真正价值。他认为："拉斐尔、鲁本斯、伦勃朗等人的绘画，对于批评家和公众来说已变得只不过是无数'物体'的团块，这个团块掩盖了这些画的真正价值，即产生它们的感情。……倘若能够抽走这些大师作品中所表现的感情——亦即它们真正的艺术价值所

在——把它藏起来，那么公众、批评家和艺术学者连想都不会去想它。"（图 2.39）

图 2.38 《午后的乡间之晨》 图 2.39 《白底上的黑色方块》

在这幅作品中，马列维奇给予了自己的理解和阐述。在他看来，画面中心的方块表现了"人类意志中最明确的主张，表现了人类对自然的战胜。它最为直接地表现了人的感情世界"；而用铅笔平涂的黑色预示着"人类感情所能做的最粗简的表演"；最后，衬托黑色方块的白色纸面则"象征了外在空间的无限宽广，更象征了内在空间的无限深远。它是一片虚无空旷的'沙漠'，充满非客观感觉的精灵的'沙漠'"。这样的理解或许到了今天也是马列维奇一个人的舞蹈，这从某一个方面也说明了抽象作品在进行诠释的过程中所带有的过于浓厚的个人情绪。

但值得肯定的是，《白底上的黑色方块》不仅对马列维奇本人意义重大，而且对整个现代艺术史影响深远。它是非具象艺术道路上的一个里程碑。它成就了马列维奇的艺术作品从立体几何到平面几何的蜕变，是从不规则到规则的形体演进。马列维奇借此表达了一个重要的思想，这个思想是至上主义的核心，也是抽象主义的核心，那就是"客观世界的视觉现象本身是无意义的，有意义的东西是感情……"因此，马列维奇的至上主义思想强调情感的至高无上，反对物象的具象表达，提倡几何形状的理性回归。在展览期间，马列维奇还特意将这幅作品挂在了墙角上——这原是当时的传统家庭摆放圣像画的地方——预示着马列维奇与俄国传统的决裂。而这一精心安排的展览，也使得马列维奇被迅速关注。

在经历了第一阶段的"黑色至上"之后，马列维奇又迎来了自己的"红色至上"时期。

而这一时期的作品，马列维奇深受当时俄国政局的影响。1917 年前后，俄国十月革命爆发,先锋艺术家为迎合社会的变革,进行了有目的的艺术革命创造,并成立了"左翼艺术家联盟",马列维奇就是其中的一员。在红色思想的推动下,马列维奇的革命情感得以实现,在此期间,他创作了如《至上主义构图》(1916—1917年)、《充满活力的至上主义》(1916年)等作品。这些作品中,大都是半面的彩色方块相互交错,较之之前的黑色方块,则明显感到视觉的丰富,其中,颜色的使用也开始出现,尤其是红色的使用,使得画面展现出一种活力和动感,这很符合当时的社会氛围,属于红色背景下的艺术作品。

经过一段较为复杂的时期后,马列维奇再次回归简化,他于1918年创作的作品《白底上的白方块》(又称《白上白》)在宣布他第三个至上主义时期——白色时期到来的同时,也将其情感与理性的完美结合发挥到了极致。这一作品可以说是至上主义思想经历了"红色至上"的回归,也是"黑色至上"的延伸,画面彻底抛弃了色彩的要素。该幅作品中白色方块以倾斜的形式融入整个白色的背景中,整个艺术作品被一个平面的白色方块所引导,白底上的白色方块,微弱到难以分辨,抽象语言极其精简,似乎一切全在不言中。(图2.40)

图2.40 《白底上的白方块》

马列维奇宣称:"白色加白,表现消失的感觉……磁铁的吸引。"再如他在《论艺术的新体系》中给予白色自己的看法:"我已冲破蓝色格局的黑色而进入白色,在我们面前是白色的、畅通的太空,是一个没有终极的世界。"从上述言论也可以明显地感觉到马列维奇理论中的玄学色彩,这使得他的"至上主义"自始至终都是他一个人的表演。当然,面对这种完全脱离了现实的抽象绘画,欣赏者作出不同的反应,得到不同的感受,都是合乎情理的,似乎没必要强求与创造者的思想相一致。不过,值得肯定的是,马列维奇对于单纯形的关注以及运用几何形与纯色来表现空间关系与运动感的方式对于后来的构成主义者们产生了重要的影响。当然,这种影响还包括他把建筑作为一种抽象的视觉艺术来看待,而这种观念显然与他对形式的单纯性以及空间关系等因素的关注有着密切的关系。

从黑色至上、红色至上再到白色至上,马列维奇成功地完成了蜕变,三个时期的作品均以方块形式的构成为基本形体,以单一的方形来演绎内心的情感。这个时期的马列维奇也走上了他艺术生涯的顶峰,他的作品风格延伸到了街头的宣传海报、瓷器的图案设计以及服装、舞台背景设计等诸多方面。

晚期的马列维奇则回归了具象,创作了很多以人物为主题的作品。也许这一转变来自他不再坚持认为可视的客观景象毫无意义,也许是当时的苏联人民对于现实主义追求的一种妥协。但是,即便回归具象,马列维奇的作品依然是现代主义,而非传统的写实派。如《收获》(1927—1929年)、《晒干草》(1927—1929年)、《人与马》(1928—1929年)、《复杂的预兆》、《运动员》(1930—1932年)、《自画像》(1933年)等一大批具象绘画都属于他晚期的作品。

纵观马列维奇的艺术生涯,其巅峰并不是他的晚期作品。而是处于中期的至上主义作品。这与那个时代的政治或许有一定的关系,但是,这丝毫不会影响马列维奇为抽象艺术作出的巨大贡献。他的至上主义作品彰显出鲜明的个性,在整个艺术流派中独树一帜,很少夹杂其他流派的影子,足够的纯粹和绝对,也因此影响了很多人的思想。美国著名的美术史学家巴尔在其名著《立体主义与抽象美术》这样评价:"马列维奇在抽象美术史中占据着十分重要的地位。作为开拓者、理论家和美术家,他不仅影响了俄国大批的追随者,而且通过李西茨基和莫霍利·纳吉影响了中欧抽象美术的进程。他处在一个运动的中心,这个运动在战后从俄国向西传播,与荷兰风格派东进的影响混合在一起,改变了德国和欧洲不少地区的建筑、家具、印刷版式、商业美术的面貌。"

马列维奇用自己的至上主义证明了一幅绘画是能够完全脱离任何映像,或者脱离对于外部世界——不管是人物、风景或静物——的模仿而独立存在的。不过,他的这一思想实际上早在康定斯基的作品中已经体现出来,马列维奇显然也是知道的。所不同的是,康定斯基是将自己所有的情感运用色彩和形式极丰富地表达出来,而马列维奇则是将所有的思想带进一种最终的几何简化中去。一个是极繁,一个是极简,一个是表现主义,一个是几何抽象,20世纪抽象艺术的两个极端方向,都是由俄国人确立并实践的。

7)发展的风格派

第一次世界大战的爆发,使得欧洲在政治和文化上都受到了强烈的震撼,而这种变化,也导致了两个重要的艺术运动:一个是以极端反理性、反艺术思想倾向出现的达达主义,另一个则是以追求理性结构关系为目的的荷兰风格派。

风格派的出现直接原因就是战争的出现。一战导致了法国在现在艺术领域的主导地位丧失并且国家之间的文化交流也被迫中断,荷兰作为战争的中立国却幸运地免于战火,并在当时提供了一个很好的庇护所,使得当时很多的艺术家都前来避难,这其中也包括战前一直在巴黎的蒙德里安。战争的原因使得荷兰与外界几乎完全隔绝,一批艺术家开始从单纯的荷兰文化中寻找自己的兴趣,发展新的艺术思想,这也为荷兰本土风格派的产生提供了有力的环境。

风格派创立于1917年,它是由当时在荷兰的一些画家、建筑师、工艺美术师等共同组织发起的一个比较庞杂和松散的集体。之所以说它庞杂,是因为"风格派"所涉及的内容涵盖了绘画、雕塑、建筑、家具、工艺品、服装等各个领域,而松散则体现在其成员很多并不相互熟悉甚至不认识,而且风格派也没有像立体主义、未来主义那样具有完整的结构和宣言。然而,这一流派由于凡·杜斯伯格(Theo Van Doesburg,1883—1931)的组织和宣传,如他曾经用很多不同国籍的笔名在杂志上发表文章以扩大风格派的影响,他还曾经到欧洲各地巡回演讲,不仅如此,杜斯伯格还在20世纪20年代大力拉拢艺术家,这其中包括俄国艺术家与设计师埃尔·李西斯基(Eleazar Lissitzky,1890—1941)、罗马尼亚雕塑家康斯坦丁·布兰库西(Constantin Brancusi,1876—1957)等重要人士,杜斯伯格尊称他们为"合作者"或是"贡献者",而不是"成员"。虽然有着夸大的成分,然而"风格派"的重要性在20世纪初却是可见一斑的,其影响也扩大到欧洲各国,并一度影响到包豪斯的教学思想。而将风格派推向国际的,无疑将首推其核心人物——彼得·蒙德里安。

蒙德里安出生于荷兰,20岁时进入阿姆斯特丹的国立美术学院深造。他早期的绘画主要来自写实主义,历经象征主义、印象派、表现主义等风格的影响。值得关注的是,对于形体构成因素的偏爱很早就在蒙德里安的作品中显现出来。

由于当时时代的因素,蒙德里安和康定斯基一样,也曾受到"通神论"的影响。这使得他的作品很早就开始脱离自然外形,转而追求某种深层的内在精神性的表达。这一时期的作品比较具有代表性的是《进化》(1910—1911年)。画面以神秘的蓝色为主要色调,局部点缀着红色的花朵和黄色的星星符号。人物的神态也极具神秘感,似乎已经获得某种启示或者重生一般。这幅作品色彩对比强烈,可以看做是表现主义的夸张体现,但是,蒙德里安所展示的却是画面背后的思想,对此,他还为标题"进化"作了一番诠释:"有两条路通往精神的层次:一条是学理上的教导以及直接的实践(如沉思等);另一条则是漫长却必然的进化之路,人们在艺术中看到精神性的缓慢成长,这是艺术家自己所未能意识到的。"(图2.41)

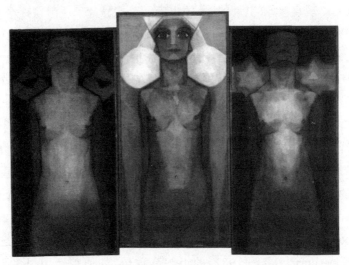

图 2.41 《进化》

然而,对于绘画语言的关注才是从真正意义上为蒙德里安打开了艺术之门。而这一切,来源于立体主义对于蒙德里安的影响。1911年,为了进一步了解立体主义绘画,他离开荷兰来到了巴黎。立体主义对于自然物象的忽视很符合蒙德里安揭示物象内在本质的需求,而且立体主义在形态语言上的处理方法也使得蒙德里安深受启发。不过,在蒙德里安的画作中,我们还是可以看到他自己的东西,这也许与他早期的表现主义绘画有一定的关系。他这一时期的代表作品是以"树"为主题的一系列创作,其中我们也可以看到蒙德里安是如何一步步地消融具象元素,成功走向抽象的。

以单棵树为主题的创作其实早在1908年,蒙德里安就在《红树》(1908年)中尝试过,我们可以从作品中很明显地看出梵·高和表现主义对他的影响。然而,在接触立体主义之后,树的形象则被抽象化,并加入了线条与色块的处理。其中比较有代表性的是《灰树》(1912年)。在这幅作品中,蒙德里安更多的是关注形态之间的关系,包括对象与背景的关系,树木较之前有了很大的抽象,然而我们却仍然能够感受到画面的张力,从中体现出一种生命的蓬勃感。这是蒙德里安在吸收了立体主义风格之后的一大感触:"克服自然的表现又不违反自然本身的真实。"之后,蒙德里安又创作了《开花的苹果树》(1912年)、《构成3号》(1912—1913年)等一些作品,从这些作品中,我们可以清楚地感受到蒙德里安对于立体主义的喜爱和追求,以至于有专家这样评论过:"除了蒙德里安,还没有一个非立体派画家,画过如此令人信服的立体派作品。"然而,即便如此,我们仍然能够感受到蒙德里安画作中与立体主义的不同之处,如他坚持以纯正面的形式来表现对象,并简化和概括物象直至纯粹,由此可见,他在很大程度上不是想像立体主义画家那样走一条形体分析的道路,而是走了一条色彩和形式简化的道路,这为他以后自身风格的形成奠定了基础。(图 2.42,图 2.43)

图 2.42 《灰树》

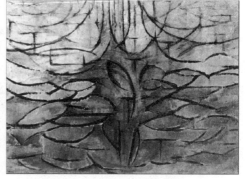

图 2.43 《开花的苹果树》

　　1914 年,战争的爆发使得蒙德里安留在了荷兰,这一时期的他开始重新审视自己的作品,并对自己的立体主义思想开始产生怀疑。他的作品开始变得更加抽象,竭力地简化和提炼元素,画面逐渐向着只有横线和竖线的构成,这一时期的作品是以大海为主题的系列画,其中具有代表性的是《海堤与海:构图十号》(1915年)。在这幅作品中,虽然仍然保留了立体主义椭圆形构图的特点,然而,立体主义的多点透视已经荡然无存,剩下的是由短促的横线和竖线交叉形成的全新的空间。这幅画主要是在表现海面在阳光下波光粼粼的变化,然而画面却没有使用一根曲线,而是用短直线进行统筹。自然的形体被最大化地简化为抽象的符号,并通过疏密有致的布局展现一种张力。蒙德里安对此也给予了解释:"看着大海、天空和星星,我通过大量的十字形来表现它们。自然的伟大深深打动我,我试图表达那种浩瀚辽阔、宁静和谐、协调统一……但是,我感到我仍然像一个印象派画家那样,表现的是某种特殊的感受,而不是真正的现实。"在这里,蒙德里安已经开始摆脱立体主义的引导,而他所说的"印象派",其中更多的是强调自己对于客观世界的感受。其实,他早期确实成为了一个抽象派画家,而他的那种感受更符合前面提及的康定斯基对于抽象绘画创作的解释。(图 2.44)

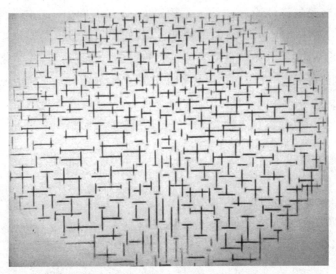

图 2.44 《海堤与海：构图十号》

逐渐地，他开始对立体主义的追求产生不满："一步一步地，我见到，立体派没有从他自己的发现里引申出逻辑的结论。它没有把抽象发展到他的最后目的，到'纯粹实在'的表达。我感到，这'纯粹实在'只能通过纯粹造型来达到，而这纯粹造型又本质上不应受到主观感情和表象的制约。"这里，他所说的"纯粹实在"，实际上是指他所追求的一种形而上的精神内涵。在这一点上，他与康定斯基以及马列维奇有着类似的特征，所不同的是，蒙德里安的思想来源并不是俄国的玄学，而是荷兰数学家、哲学家肖恩-梅克尔。

蒙德里安是在 1915 年结识肖恩-梅克尔的。此后，二人便经常会晤。肖恩-梅克尔除了是一位数学家，还是一位通神论的哲学家。他提出了一种新柏拉图式体系的哲学思想，称作"实证神秘主义"（Positive Mysticism），他的神秘宇宙起源论以矩形为基础，认为能够"通过冥想深入自然，透察现实隐秘的内在结构"。在他看来，大自然"虽然在变化中显得活泼任性，基本上总是以绝对规律性来经常执行任务的，意即以造型的规律性来起作用"。关于造型的规律，他指出，自然中相互对立的一对对要素，都可以通过简化而压缩为水平线和垂线。肖恩-梅克尔对色彩也有类似的看法，他认为仅有三种原色存在，而三原色均具有象征的意义——黄色象征阳光的四射运动，蓝色象征着天空的无限延展，红色则是中性和搭配色，是"黄和蓝晨曦时的细语交谈"。虽然很难有确切的证据证明蒙德里安的艺术创作完全来自这些理论，但是他之后的作品却处处体现着加尔文教的思想背景。

之后，蒙德里安用了一两年的时间，完成了他在艺术创作上所追求的新语言。这就是蒙德里安一直提倡的"新造型主义"。他将新造型主义解释为一种手段，"通过这种手段,自然的丰富多彩就可以压缩为有一定关系的造型表现。艺术成为一种如同数学一样精确地表达宇宙基本特征的直觉手段"。"新造型主义"的理念不允许掺入个人主义,目的是绝对追求人与自然普遍协调的姿态。"水平"象征自然原理,"垂直"象征人类理性,组合形成几何形造型要素,再由红、黄、蓝三原色与非色(白、灰、黑)的色彩要素结合,构成绝对抽象的造型,由此来表现其思想。这就是"风格派"运动造型的原点。他在1917年"风格派"创刊的《风格》杂志中,发表了一系列文章来阐述自己的观点。在创作上,他提倡线条与矩形的重要性,限制用原色和黑、白色作画,力求创造"一种纯粹关系的艺术"。而这些观点也影响了其他的"风格派"成员,甚至杜斯伯格都对此评论:"方块对于我们来说就好比是十字架对于早期的基督教徒一样(神圣)。"

值得一提的是,对于如何解决垂直和水平结构的平衡问题曾经困扰了蒙德里安很长一段时间,这主要是因为冷暖色之间的"前进"和"后退"的错觉破坏了整体的统一感。而这一点在他1918年创作的作品《构成:带有灰色线条的彩色方块》(1918年)中得到了解决,他选择用一些浓重的直线来进行分割,这就起到了控制和统一画面的作用。1920年之后,蒙德里安的作品日趋成熟,最终简化和提炼出极致的几何抽象图式:三原色(红、黄、蓝)、三非色(黑、白、灰),以及"水平线—垂直线"的网格结构。通过这种方式,蒙德里安寻求视觉要素之间的绝对平衡。其作品的每一构成要素都经过精心推敲,被谨慎安排在适当位置,显得恰到好处。这一时期的作品大都以"红、黄、蓝的构成"命名,手法和思想也趋于稳定,这一阶段被看做是蒙德里安的艺术顶峰时期。(图2.45,图2.46)

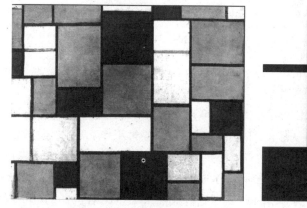 

图2.45　《构成:带有灰色线条的彩色方块》　　图2.46　《红黄蓝构成》

然而,蒙德里安始终如一地推行他的纯造型运动在为"风格派"带来声誉和影响的同时,也阻碍了其他成员的发展。由于他一直坚持用直线和原色进行创作,使得"风格派"的另一核心人物杜斯伯格都感觉不满。当杜斯伯格开始在作品中尝试斜线的时候,蒙德里安便于1924年退出了"风格派"。

最后的时期,蒙德里安是在美国度过的。纽约的繁华和热闹给了蒙德里安创作的最后灵感。在其作品《百老汇爵士乐》(1942—1943年)中,蒙德里安不再使用深色的分割线来控制画面,而是以明亮的黄线为主,并与红、蓝两色相交杂,形成一个个跳跃的色块,营造一种节奏感。这幅后期作品代表了蒙德里安后期艺术生涯的新发展,也是蒙德里安在毫无压力的情况下的一次情感回归,虽然在思想的纯粹性上较之以前显得繁琐和不够干净,但是在塑造平衡、和谐、有序等"新造型主义"的惯用手法上,则丰富和成熟了很多。(图2.47)

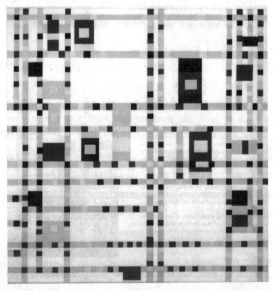

图2.47 《百老汇爵士乐》

需要指出的是,尽管"风格派"的很多理论和影响来自蒙德里安的绘画作品和思想,然而,在建筑方面的探索和贡献在今天似乎显得更有意义。尤其是战争年代的断层,中立国荷兰是少数几个可以持续从事建设的国家,因此,从"风格派"的建筑实践中能够清楚地追溯出从战前到战后过渡的建筑探索工作。自20世纪30年代,风格派就在建筑艺术领域被认为是1914年前的先锋派:立体主义和未来派与1918年后几何抽象的现代主义与国际风格的连接部分。建筑评论家雷纳尔·班哈姆(Reyner Banham)还认为"风格派"的理论将战前未来主义对机器的一种浪漫主义和无政府主义的热爱转化为一种概念:"机器作为集体秩序的表达",成为"启发了20世纪最佳作品的机器美学的真正缔造者"。

建筑对于"风格派"而言,尤其是蒙德里安,其看法常常是激进的、无情的,正如蒙德里安所说:"真正的现代艺术家把城市看做是抽象生命的代表。城市比自然更接近他,也使他能够享受更多的美感,……在城市中,美用数学的方式展现着自己;在那里,一定有着未来的、数学—艺术的气质;新的风格在那里孕育。"蒙德里安甚至把建筑解释为二维绘画和色彩的载体,在他看来,建筑甚至就是一幅抽象的平面作品,而不再依赖空间和时间的表现,正如他本人的论述:"新的观点并非来自某个特殊之处,它是无所不在又无所在的。与相对理论有关的是,视点与时空并没有必然的联系;实际上,视点在表皮的前面(深化概念的最后时机),于是新的观点把建筑看做是面的复合体,有着表面的属性。抽象地看,多样的统一构成了一幅平面的图画……整座建筑的颜色倾向,所有的日用家具等等。"由此可见,蒙德里安对于建筑的一些言论带有很多主观性,虽然诸如城市图底的平面性在今天仍然使用,然而,在蒙德里安的作品中,更多的是他在二维平面中的探索,换句话说,蒙德里安是利用自己观察事物包括建筑的方法来丰富自己的绘画实践。在建筑方面的探索,"风格派"的其他核心成员比他要走得更远,这其中包括凡·杜斯伯格在建筑理论方面的贡献以及"风格派"中主要的四位建筑师 J. J. P. 奥德(J. J. P. Oud)、杨·维尔斯(Jan Wils)、罗伯特·万特·霍夫(Robert van't Hoff)和格里特·里特维德(Gerrit Rietveld)。

根据杜斯伯格的观点,挑战是"将美术原则转化为建筑原则"。他倾向于一种思维空间的表现,并试图将此运用于建筑设计中。为此,他在 1922 年至 1924 年之间,推出了一些住宅设计方案,这些方案很像是绘画作品,杜斯伯格将它们看做是"反构成"和"时间—空间构成"的图式,以此来作为他的"风格派"空间的重要参照。这些图式都采用了轴测的样式,暗示了笛卡儿式的三维坐标系,表现出一种抽象的空间概念。其中,平行或正交的关系暗示了某种抽象性的空间结构;分离且相互穿插的面则表达了一种动态的、连续性的空间。在这里,空间要素已不仅是几何体块,而是上述体块被打破后呈现的空间限定界面和结构要素。杜斯伯格在《走向新的塑性建筑》中给予了解释:"新建筑是反立方体(方盒子)的,它不再寻求将不同的功能性的空间细胞设置在一个封闭的立方体盒子中,而是将这些功能性的空间细胞……从立方体的核心向外甩——由此,高度、宽度、深度,加上时间都趋向于一种在开放空间中的全新的塑性表现。这样,建筑具有一种或多或少的漂浮感,反抗了自然界的重力作用。"这些观点也形成了后来杜斯伯格提出的"基本要素主义"。而最能体现这一特点的作品就是格里特·里特维尔德设计的位于乌特勒支的施罗德住宅(Schröder House,1924 年)。朱利安妮·汉森(Julienne Hanson)曾评论说:"施罗德住宅开敞平面的实践结果是为了限制运动和加强离散的空间领域,但同时又使家庭在视觉上成为一个整体。通过透明性和在视觉领域的完善,使得视觉的渗透关系通过空间处理成为一种展现真实性的新方式。"这种开放的连续性,正是杜斯伯格所提倡的"塑性要素",加之其造型和色彩上很像是蒙德里安作品的三维

展现,使得施罗德住宅成为当时风格派最具有代表性的建筑。(图 2.48)

图 2.48　施罗德住宅

需要指出的是,不管是杜斯伯格还是其他的风格派建筑师,他们都受到了当时两位建筑师的影响。一位是 20 世纪初荷兰最有影响力的理性主义建筑师贝尔拉格,另外一个则是美国建筑师赖特。贝尔拉格在建筑设计上强调空间的创造、墙体的构成作用和本身的净化以及比例,即几何学问题。他的这些观点对于维尔斯和奥德都有直接的影响。而赖特的"有机建筑"理论和他的草原式住宅在"风格派"建筑师看来,是他们达到"内外空间统一性"目标的一大借鉴。风格派的建筑师在受到贝尔拉格和赖特影响的同时,也了解了早期现代主义者贝伦斯、卢斯等建筑师的作品,再加上蒙德里安和杜斯伯格的理论基础,便形成了风格派建筑的基本特征:"不对称、几何学的,平屋顶、平墙面"。

虽然大多数风格派的建筑只停留在方案阶段,设计作品很少得以实施,但是这不能掩盖他们在建筑设计上的前瞻性和启发性。如奥德对标准化和社区概念的实践表达了他对个人与社会关系的关注;杨·维尔斯对空间体量的强调表现了他对传统建筑对称、平面、静止特征的突破;罗伯特·万特·霍夫作为赖特风格欧洲的传播者,在推广有机建筑的同时强调了室内外的渗透;格里特·里特维尔德对空间多变、连续、开放的探索更是将其回归到一种最基本、最普遍的状态,从而进一步启发了流动空间的形成。而这些对于我们在思考空间和形态造型上都有很好的启示作用。

风格派虽然只维持了十几年的时间,然而它的影响却是深远的。很多流派都试图在绘画、雕塑、建筑、设计等艺术门类间寻找联系,风格派在 20 世纪初做了一次成功的尝试。他们所追求的很多抽象元素和思想得以真正地应用于新建筑和新的设计中。风格派一直强调的艺术与科学紧密结合的思想，以及强调艺术家、设计师、建筑家的合作的观念也为后来以包豪斯为代表的国际现代主义设计运动奠定了思想基础。

8）俄国的构成主义

由俄国人创立的"构成主义"从一开始就带有很强烈的革命色彩，这个团体创立、发展和终结都和当时的俄国政治密切相关。它是俄国十月革命胜利前后在俄国先进的知识分子中产生的前卫的艺术运动。当时在俄国从事前卫艺术创作的艺术家都为"构成主义"的发展作出了贡献，这其中包括我们所熟知的康定斯基、马列维奇等人。构成主义与德国的包豪斯和荷兰的风格派一样在当时产生了巨大的影响。

早期的构成主义者大都受到了立体主义、未来主义的熏陶，他们从立体主义那里看到了如何观察和分析物象的方法，而未来主义崇尚机械时代、颂扬机械美的思想也被构成主义者们拿来作为革命和前进的武器。在他们看来，艺术的表现不应该依赖于油画颜料、画布、大理石等传统材料，诸如塑料、玻璃、钢铁等现代材料都应该加以使用，在形式上也应该采用抽象的几何形式，力图用表现新材料本身的特点及其空间结构形式作为绘画和雕塑的主题。

"构成主义"一词最早出现在加波和佩夫斯纳1920年发表的《现实主义宣言》中，而实际上，构成主义艺术早在1913年就在符拉基米尔·塔特林（Vladimir Tatlin，1885—1953)的作品《绘画浮雕》中体现出来了。虽然，在构成主义的发展中，诸如马列维奇、康定斯基等著名艺术家都参与其中并发挥了重要的作用，但是实际上，真正意义上的构成主义，是由建筑家、雕塑家和设计师符拉基米尔·塔特林和李西茨基组织领导的。（图2.49）

塔特林早期对立体主义十分感兴趣，特别是毕加索在雕塑上对于形体的思考，强调不同元素的构成观念影响了塔特林。值得肯定的是，塔特林在创做过程中，并没有一味地模仿立体主义对于客观物象的表达和诠释，而是选择了抽象的几何形式。早期的他使用很多材料，构成了一系列的浮雕作品，这些作品被看做是最早的抽象雕塑。也许是受到马列维奇的影响，其作品也展现了空间和飞翔的感觉，有时甚至使用了悬挂的手法，而放弃了传统雕塑必须固定在底座上的要求，为后来雕塑艺术的发展拓宽了道路。塔特林的著名作品《第三国际纪念碑》（1919年）则是构成主义的代表作品，它的目的是建造一座比埃菲尔铁塔高出三倍的无产阶级纪念碑。塔特林用铁丝和木片创造了这样一座倾斜的、螺旋状透空纵架的雕塑作品，该建筑自上而下依次设计为会议中心、第三国际办公机构、法律中心、宣传中心，在不同平面上设有悬空旋转厅，虽然是一件雕塑作品，却是在建筑的构思中建立起来的,具有一定的实用性。不过,这个模型最终还是没有付诸实施。但是这件作品却代表了俄国革命的现代主义和构成主义的抽象思想,它包含了构成主义最具代表性的特质:技术性、肌理和构成。其中,技术性代表了社会实用性和构成主义者们对工业文明的赞美态度,肌理则是各种材料的综合运用,如钢铁、塑料、玻璃等等,而构成则是运用几何形态来构筑作品,运用抽象元素赋予作品更多的内涵和精神性。这件《第三国际纪念碑》之所以广为流传,也与它的政治因素密不可分,它体现了当时的苏联对于实用主义的追捧、革命成功的喜悦以及工业文明的赞美。(图2.50)

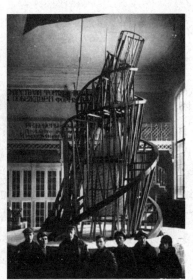

图2.49 《绘画浮雕》　　　　图2.50 《第三国际纪念碑》

　　构成主义阵营中,在国际上最有影响力的就是李西茨基。李西茨基早年在德国学习工程,返回俄国后投身艺术之中,曾受到马列维奇的至上主义、罗德琴柯的非客观主义及塔特林的构成主义的影响。李西茨基的作品也是以纯抽象的几何形式为主,而且大都包含丰富的文学性和象征性,这与当时俄国的政治背景密不可分。1919年,李西茨基运用抽象平面的透视效果,处理抽象的几何元素,创造出一种独特的抽象画图式——"普龙"(Proun)。他的这类非客观绘画类似于毕加索在综合立体主义阶段所作出的努力,李西茨基将其解释为"一种绘画与建筑之间的中介"。而事实上,"普龙"中的形体也确实具有一定的建筑特性。尤其是他的代表作品《普龙99》,充分反映了李西茨基的绘画特点和艺术思想:画面中,一个正方体悬浮于一片网状透视线上,画面中的几何形状相互连接,线状物、网状物和几何形体共同构成一个带有三维错觉的空间形体结构。这幅作品是构成主义的,但是其中的漂浮感又很有马列维奇的"至上主义"的感觉，使得作品虽然看起来有些像工业设计图，却具有一定的艺术感和精神性。(图 2.51)

李西茨基的另一贡献则是他引人注目的影响力。李西茨基 1921 年曾被莫斯科艺术学院聘为教授，但是由于当时俄国政治对于艺术的干预使得他当年便离开了俄国重新回到了柏林。随后，他在德国接触了"风格派"代表人物凡·杜斯伯格和匈牙利人莫霍利·纳吉。他的构成主义思想很快便影响了他们，使得其艺术思想在国外得到推广和传播。不仅如此，他还与汉斯·李希特(Hans Richter)合作出版了《造型》杂志，随后他又奔赴瑞士，创办了《ABC 杂志》。1925 年，他与汉斯·李希特再度合作出版了《绘画主义》一书。1928 年，

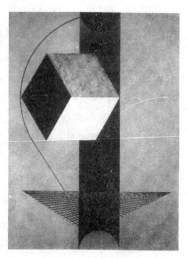

图 2.51　《普龙 99》

李西茨基回到莫斯科。此后他主要从事建筑、书籍装帧及展览设计等应用性美术活动。因此，可以说他的一生在创作和实践的同时，也在不断地传播自己的思想和观念，对"构成主义"在西方的发展起到了很好地宣传和推动作用。

"构成主义"的形成大概开始于 1917 年俄国革命之后。对于当时的艺术家而言，十月革命代表了旧秩序的终结，新的工业化大文明的到来，为此，大环境形成了信奉文化革命和进步的观念，为构成主义在绘画、雕塑、建筑等方面进行实践创造了机会。

1918 年到 1921 年，是俄国历史上的"战时共产主义阶段"。俄国的革命信条和革命运动，使大批知识分子为之狂热，大批艺术家利用各种形式来支持革命，鼓舞人民，宣传画、剧作、雕塑等艺术形式层出不穷。这一时期在列宁的统治下，还没有对艺术创作进行干预，在他看来还是希望能够在当时的战后混乱中形成新的、为无产阶级政权服务的艺术形式。于是，很多艺术团体开始出现。

1918 年，亚历山大·维斯宁、莫谢·金斯伯格、尼古拉·拉多夫斯基、弗拉基米尔·谢门诺夫等前卫艺术家和建筑师成立了一个的团体——自由国家艺术工作室(the Free state Art studios)，从事绘画、雕塑、建筑、平面设计等艺术活动。同年，另一个前卫艺术组织"因库克"(INKHUK)也成立了，瓦西里·康定斯基、罗德琴柯等著名艺术家都在其中。1919 年，在维特别斯克市，由伊莫拉耶娃、马列维奇和李西茨基等发起成立了激进的艺术家团体"宇诺维斯"，并曾经在荷兰和德国进行艺术交流活动，对当时的"风格派"也产生了一定的影响。

然而，值得一提的是，构成主义在 1920 年产生了观念上的分歧。这个分歧主

要来源是罗德琴柯和他的妻子斯捷帕诺娃发表的《生产主义宣言》,这个宣言是对同年早些时候加波和佩夫斯纳两兄弟所发表的《现实主义宣言》的反驳。罗德琴柯明确地把实用性当作生产主义的首要目标,在纲领中明确表明了他们坚决反对将构成主义引上纯艺术道路的立场。罗德琴柯把艺术谴责为资产阶级的温床,与当时的俄国的时代背景不符,并提出了废弃艺术的口号,提倡构成主义的实用功能,提倡构成主义应为无产阶级大众服务的口号。于是,俄国的构成主义思想开始出现了两条道路,一条是以马列维奇、康定斯基以及加波和佩夫斯纳为阵营的"纯粹派",他们关注艺术的精神性,提倡抽象性的创造对于工业设计的影响;另一方面则是以塔特林和罗德琴柯为代表的"生产派",他们坚持艺术家必须是技术纯熟的工匠,必须学习和了解现代工业生产的工具和材料,直接为无产阶级服务,将艺术转化到日常工作中。然而,当时的俄国正处于工业化初期,广大的无产阶级大众的现实主义思想是十分强烈的,包括列宁在内也曾有过对于艺术在思想上和实践上的危害性的论调。因此,不管怎么看,以罗德琴柯为首所提出的观点都是与马克思的"物质论""实践论"相一致的,因而在当时战胜了马列维奇、康定斯基等人领导的阵营,成为俄国构成主义的主流思想。这也直接迫使一批构成主义者在1923年开始摆脱政治的干预和影响而离开俄国,其中包括康定斯基、加波、佩夫斯纳、马克·夏加尔、马列维奇、李西茨基等人。

1921年,列宁开始放宽外交政策,与西方世界也有了联系,使得构成主义很快影响到了西方,尤其是与德国的交流十分密切。1922年,当时的包豪斯举办了国际构成主义和达达主义研讨会,包括李西茨基和"风格派"代表人物杜斯伯格在内的很多知名艺术家都参与其中,在抽象元素和纯粹形式的探讨中,该研讨会形成了新的国际构成主义观念。不仅如此,俄国文化部还在柏林举办俄国新设计展览,使得西方世界系统地认识到俄国构成主义的思想和成果。尤其是构成主义夹杂的实用主义思想和社会观念的研究,对于当时的包豪斯校长格罗皮乌斯产生了影响,这也为后来格罗皮乌斯聘请康定斯基和匈牙利的构成主义大师莫霍利·纳吉来代替伊顿的表现主义课程埋下了伏笔。虽然包豪斯直到1927年才开办建筑专业,但是,它的基础教育和教育思想很大程度上在当时就已经开始受到俄国构成主义的影响。

1925年,一部分构成主义建筑家和左翼艺术阵营的成员组成了一个新的艺术团体——当代建筑家联盟(简称OSA),成员包括维斯宁兄弟、李西茨基、巴什、梅尔尼科夫、伊里亚·戈洛索夫、伊凡·伊里奇·列昂尼多夫等,并创办了《当代建筑》作为集团的刊物,金斯伯格任主编,其中还有一位重要撰稿人——勒·柯布西耶。通过介绍作品和发表理论研究,该联盟在国内和欧洲继续传播构成主义的思想,使得俄国与西方的艺术交流并没有因为斯大林上台后的紧张外交政策而中断。

然而，随着 1928 年斯大林推出了第一个五年计划，工业化的发展被提上了议程。值得说明的是，虽然当时的构成主义阵营早已提倡将艺术变为工作，为无产阶级的最大利益服务，但是他们的抽象思想却很难被广大人民群众所理解，在形式的处理上也很难符合当时工业大生产的需求，使得大部分的构成主义作品都没有得以实现，从而使得俄国的构成主义开始受到歧视。尤其是 1929 年，一批学院派的建筑师组成了"全俄无产阶级建筑师联盟"（简称 VOPRA），公开反对构成主义者。随着项目的减少，后期的构成主义者们逐步转向城市规划，淡出了俄国设计主流的舞台。

由此可以看出，马克思主义关于艺术和文化的理论决定了构成主义的内容，使得构成主义者一直在革命的思潮中关注政治的动机与风格的适应。在构成主义思想存在分歧的时候，主流的构成主义的建筑家、艺术家提出所有艺术家都应该进入工厂，在那里才有真实的生命，艺术同时也将为构筑新社会而服务。他们提倡为无产阶级服务，为无产阶级的国家服务，旗帜鲜明，政治目的明确，这一点促进构成主义的发展和壮大，以及它自身的逐渐成熟。可以说这是马克思主义理论的实践，是政治色彩、革命动力孕育了构成主义，使得构成主义者大胆放弃传统艺术的愉悦经验，取而代之的是大量的尝试与摸索。

然而，事与愿违的是，构成主义者产出的许多设计、构想图和模型并没有真正地被大量生产出来，在俄国的工业生产下，他们从未彻底实现自己贡献新社会的理想，即使是他们为无产阶级创作的宣传资料，也由于作品的抽象，而无法被工人阶级所理解和欣赏，怎么看这些抽象的欧几里得几何形背后的意义都过于晦涩难懂。如李西茨基创作于 1919 年的招贴画《用红色楔子打败白色》，是用一个几何抽象的画面赋予浓厚的政治色彩。简单的几何形状，象征着革命中的俄国两种敌对势力间的冲突，其中，红色代表了布尔什维克的统一的权力，白色则是暗示当时的白俄反叛势力，红色的楔子插入白色之中，也同时暗示了作者的政治倾向。正是诸如此类的招贴，使得俄国内部的平面艺术一直冲突不断，最终为了迎合大众的需要，社会写实主义逐步取代了构成主义。（图 2.52）

到了 1932 年，官方严格实施马克思主义，决定将社会写实艺术规定为唯一合法的艺术风格。由此可见，意识形态和政治因素虽然一度促进了构成主义的发展，但是也在另一方面导致了构成主义的结束。而类似的情况在包豪斯、未来主义团体上都发生过。艺术与政治的同一性问题一直以来都在热议，其中的利弊到今天也很难说清楚。但是，不管怎样，俄国构成主义在当时产生的影响还是毋庸置疑的，而且这种影响通过西方传播到了全世界。尤其是它在构成教学上的优越性直接影响了包豪斯的教学工作。而这种将艺术思维与科学思维相结合的新课程方法，对于造型能力的开发也是十分有益的。在研究造型的问题上，构成主义的一些理论和方法在今天同样发挥着巨大的作用。当代很多著名的建筑师,如雷姆·库哈斯、扎哈·哈迪德等都直接或间接地受到了构成主义的影响。我们从当时构成主义者们的很多作品中都能深受启发,可以说,真正意义上的"构成"思想就是从构成主义阵营中走出来的,构成主义对现代主义思潮的出现具有深刻的影响和推动作用。

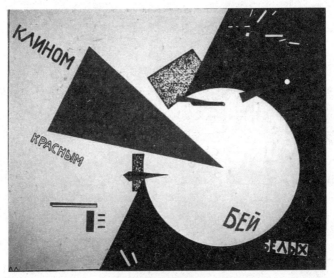

图 2.52 《用红色楔子打败白色》

2.3 第三阶段——包豪斯与形态构成理论体系的形成

对于现代设计史,公元 1919 年是一个重要的转折点。在当时西方思想文化领域发生大动荡的社会背景下,德法两国成了当时激进建筑思潮最活跃的地方。

1919 年,德国著名建筑家沃尔特·格罗皮乌斯在德国魏玛市建立"国立包豪斯学院",后改称"设计学院",两德统一后更名为"魏玛包豪斯大学",在习惯上简称为"包豪斯"。"包豪斯"是德语 Bauhaus 的译音,是格罗皮乌斯专门生造的新字,"bau"在德语中是"建造"的意思,"haus"在德语中是"房子"的意思,"Bauhaus"就是"造房子"。从这个新造字的字面不难看出,格罗皮乌斯试图将建筑艺术与建造技术这两个在当时已长期被分隔的领域重新结合起来。1923 年,"国立包豪斯学院"在德国魏玛首次召开展览会,并同时提出了"技术与艺术相统一"的口号,在"技术"与"艺术"的统一中,找出"设计"这一实际行为。更广泛地说,唯有艺术与技术的合而为一，才是真正的现代设计。这个口号标志着"国立包豪斯学院"在现代设计的确立与发展中的贡献，而包豪斯也由此成为世界上第一所完全为发展设计教育而建立的学院。

"该校对德意志工作联盟在战前开创的传统做了继承和发扬。包豪斯的目的是要在以建筑为主的前提下把各种艺术综合起来。在追随表现主义、艺术家强调创作直觉一阵子后，包豪斯很快就转向现代工业世界。它的教学方法强调从理性和实际去处理设计问题的必要性。这些方法与构成主义、新造型主义的新学说有联系。"①

以包豪斯为基地，20世纪20年代现代建筑形成一个重要的派别——现代主义建筑。它主张适应现代大工业生产和生活的需要，以讲求建筑功能、技术和经济效益为特征。

包豪斯产生的年代背景很复杂，其中对包豪斯学院的创立起到至关重要作用的是在欧洲产生的三大艺术运动。这三大艺术运动分别是：英国的艺术与手工艺运动、1900年前后以法国和比利时等国为中心的新艺术运动以及20世纪初的德意志制造联盟。这三个运动是在包豪斯产生之前在欧洲艺术设计领域中具有重要意义的革命。

这里提到的艺术与手工艺运动，即19世纪后期英国人威廉·莫里斯发起的"工艺美术运动"，它是以提高实用品工艺水平为宗旨的设计运动。"工艺美术运动"主要受拉斯金设计思想的影响。发起人威廉·莫里斯十分反对脱离实用和大众的纯艺术。同时，由于工业革命后以机器代替传统的手工艺艺术，生产产量提高，技术人员和工厂主一味沉醉于新技术、新材料的成功运用，只关注产品的生产流程、质量、销路和利润，并不顾及产品的美学品位，在很大程度上造成了生产产品的粗制滥造和审美标准的缺失。因此，参加运动的建筑家和艺术家们不满工业化对传统建筑和传统手工艺的威胁，深恶痛绝机器生产的简陋与粗糙。他们主张以哥特风格为主的中世纪手工艺风气，认为真正的工艺品应是美观而实用的。莫里斯的红屋就是这次工艺美术运动的典范之作。

工艺美术运动在艺术设计史上具有重要意义，它强调功能与形式的统一，强调结构的装饰性使用等原则，到了19世纪与20世纪之交，它的影响已经遍及整个欧洲。但是，它背离了工业革命的必然趋势，完全否定了代表新生产力的大工业机器生产，这就使它不可能从根本上解决机器生产产品技术与艺术的矛盾。

1900年前后以法国和比利时等国为中心的新艺术运动最主要的贡献在于继承了英国"艺术与手工艺运动"所主张的技术与艺术相结合，并使这种新的设计理

---

① ［英］爱德华·露西-史密斯. 艺术世界［M］. 殷企平，译. 北京：生活·读书·新知三联书店，2005：05.

论和观念在欧洲各国得到了比较广泛的传播。比利时 19 世纪末 20 世纪初最为杰出的设计家与设计理论家亨利·凡·德·威尔德考虑到设计改革应从教育着手，1906 年他前往德国魏玛后，被魏玛大公任命为艺术顾问，在他的倡导下，终于在1908 年把魏玛市立美术学校改建成市立工艺学校，这个学校也就成为战后包豪斯设计学院的直接前身。新艺术运动以张扬艺术个性，反对传统僵化的教条为旨，形成了线的构图和直线、矩形两种风格，同时，新艺术运动对现代建筑的发展也起到不可磨灭的作用。但它也存在着否定工业革命和机器生产的进步性、错误地认为工业产品必然是丑陋的局限性。

成立于 1907 年的德意志制造联盟是德国的第一个设计组织，这是一个半官方机构，旨在建立艺术、工业和手工艺相结合的共同体，打破各领域间无交流的隔离状态，从而提高德国的设计水平，设计出优秀的产品。这也是世界上第一个由政府支持的促进产品艺术设计的中心，在德国现代艺术设计史上具有非常重要的意义。其创始人有德国著名外交家、艺术教育改革家和设计理论家穆特修斯、现代设计先驱贝伦斯、著名设计师威尔德等人。中心人物海尔曼·穆特修斯洞察到英国工艺美术运动对于工业化否定的致命弱点，确立了"艺术、工业、手工艺合作水平"，明确指出了机械与手工艺的矛盾可以通过艺术设计来解决，提倡认识手工艺和机械生产两者之间的差别。他认为简单和精确不仅是机械制造的功能要求，也是 20 世纪工业效率和力量的象征。包豪斯的创始人格罗皮乌斯在青年时代就致力于德意志制造同盟。区别于同代人的是，他致力于美术和工业化社会之间的调和，力图探索艺术与技术的新统一。德意志制造联盟致力于将艺术家和手工艺人与工业融为一体，以此提高大量生产的功能和美学质量，特别是对低成本的消费产品。

除三大艺术运动之外，20 世纪初抽象艺术的不断扩展对社会各造型艺术领域也产生了极大的影响。然而，由于它们流派各异，各种艺术之间又是孤立存在的，没有系统理论的传授这种"新艺术"精神的专业院校，更由于 1914 年第一次世界大战的爆发，一些专业类院校被迫关闭，战后的德国，国内要求艺术教育改革的呼声日益高涨，很多人因为战争而开始相信艺术教育的改革对德国经济的未来发展起着至关重要的作用。因为德国的原材料蕴藏量远没有美国和英国丰富，德国需要依靠它熟练的工人和它的工业力量生产出复杂且细致的产品用于出口，以提高国家的经济实力。因此，社会对于设计师的需求与日俱增，而要想满足这种需求，必须在艺术教育中采用全新的方法。在这种偏重实用性的背景下，德国建筑师格罗皮乌斯将原来倾向于应用艺术的魏玛手工艺学校与纯美术的魏玛美术学院合并，于 1919 年创立了国立包豪斯设计学院。

包豪斯在成立之初就试图在艺术领域与技术领域之间建立一种联系，"将技术与艺术相结合"成为其创立的主要原则。而这所学校创立的目的，就是为了改革传统的美术教育,培养新型的设计人才。它的崇高理想和远大目标在《包豪斯宣言》中得到了充分的体现,它的目标大致可以归纳为三个。

其一是要挽救所有各自孤立地生存着的艺术门类,培养未来的工匠、画家和雕塑家们,并让他们联合起来进行创作,他们的一切技艺将会在新作品的创造过程中结合在一起。而他们创造出来的作品将会是建筑,因为在《包豪斯宣言》中,格罗皮乌斯开篇便响亮地宣告:"一切创造活动的终极目标就是建筑",他确信建筑具有足够的综合特性,而他的这种精神可以避免艺术家迷失流落为"沙龙艺术"。他坚持认为"艺术家与工匠并没有什么本质的不同,艺术家就是高级的工匠"。围绕这种思想,他同时提出:"艺术是教不会的",因此学校必须重新被吸纳进作坊里,让年轻人学会一门手艺。

第二个目标是提高工艺的地位,让它能与"美术"平起平坐、平分秋色。格罗皮乌斯在《包豪斯宣言》中声称,"艺术家与工匠之间并没有什么本质上的不同","艺术家就是高级的工匠……因此,让我们来创办一个新型的手工艺人行会,取消工匠与艺术家之间的等级差异,再也不要用它树起妄自尊大的藩篱"。

宣言里对第三个目标的表述的确不如另外的两个目标清晰,但是,一旦包豪斯走上了轨道,它就会变得越来越重要,这个目标就是:"与工匠的带头人以及全国工业界建立起持久的联系。"这一条不仅关乎包豪斯的目标与信念,它更从经济学的角度反映了学校生死存亡的大事。它表明包豪斯希望把它制成的产品以及设计方案直接出售给民众和工业界,如此一来,它就能够逐步地不单单靠公共资金来提供津贴了。同时,让包豪斯去接触外部世界,这也能防止它流于俗套,变成一座象牙塔,能让它的学生们充分做好准备去面对现实生活。

实际上我们不难看出,格罗皮乌斯在这个时期的经历对他在这篇宣言中所表达出的思想有着至关重要的影响,尤其是他强调的要把包豪斯建立成一所作坊式的学校以及创建一个新型的手工艺人行会的主张,鲜明地体现出了他在这个时期的复杂心态。虽然格罗皮乌斯当时只有 36 岁,但已经被很多人推崇为引领风气之先的著名建筑师了。他在法古斯鞋楦制造厂的设计中所体现出的那种一心一意对工业标准化的追求,紧密地贯彻了穆特修斯的主张。不过有些奇怪的是,这位著名的制造联盟的成员在《包豪斯宣言》中所提出的诸多主张,却对机器的特质毫不在意,一心梦想着恢复莫里斯的手工理想,这显然很让人感到费解。

事实上,造成这种现象的原因,一方面是因为格罗皮乌斯在这个时期思想上更倾向于战前工艺美术学校校长亨利·凡·德·威尔德的"总体艺术"的观念,格罗皮乌斯与凡·德·威尔德的交往,使他认为只有在艺术与生产之间建立一种纽带,才能够带来设计领域的变革,不过与这段经历比起来,显然战争的残酷性对他产生了更为重要的影响。第一次世界大战爆发后,格罗皮乌斯曾亲眼目睹了机器摧毁一切的恐怖景象,这改变了他过去认为的机械化生产就代表着社会进步的乐观想法,并开始关注社会变革。这使他的思想重新回到了莫里斯曾经思考过的那些问题上,也使他开始关注表现主义者们变革社会的主张。

包豪斯是一所综合性的设计学院,但人们都习惯于把它认为是一种建筑学派,或者说是一种风格。然而,作为建筑家、设计教育家的沃尔特·格罗皮乌斯自己却对人们对包豪斯的这种评价表示反对。因为他创立的最初目的是将 20 世纪初的各抽象艺术流派的思想理念和它们的抽象构成理论融合。他通过多年的努力,将 20 世纪初发展的抽象艺术各流派的思想和它们的创作原理应用于建筑设计和学校的教学当中,而在这些流派中对包豪斯的设计教育影响最大的要数荷兰的风格派以及俄国的构成主义运动了。包豪斯将这些艺术流派的探索及其研究成果加以完善和发展,并从中提炼出与设计和建筑相关的艺术原理,形成了一套四海之内皆通用、可供现代各种造型设计领域共同遵循的法则,这便是现在我们所熟知的构成理论体系。

包豪斯的发展前后经历了三个阶段,第一阶段是 1919 年至 1925 年,我们称这段时间为"魏玛时期"。在这一时期,格罗皮乌斯受到威尔德的引荐出任校长,提出了"艺术与技术相统一"的崇高理想,肩负起训练 20 世纪设计家和建筑师的神圣使命。

他广纳贤才,聘任艺术家与手工匠师授课,形成艺术教育与手工制作相结合的新型教育制度。除了约翰·伊顿,格罗皮乌斯起初还聘用了形式大师里昂奈尔·费宁格和雕塑家格哈特·马克斯这两位新教授,他们与格罗皮乌斯自己组成了四人的教职员阵容。在 1920 年到 1922 年间,格罗皮乌斯又陆续聘请了其他五位形式大师,其中包括施赖尔、施莱默、乔治·穆希以及远负盛名的瑞士表现主义画家保罗·克利和俄国表现主义画家瓦西里·康定斯基。

从格罗皮乌斯聘用的教授我们可以看出,包豪斯早期教学受到了表现主义艺术家的影响,带有浓厚的浪漫主义色彩。艺术家教授们使得学生们将注意力指向了艺术创作,而这种倾向很快就遭到了各方批判,其中来自"风格派"信徒的指责最有代表性。他们批评包豪斯不事生产,没有创作出切实的成果。而这场批判唤醒了格罗皮乌斯在战前强调工业化、标准化的建筑师思想。他意识到过去试图使包豪斯成为一个包容各种思想的、快乐的、独立于现实之外的微型乌托邦社会的想法过于理想主义了。于是,格罗皮乌斯聘请了"风格派"灵魂人物之一凡·杜斯伯格到包豪斯举办讲座,并迫使伊顿离开了包豪斯,同时,他的思想开始倾向于机械生产和实用性的目的。这一系列做法对包豪斯随后的发展起到了决定性的作用。当然,这些变化也与这个时期德国国内的经济状况好转,包豪斯的教学设施得到保障和改善有着一定的关系。

1923 年，格罗皮乌斯在包豪斯进行的大规模的作品展上发表了题为《艺术与技术：一种新的统一》的演讲。他在演讲中称："艺术与技术，新的统一！技术不需要艺术，艺术却需要技术——比如建筑。"演讲透露出了一个明确的信息，即技术性的因素在包豪斯接下来的教学中将成为主角，它将逐渐抹去自身曾经的浪漫主义痕迹，向实用主义转变。

在这一时期，包豪斯已经在工业界树立起了一定的声望。不过到了 1925 年，由于政治和经济的原因，包豪斯被迫从魏玛迁移到德绍。

包豪斯也由此进入了它的第二阶段，也就是我们常说的"德绍时期"。在 1925 年至 1932 年的德绍时期，包豪斯在功能主义的道路上渐行渐远。同时，包豪斯在这个时期也发生了一系列引人注目的变化，它进行了课程改革，实行了设计与制作教学一体化的教学方法，并取得了优异的成果。

首先是 1927 年包豪斯成立了建筑系。很显然，这是一个极具历史意义的事件。包豪斯的第一任校长本身就是一个建筑家，直到学校成立 8 年后，包豪斯才成立了第一个建筑系。不过，包豪斯在此时成立建筑系也表明了包豪斯正在进一步扩大与社会的联系，坚持走社会化、功能化道路的成功转变。同时，一批年轻的艺术家成了包豪斯的形式大师，其中一些就是包豪斯早期的学员，他们也为包豪斯注入了充满活力的新鲜力量。

1928 年，格罗皮乌斯辞去了包豪斯校长一职，这位成功的建筑家抱着一种理想主义的态度，一心想创办一所优秀的学校，但是他乌托邦式的梦想却被残酷的现实击得粉碎。之后，建筑系主任汉斯·迈耶继任了校长一职。这位共产党人出身的建筑师，有着马克思主义的信仰，他将包豪斯的艺术激进扩展到政治激进，使包豪斯面临着越来越大的政治压力。仅仅两年，迈耶就不得不辞职离任，由"国际风格"的重要建筑师、善于运用钢铁和玻璃来建造简单优雅的建筑的路德维希·密斯·凡·德·罗继任。面对来自纳粹势力的压力，密斯竭尽全力维持着学校的运转，却也终于在 1932 年 10 月纳粹党占据德绍后，被迫关闭包豪斯。

随着密斯·凡·德·罗将学校迁至柏林的一座废弃的办公楼，包豪斯也进入了它的第三阶段。在 1932 年到 1933 年这两年间，密斯一直试图重整旗鼓，但由于包豪斯精神与德国纳粹不容，面对刚刚上台的纳粹政府，密斯终于回天乏术，于 1933 年 8 月宣布包豪斯永久关闭。1933 年 11 月包豪斯被封闭，不得不结束其 14 年的发展历程。

包豪斯的时代结束了，但它的艺术思想却仍在广泛传播。20 世纪 30 年代许多著名的流亡艺术家把包豪斯的艺术思想带到世界各地。一直到很久以后，人们才亲眼目睹了这种艺术思想对建筑工业的卓著贡献，同时也才刚刚意识到它对绘画艺术的重大意义。1950 年以后，艺术的构成主义与具象艺术发展到了第三阶段，人们才普遍对包豪斯重新产生兴趣，并在艺术史上给予它应有的地位。

包豪斯对于现代工业设计的贡献是巨大的，特别是它的设计教育具有深远的影响。作为设计领域教育机构的原型，其教学方式成了世界许多学校艺术教育的基础，它培养出的杰出建筑师和设计师把现代建筑与设计推向了新的高度。

包豪斯的目的是培养新型的设计人才。在设计理论上，包豪斯提出了三个基本观点：一是艺术与技术的新统一，二是设计的目的是人而不是产品，以及第三，设计必须遵循自然与客观的法则来进行。这些观点对于工业设计的发展起到了积极作用，使现代设计逐渐由理想主义走向了现实主义，即用理性、科学的思想来取代之前一段时期艺术上的自我表现和浪漫主义。

"国立包豪斯学院"的特色是"技术"与"艺术"相结合的独特课程结构。引导建立"国立包豪斯学院"的沃尔特·格罗皮乌斯作为校长接受建筑工艺学校的改革潮流，设置了从预科课程，经过作坊教育，最后学习各种艺术的核心——建筑这样的教学过程。可以说，这是把威廉·莫里斯等为中心的"艺术与手工艺运动"的理念，以及"德意志制造联盟"的"艺术、工业、手工业协会"组织形式提示出的设计框架，作为工艺教育的新理念进行视觉化的范例。

包豪斯打破了将"纯粹艺术"与"实用艺术"分割的陈腐教育观念，提出"集体创作"的新教育理念，为企业工作奠定了基础。它强调标准，打破了艺术教育造成的自由化和非标准化。包豪斯设法建立的基于科学基础上的新教育体系，强调将科学的、逻辑的工作方法与艺术表现相结合。以上几点充分表明了包豪斯将教学的中心从比较个人的艺术型教育体系转移到了理工型体系的方向。而把设计一向流于"创作外形"的教育重心转移到"解决问题"上去的做法，使设计得以首次摆脱形式的弊病，走向真正提供方便、实用、经济、美观的设计体系，发展了现代的设计风格，为现代设计指示出了正确方向。同时，将设计教育建立在科学的基础上，培养既熟悉传统工艺又了解现代工业生产方式与设计规律的专门人才，形成了一种简明的适合大机器生产方式的美学风格，将现代工业产品的设计提高到了新的水平。

包豪斯对于建筑的影响也是颇具意义的。它奠定了现代建筑的观念和风格，并对战后形成的国际主义建筑风格起了决定性作用。包豪斯的三任校长都是建筑设计师，其中格罗皮乌斯和密斯更是现代主义建筑的奠定者。包豪斯校舍也是现代建筑的一大杰作，由第一任校长格罗皮乌斯亲自设计，在建筑史上有着重要地位。包豪斯的校舍完全按照包豪斯的设计理念进行设计，在功能处理上关系明确，有分有合，方便且又实用；在构图上采用了灵活的不规则布局，建筑形态纵横错落，韵律感强，美观且又丰富；而其立面造型则充分体现了新材料和新结构的特点，高低错落，简洁明快，有序而又巧妙地将学习、制造等车间有机结合起来，完全打破了古典主义的建筑设计传统，把当时的工业建筑风格应用到了民用建筑之上，却获得了简洁和清新的效果。也正是这所建筑的成功设计,使得原本一直没把建筑学作为专业的包豪斯设计学院开设了建筑系。建筑系的开设,将原本传统的建筑设计融入现代设计的新概念,被誉为现代建筑的里程碑。从格罗皮乌斯到密斯,包豪斯在建筑设计上彻底颠覆了传统建筑先考虑外观,然后把不同功能的要求塞进外壳中的"先外后内"式,而是"先内后外",先确定各部分功能所决定的空间,再由这些空间组成合理的总体外观,让功能决定外形。将传统建筑中习惯采用的对称法则改为灵活、不规则的平面布局,用多方向、多体量、多轴线、多通道的布置手法,形成错落有致、纵横交叠、变化丰富、活泼生动的艺术效果。新建筑还采用了框架结构,使墙体不再处于承重的位置,得以扩大窗户面积,使窗户成为建筑外观形态的重要组成部分,而窗户的玻璃和几何秩序也由此成为新建筑最显著的特色,创造了新的建筑风格——现代主义风格。

包豪斯对现代建筑形态的影响是多领域、全方位、深层次的,既有纵向也有横向,既有大的趋势更有小的细节。虽然包豪斯存在的时间很短暂,但它对设计产生的影响却是深远的,当然还包括对现代设计教育的贡献。但这里我们主要说说它在建筑形态上的影响。

总结起来,主要有以下几点:

(1)功能主义特征。强调功能为设计的中心和目的,用最简单的生产,最节约的方式来为人民大众设计房屋住所,体现了一种民主主义色彩。

(2)形式上提倡非装饰的简单几何造型,艺术上受到了立体主义的影响。具体建筑有以下两个特征:

① 六面建筑。建筑底部用柱子支撑,形成了完整的建筑六面形式,达到了重空间,而不是仅仅满足重体积的目的。

② 幕墙架构的产生,也就是格罗皮乌斯最先提出的采用玻璃幕墙的理念。这也是由六面建筑以柱支撑整个建筑的结构特征的必然结果。由于采用新的建筑材料,玻璃幕墙成为普遍的方法,这也使得玻璃幕墙成为现代建筑的符号和标记。

(3)反装饰主义立场。反装饰是一个意识形态的立场问题,不仅仅是装饰思想的问题,装饰造成不必要的开支,导致建筑无法为大众服务,因此,所有的现代主义大师都有明确的反装饰立场。

(4)中性色彩计划。即采用黑色、白色的色彩计划,符合现代建筑的意识形态和技术要求。

(5)在具体设计上重视空间考虑,室内采用自由空间布局,尽可能不设计或少设计墙面分割空间,强调整体设计。

从长远的思想影响上来看,包豪斯赋予了现代主义设计的观念基础,建立了现代主义设计的欧洲体系,较为完整地奠定了以观念和解决问题为中心的设计体系。

　　而战后包豪斯大批移居美国的成员，包括他的主要领导人物，又把包豪斯体系的部分内容与美国体系相结合，形成了战后独特的美国版国际主义风格，更加广泛地影响了世界各国。但是国际主义设计引起了理论界的批判，同时还造成了设计界的反感，而正是这些因素造成了 1970 年前后开始的后现代主义设计运动。但是，从"后现代主义运动"的兴起与发展来看，也是基于和针对源于包豪斯的某些原则因素的。因此，从本质上说，后现代主义是对现代主义反映的一个结果，而它产生的渊源，仍旧可以上溯到包豪斯时期的思想和设计实践。

3　建筑形态构成的基本要素

3.1　构成元素

在前面的基础部分中,我们已经分别对点、线、面以及体进行了概念性的描述与举例,这里,我们谈得更深入一点,主要针对这些基本要素的双重性含义——内在和外在,进行分析与总结。

提到点、线、面这些抽象元素,我们很自然地联想到一个人,他就是抽象主义的鼻祖——康定斯基。康定斯基一生中两本重要的著作——《论艺术的精神》(1912年)和《点、线、面》(1926年)都分别对点、线、面进行了论述,从抽象艺术的角度,对这些基本要素进行了细致的分析,这对于构成主义、包豪斯的教学以及新的要素主义都产生了重要的影响。

下面,简单地摘述一部分康定斯基的观点供思考①。

"物质化了的肉眼看不见的几何学的点,当然应该在基础平面上找有一定位置,而且点需要有一个把自身从周围加以区别的某种界限——轮廓……点的大小和形态会发生变化,而抽象的点所具有的相对印象也随之变化。从外在形态上看,点可以称为最小的基本形态。但是,不能说这是正确的规定,'最小的形态'的概念的正确界限是难于划定的——点有时扩大成为平面,……要决定或判断点所容许的范围外在大小的限度,我们除了感觉外部别无他法。"

"从内在性的角度来看,点是最简洁的形态。……点所体现的紧张,其最终结果在任何场合都是向心性的——由向心的要素和离心的要素构成的双重印象。即使它带有离心倾向,仍然是向心的。"

"点锲入基础平面,永远自我主张。……从外在及内在的含义来说,点是绘画特别是'版画'的最初要素。要解释要素这一概念,基本有两种方法,一是作为外在概念来解释,二是作为内在概念来解释。在外在方面,各个图形的形态和绘画的形态,取其任何一个,都是要素,但从内在的角度来看,这种形态本身不是要素,充满这种形态的内在紧张才是要素。并且,事实上,使绘画作品的内容具体化的,并不

---

① 下文引用的文字引出自[俄]康定斯基. 论艺术的精神[M]. 查立,译. 北京:中国社会科学出版社,1987.

是外在形态中,而是在外在形态中起作用的种种力量——紧张。"

"从时间角度来说,点是最简洁的形态。"

"几何学上,线是肉眼看不见的存在,线是点的运动轨迹,因而是点所产生的。线产生于运动——而且产生于点自身隐藏的绝对静止被破坏之后。这里有静止状态转向运动状态的飞跃。"

"使点成为线的外力是多种多样的,线之间的差异,取决于与这些外力的数量组合如何。但最终说来,线的任何形态都可以归纳为以下两种情况:使用一股力的场合和使用两股力的场合,也就是两股力一次乃至数次交替起作用的场合和两股力同时发生作用的场合。……直线的紧张反映了无限运动的最简洁的形态。"

"我们承认三种典型的直线。这以外的直线不过是它们的变形。"

"直线中形态最单纯的是水平线。……水平线平坦地朝各方向延伸,是负载物质,具有冷感的基线。寒冷和平坦是它的基调,可以成为表现无限的寒冷运动的最简洁形态。"

"从外在到内在与它完全对立的是与它构成直角的垂直线,在这里,高扬代替了平坦,暖和感取代了寒冷感,所以垂直线可以说是表示无限的暖和运动的最简洁的形态。"

"典型直线的第三种是对角线。作为公式形态,这条直线以相同的角度将上述两条线隔开,并且对上述两直线保持同等斜度……"

从上面的言论中,我们可以看出康定斯基对于抽象元素的关注更多的是其产生的张力作用。在他看来,"一种元素(即要素)概念可以按两种不同的方式来理解——外在的概念和内在的概念。就外在的概念而言,每一根独立的线或绘画的形都是元素。就内在概念而言,则不是这种形本身,而是活跃在其中的内在张力才是元素。而实际上,并不是外在的形聚集成一件绘画作品的内涵,而是力度——活跃在这些形中的张力"。

康定斯基所提及的"外在"指的就是独立的形体,而内在则偏重于整体的结构。在他看来,对于点、线、面的认识更多关注的是其所产生的张力,一件作品的内涵并不是靠外在形的凝聚,而是活跃在这些形之中的张力。如何深入理解和表达抽象的精神,显然内在的概念更为重要:"从我个人的角度来看,要素与虚假的'要素'是不同的。虚假的'要素'指脱离了紧张形态的要素。与此相反,本来的要素指的是在这一形态中起积极作用的紧张。"

康定斯基的思想有一部分是来源于通神学的,这其中包括他对于数学和心理学的研究。他的理论影响了包豪斯和风格派,对于空间构成的思想具有奠基性的作用。在建筑领域,点、线、面(包括体)作为基本要素的理解早已不再受康定斯基二维平面的限定,而发展到三维空间的基本构成要素。但是,不可否认,这些基本要素所具有的双重性质依然存在。尤其在现代建筑中,点、线、面(包括体)还与空间与结构相交融,发展出了相对独立的"形体—构件"和表述整体关系的"结构—系统",促使了建筑造型的丰富与多样,使得点、线、面(包括体)可以更为直观地展现在观赏者的眼前,意义和作用都被扩大了。

在前面的概念部分,我们已经对基本要素——点、线、面和体分别进行了讲述,下面主要是结合这些基本要素在建筑中的应用实例更进一步地分析和说明。

1)点

纯粹的点构成在建筑领域的使用正如前面所提到的并不多见,对于点的判断是在相互的比较中产生的,因此,被看做是点的对象往往都是两个或两个以上的形体通过比较得到的。能被称作空间中的点要素,除了本身体量的较小,还有一个重要方面是发挥视觉的张力,以凸显点的作用。当然,在前面的举例中,我们也可看到,在建筑的表面也可以出现点的构成,它属于二维空间中的点构成范畴。需要指出的是,在建筑中,作为点的要素并不一定是球体,其他几何体甚至不规则形体只要满足点要素成立的条件,都可以被视为空间中的点。此外,点要素在建筑中的应用并不一定是以实体的形式存在,诸如建筑形体上的窗洞、开口等在一定的构成方法下都可以取得点的效果。

例如:① 天津科技馆(天津市建筑设计院,1994 年)。建筑平面是"一"字形展开,分成了三段。屋面上是一个直径为 30 m 的球形天象馆,球体空间是由单层球形网架构成,内部设有 270 个观众席。整个建筑的下部分像一个基座起到了很好的衬托作用,突出了球形天象馆作为建筑中点的形态,使其成为了视觉中心。(图3.1)

图 3.1　天津科技馆

② 洛杉矶加州航天博物馆(弗兰克·盖里,1984年)。这个建筑是弗兰克·盖里早年的作品,在形态方面与他的解构主义风格作品还是有一定距离的,尤其是在这件作品中盖里还使用了具象的飞机模型。但是,这件作品却很好地运用了点的构成。正是盖里通过架起一座飞机的雕塑,使得整个"方块"建筑出现了一种动感和活力,在起到强烈视觉效果的同时也提示了这是一个有关航天工业的建筑。(图3.2)

图3.2 洛杉矶加州航天博物馆

③ 上海环球金融中心(威廉·佩德森,2008年)。这是 KPF 事务所组织设计的一个超高层建筑。建筑外形简洁,立面上将形体的对角用弧线分开,整个玻璃幕墙光滑平整。视觉中心是一个在400 m 高处挖出的一个洞口,点要素的作用在这里不再是一个体块,而是一个虚无的空间,或者说是一个负形。(图3.3)

④ 敦煌博物馆方案设计(崔恺)(图3.4)

图3.3 上海环球金融中心

图3.4 敦煌博物馆方案设计

⑤ 中国传统园林建筑中的窗墙(图 3.5)

图 3.5 苏州博物馆中的传统元素

2) 线

线在建筑中的作用是显而易见的。一个形体的封闭必然需要线来完成,线还能够决定形体的方向,也可以形成形体的骨架,变成结构本身。线本身具有速度感,可以展现动态的美,而整齐交织在一起的线也能够产生韵律美,给人以稳定感。

在建筑造型中,线的相对位置可以是平行的、交叉的,也可以产生距离,形成线与线之间的空间。在表达方面,线要素可以具有点要素的部分特点——形成视觉中心,也可以具有面要素的部分特点——以整体的建构展现线的美感。当然,线本身也可以根据设计需要产生观赏上的先后顺序,具有时间性,从而引发人们的心理变化。

随着科技的进步,线要素的使用越来越丰富,可以是建筑立面的二维线构成,可以是建筑结构的显现,可以是线织成的建筑表皮,也可以是单纯的线形体量等等。建筑上使用的线要素,一般根据形态可以分为三种:

(1) 转折处均为直角的线构。这类线要素构成的形态多具有稳定、韵律、整体的特点。

(2) 转角可以是各种角度且由斜线组成的线构。这类线要素构成的形态具有明显的动势,给人一种紧张、活泼、丰富的感觉。

(3) 由连续的曲线构成的线构。如果曲线的组织较为规整,则可以形成优美、律动的感觉,如果曲线的组织具有方向性,则给人运动、欢快的感觉。

① 乡村住宅设计(密斯,1923 年)。从建筑的平面来看,密斯完全是用水平线和垂直线将其组合而成的。单就平面本身来看,线的组织疏密有度、长短合理,虽然是建筑的平面,但很有抽象绘画的韵味,给人一种平和、安静的感觉。(图 3.6)

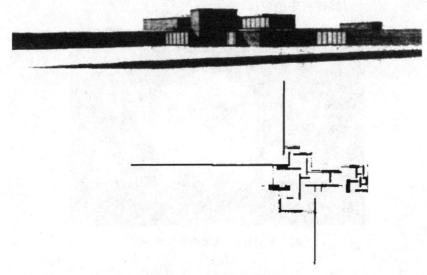

图 3.6 乡村住宅设计

② 日本那霸 Festival(安藤忠雄,1983—1984 年)。这是一个大型的建筑综合体,外形主要呈现的是一个正方体块,边长为 36 m,高度为 8 层。安藤忠雄运用水平线和垂直线的清水混凝土构架形成了一个规则的柱网,内部构架等跨分割。为了满足功能需要,在部分网格之间填充墙体和布满 0.2 m 见方孔隙的网格屏障。虽然整个外形简单而规则,但是水平线和垂直线的分割却使得内部空间使用方便,不仅如此,部分没有闭合的虚空间,还成为舒适宜人的环境。从建筑外形到内部结构都给人一种舒适、平静的感觉。

③ 德国柏林犹太人纪念馆(丹尼尔·里伯斯金,1992—1999 年)。这件作品是里伯斯金解构主义的代表作。为了表达犹太人在当时纳粹统治下生活的痛苦、精神的不满和情感的压抑,里伯斯金运用了大量的短斜线和锐角的转折,以表达一种尖锐、紧张、冲突的感觉。不仅如此,在建筑的外表面和内部结构上,都同样运用了大量的线构成,相互交叉的斜线给人一种不安定的感觉,甚至有急于走出博物馆的心情,这就符合了里伯斯金希望参观者从内心深处去体会当时犹太人被蹂躏和残害的悲惨情境。这件作品也被看做是斜线在建筑中成功运用、合理表达的范例。(图 3.7)

图 3.7　德国柏林犹太人纪念馆外观及内部

④ 西班牙拉科鲁尼亚人类科学博物馆(矶崎新,1993—1995 年)。矶崎新的这件作品注重建筑与自然环境的结合,有效地利用城市景观、气候条件和气候特征。立面的一面是光滑的曲面,以抵挡和减弱海风,背后则根据岩石的走势采用了折线,与地形有机地结合在一起。(图 3.8)

图 3.8　西班牙拉科鲁尼亚人类科学博物馆

⑤ 美国圣路易斯拱门(伊洛·萨里恩,1968 年)。这个巨大的弧形拱门高达192 m,完全是用钢板铸成的,被用来纪念通往西部的拓荒者,因此被称为"西进之门"。整个形势完全以曲线展开,宛如一道长虹架设在天地间,具有极强的视觉表现力和冲击力。(图 3.9)

图 3.9　美国圣路易斯拱门

⑥ 法国蓬皮杜国家艺术与文化中心(伦佐·皮亚诺、理查德·罗杰斯,1977年)。这是一件典型的代表后现代主义建筑风格的作品。皮亚诺和罗杰斯的结合使得这个建筑既具有高技派的机械感,又同时具有天马行空的艺术感。建筑最突出的特点就是将内部结构展现出来——包括设备管线和配管在内——整个建筑被交织在一起的线要素充斥着,起到了主要的建筑表现的作用,展现了工业的美感。(图 3.10)

图 3.10　蓬皮杜国家艺术与文化中心

⑦ 美国康乃尔大学寄宿宿舍(理查德·迈耶,1988 年)。迈耶的这件作品完全使用了曲线的形态,配合着地形沿等高线排列,创造出与环境相融合的缓和的建筑

形式。不管从平面上还是立面上,曲线的使用给人一种柔和、生动的感觉。

⑧ 2008 年北京奥运会主体育场——国家体育场(鸟巢)(赫尔佐格、德梅隆、李兴刚,2008 年)。这是一个完全由线要素作为结构和表面的体育场馆建筑。利用钢材的可塑性,整个建筑被交错编织的线材包裹着,呈现出极强的视觉冲击力。(图 3.11)

图 3.11 鸟巢

⑨ 法国拉·维莱特公园(屈米,1987 年)(图 3.12)

图 3.12 拉·维莱特公园中的部分建筑小品

3）面

面是构成建筑的重要因素,不管是作为维护结构还是空间分割,都离不开面的建构。

面本身具有扩张感,以其围合的形状和大小为主要特征。空间中的面变化丰富,可以是规则的几何形,也可以是不规则形,可以在二维空间进行组织和架构,也可以发展到三维空间形成凹凸感。空间中的面要素也有虚实之分,面的形式可以是作为实体的维护,也可以是作为虚空间进行合理的组织。

随着科学技术的发展,建筑材料的丰富,很多空间曲面运用到建筑中,使得作为围合部分的墙和顶面得以结合到一起,建筑的外形在曲面的控制下逐渐简洁化。

① 住宅方案(凡·杜斯伯格,1923 年)。荷兰风格派代表人物凡·杜斯伯格对于"建筑基本要素"进行过深入的研究,他的很多住宅建筑方案类似于面的建构,这种用线和面组成的开敞空间对于建筑造型的发展具有一定的推动作用。(图 3.13)

图 3. 13　住宅方案

② 施罗德住宅(里特维尔德,1924 年)。里特维尔德的这件作品被看做是蒙德里安思想的三维形式,点、线、面作为基本的几何要素不加修饰地用于建筑表面是该建筑的一大特点。尤其是用薄板和玻璃窗形成的虚实对比,高度体现了几何逻辑上的空间自由,是风格派建筑的最具代表性的作品,在当时产生了很大的影响,包括勒·柯布西耶和格罗皮乌斯在内的很多建筑师都曾经造访过这幢建筑。(图 3.14)

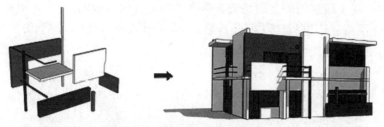

图 3.14　施罗德住宅构成分析图

③ 栗子山母亲住宅(罗伯特·文丘里,1962—1964 年)。这件作品被视为后现代主义建筑的代表作,它的出名更多的与文丘里的《建筑的复杂性与矛盾性》息息相关。母亲住宅的立面山墙是文丘里后现代主义思想的一大体现,其中,窗洞的开启虽然左右方式不同,但在视觉上形成了平衡感,中间的山墙被去掉了一部分,与后面的烟囱故意错开了一些位置,墙面上还运用了一些简单的线脚装饰,整个建筑体现了文丘里多元并存、模糊含蓄、戏谑、符号化以及注重历史文脉的思想。(图 3.15)

④ 维特拉消防站(扎哈·哈迪德,1991—1992 年)。这件作品是由面材相互穿插组合而成,各种倾斜的面体现出建筑的一种张力。这种紧张、刺激的观感正是建筑师试图提醒人们引起警觉的含义。(图 3.16)

图 3.15　栗子山母亲住宅

图 3.16　维特拉消防站

⑤ 香港中银大厦(贝聿铭,1989 年)。贝聿铭的这件作品是他几何思想的又一力作。建筑是由单元的面相互组合拼接而成的,共 73 层(包括地下 3 层,地上 70 层),连同天线一共 367.4 m,是香港的标志性建筑之一。在整个大厦的立面处理上,贝聿铭延续了他一直以来的几何思想,采用三角形相互拼接的方法,组合成一个不断变化的多面体,具有很强的雕塑感。不断收进的三角面形成了一个节节攀升的动势,也预示了事业的蒸蒸日上。(图 3.17)

⑥ 维也纳新中心(奥地利 DC Tower 1)(多米尼克·佩罗,2014 年)。佩罗将面进行了折叠变形,形成了一种流动感,以削弱高层建筑巨大体量带来的压抑和单

调的感觉。整个建筑的外立面是玻璃幕墙沿垂直方向分成的 10 个条形面状，然后按照每 11 层将立面进行 150°凹凸折叠，形成了波浪的起伏感，各个角度的面在光线的反射下极富现代性。（图 3.18）

图 3.17　香港中银大厦　　　　图 3.18　维也纳新中心

⑦ 美国迈阿密因特拉玛剧场（W. 摩根、H. 伯杰，1961 年）。薄膜的使用使得面要素在功能性场馆设计中发挥重要的作用。由建筑师 W. 摩根和工程师 H. 伯杰合作设计的因特拉玛剧场是一个可以容纳 6 000 人的篷帐薄膜建筑。该屋顶由于所使用的薄膜是用蒂夫隆玻璃纤维制成，强度为 106 kgf/cm²，有 18％的透明度，并能承受时速 200 km 的飓风。而且屋顶还具有防晒、防雨的功效，由于是采用拉杆支撑的结构，建筑的通风性能良好，曲面的薄膜成为视觉的中心，造型充满了动势，给人一种欢快、轻松的感觉。（图 3.19）

图 3.19　美国迈阿密因特拉玛剧场　　　　图 3.20　西班牙坦纳利佛音乐厅

⑧西班牙坦纳利佛音乐厅(圣地亚哥·卡拉特拉瓦,1992—2003年)。卡拉特拉瓦的这件作品更像是一个现代雕塑——夸张的巨型曲面犹如一片卷动的树叶,从下面到上面逐渐缩小形成58 m高的叶尖,在叶尖下面是一片城市广场,整个建筑通过对弧面的塑造形成了轻盈、优雅的心理感受,十分符合音乐厅的高雅气质。(图3.20)

⑨日本光之教堂(安藤忠雄,1989年)。安藤忠雄的这件作品经常被用来作为运用自然光线进行塑造的典范。其实,安藤忠雄在光之教堂中对于面的塑造是十分考究的,这一点从建筑的平面布局中就可以看出。当然,经典部分还是教堂内部的十字架,从中也可以看出安藤忠雄对于面要素的深刻理解,通过运用虚空间形成了视觉的中心。光线在这里只是一种渲染气氛的表达方式,其经典更多的还是来源于建筑形体本身或者说是那个带有十字形开口的面本身的深度思考。(图3.21)

图3.21　光之教堂

4)体

几何学上的体,是面转向、移动的结果,是构成建筑的最基本的三维要素。体具有长、宽、高三个方向的向量,在建筑造型中,也可以由点、线、面的变化和聚集形成体的空间感。在建筑设计中,体可以是长方体、多面体、曲面体等单体形态,也可以是各种体块之间的穿插组合。体要素具有形状、方向、位置等可变要素,具有尺度、比例、量感、虚实以及封闭性。建筑的形体具有表情性,可以传达出一定的情感和思想。在建筑造型中,体要素的构成主要包括三个方面:体块的分割、体块的组合以及体块的变形。体要素在建筑中的构成方法,在其他的章节中我们会有更为详细的讲解,这里主要是针对上述三大类,给予简单的概括和说明。

(1)体块的分割

分割是将形体分成更小的体块,是研究被分割形体与整体造型之间的关系,这种关系体现在分割所采用的方式以及分割的大小上。需要指出的是,分割并不一定只是在整体上去掉一部分,有时候还要对分割出的形体和被分割的形体进行变形和再构成,比如将分割出的部分进行移动、错位、穿插等操作。这样的分割体块形成的形态既能看出最初的形态,同时各个体块之间还存在一种打散重组的整体感,使形态在变化中具有统一的效果。

　　根据分割的形式和分割大小的不同,分割可以有平行分割、等形分割、比例分割、自由分割等方式。当然,由于被分割的形体不一定,几种分割方式也有重合或相互配合使用的情况:

　　① 平行分割:平行分割是指分割线相互平行对形体进行分割。这类分割产生的新的形体相互之间一般具有相似的特征,容易达到统一的视觉效果。需要注意的是体块之间的大小关系和平衡关系。

　　② 等形分割:等形分割是指将形体进行分割后得到相同的基本形。这类分割看似单一和呆板,但是由于形成的新的形体和其所占的空间大小都是相同的,因此,将基本形分组进行组合和移位,很容易得到其他的形态。

　　③ 比例分割:比例分割是指将形体分割后彼此之间成为等比的体态关系。由于彼此之间具有共同比值和形的正负关系,故而整个形体体现出一种数学的逻辑美。

　　④ 自由分割:自由分割是指分割线、被分割的形体以及分割后的新形体都不受限制的一种分割手法。其主要依靠自身的美学修养和一定的构成法则,对体态进行分割。

　　分割在处理建筑造型的时候是经常被用到的,建筑师为了强调形态的虚实关系,经常将形体进行部分的分割和挖除。如我们在前面提到的华盛顿国家美术馆东馆就是一个形体分割的范例。

　　例如:住吉的长屋(安藤忠雄,1976 年)。住吉的长屋是安藤忠雄运用分割手法充分利用空间满足功能需要的成功作品。在建筑造型中,安藤忠雄使用了简单的长方体盒子,并将其在长向上分成了三个部分,中间的部分进行了挖除,作为通风采光的庭院,并在小小的中庭间设置楼梯和过道,虽然看似简单、普通,却十分适宜狭窄的空间环境,最大化地发挥了建筑的功能。(图 3.22)

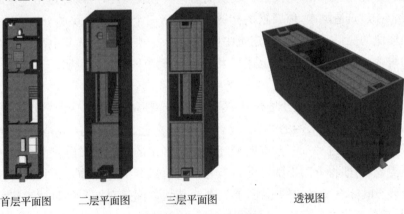

首层平面图　　二层平面图　　三层平面图　　　　透视图

图 3.22　住吉的长屋

又如:2010 年上海世博会石油馆(2010 年)。当代建筑中对于形体的切割依然普遍存在,2010 年上海世博会期间,石油馆就是一个典型的案例。场馆形体就是一个长方体削去了一个角形成的简单体块。石油馆的外形建筑被喻为"油立方"。整个建筑外形最突出的部分就是被削去的一角,削去的二角面结合先进的数字技术,使用 LED 屏幕精细成像,在凸显石油馆建筑特色的同时也起到了很好的宣传作用。(图 3.23)

图 3.23　2010 年上海世博会石油馆

(2) 体块的组合

组合是一种"加法"运算,在建筑造型中,为满足功能和形式的需要,经常将很多基本要素在空间中进行组合,形成新的形态,造成对比、疏密、均衡等视觉效果。在体块的组合过程中,需要注意的是将多个形体融合、统一的时候,要避免削弱每一个形体自身的表现力。当然,如果组合得不好,也容易出现杂乱、零散的感觉。体块的组合有时候是与前面讲到的体块的分割穿插使用的。有时可以将形体进行简单的分割,然后通过一定的构成手法重新组合到一起。

组合的方式有很多,连接、套匣、重复、聚集等等都是体块组合的构成手法,在其他的章节中,我们会分别给予详细的举例和说明。这里主要是根据组合体块的不同进行简单的分类。体块之间的组合可以是用重复形或者相似形进行组合,以求得统一的形态。用这种方式形成的建筑造型主题明确,而且容易营造一定的韵律感。当然,体块之间的组合也可以是一些对比强烈的形体,如球体和立方体的对比等等,这类组合一般都会求得动态的平衡感,各个部分相对而言更加的自由和独立。例如:

① 美国俄亥俄州辛辛那提大学分子研究中心(弗兰克·盖里,1993 年)。作品中选择了很多圆弧形墙面的相似体块组合在一起,并且在外墙的色彩上都采用了淡淡的红棕色,使得整个形态有了一种共同向上的张力,虽然体块之间变化丰富各不相同,但在视觉上达到了统一的效果。(图 3.24)

图 3.24　辛辛那提大学分子研究中心

图 3.25　鹿特丹立体方块屋

② 荷兰鹿特丹立体方块屋（皮埃特·布洛姆，1984 年）。这件作品被称为"树屋"，原因是布洛姆的构思是将每一个有支柱的方块当作一棵树，使得整个建筑群成为一片"森林"。为此，他将立方体旋转了 45°，并置于混凝土浇灌的"树干"上，形成了"T"字形，为了凸显"树"的寓意，在颜色上也选择了一些土黄、土红的颜色，使其具有一些原始的味道。虽然外形看上去有些复杂，但思想上就是单元形的重复组合，这种类似的手法在日本熊本县木魂馆（桂英昭，1988 年）、拉莫特集合住宅第一期（泽维·霍克，1985 年）等建筑设计中都有所体现。（图 3.25，图 3.26）

图 3.26　日本熊本县木魂馆

③ 捷克布拉格办公大楼（弗兰克·盖里，1995 年）。解构主义建筑从来都是具有很强的视觉冲击力的，这件作品也不例外，所不同的是，建筑所体现的新与旧的融合与对立是那么地鲜明。扭曲的形态、不规则的形体与后面的几何形式的大楼相组合，形成了强烈的对比，在这个平和、安静的建筑群落中加入了一种力量，活

泼、开放、运动的感觉在这种形体强烈对比的组合中被放大。（图3.27）

图3.27 布拉格办公大楼

（3）体块的变形

将基本形体进行变形，是丰富建筑形态一种行之有效的方法。对于形态的变形，主要是指对基本的体要素使用扭曲、折叠、挤压、膨胀的构成手法，使形态产生变化，形成新的形态。最终形成的形态依附于原形，但外形、体量以及所带有的视觉感可能与之前的原形有很大的不同，这种变形手法有助于几何体造型的丰富。随着科学技术的进步与完善，更多的变形体开始出现，丰富了建筑造型的内容。

对于体块的造型手法，我们可以根据其受力情况进行分类。如扭曲可以认为是形体受到了旋转方向的力，而使得形体柔和、富有动态美；倾斜是使基本形由于一侧受力，与水平方向产生一定的角度，从而带有一种不稳定感；膨胀展现了形体受到内力的反抗，具有弹性和生命感等等。

在形体的变形中，需要注意的是对于整体动势的把握。各个体块的受力情况要自然，连接部分应平和，形体不宜受到过多方向的力从而显得杂乱无序。另外，受力的大小也要适当，小的形体动势应含蓄微妙，大的形体则需要动势强烈一些。

① HSB旋转中心大楼（圣地亚哥·卡拉特拉瓦，2005年）。这是卡拉特拉瓦设计的一个高层建筑，整个形体分为9个层区，每个层区有5层，一共54层，共计190.4 m。建筑师在设计过程中，巧妙地使用了扭曲的力，使得每个区层都旋转了

一些,最终整个体块旋转了 90°,外形很像一枚螺丝钉。值得一提的是,大厦外墙的厚度随着高度逐层递减,接近地面的外墙厚 2 m,到了大厦的顶层,只有 40 cm。建筑师的灵感据说来自一件扭动身躯的人体雕塑,而最终的建筑造型也体现了这一感觉的初衷,整个形态优美、流畅。(图 3.28)

②慕尼黑安联球场(赫尔佐格 & 德梅隆事务所,2005 年)。这是一个体育场馆,建筑所使用的材料和技术都是值得一提的。球场的外围使用了光滑可膨胀的 ETFE 材料做成——ETFE 的中文名为乙烯-四氟乙烯共聚物,ETFE 膜材的厚度通常小于 0.2 mm,是一种透明膜材——并可以发出不同的光,使得建筑在夜间看上去是一个 LED 的大屏幕。这是世界上最大的"膜状壳",材料是专门进行加工的,这个建筑表面由近 3 000 块充气面

图 3.28　HSB 旋转中心大楼

板组成,其中 98% 为半透明,使得球场内部的草坪得到充足的自然光线。为了创造一种既坚固又轻巧的结构,每个组件都要进行严格的制造,为了让各个部件定型,使体育场馆从整体上看是膨胀的,每一个面板都要充入气体。整个形体在均衡的内力的作用下向外扩张,简单的外形却显得极富亲和力。(图 3.29)

图 3.29　慕尼黑安联球场

③巴黎路易·威登基金会博物馆(彼得·埃森曼,2014 年)。解构主义大师埃森曼对于城市公共空间一直都有着独特的理解和看法,他习惯性地以无规则的自由面来组织建筑形态,以给人强烈的视觉冲击力,这件作品也不例外。埃森曼在设计中采用了同曲度的面,把传统意识上完整的建筑不断地打散、拆解,最终运用透明的玻璃体相互拼合而成。对于最初形态的变形早已是面目全非,唯一能够辨别

的构成语言就是最终造型上的倾斜感。为了对最终形态加以控制和约束,建筑师让所有的体块都受到一个方向的力,使得原本零散、杂乱的体块向着一个方向发生倾斜,从而产生了统一性,形态的力量和动势也被完全地展现出来。(图3.30)

④ 伦敦市政厅(诺曼·福斯特,2000—2002年)。诺曼·福斯特的建筑永远和科技密不可分,他所使用的建筑形式很多也是通过精密的计算得到的。在这件作品中,建筑的形体呈逐层倾斜的态势,形成了一个不规则的球体曲面,这就需要建筑的每一块玻璃都有不同的角度倾斜,而每个角度都是通过对日照分析计算出来的结果。对于外墙构件的认定,建筑师通过精确的计算得出每一个外墙构件的热压数据,体现了福斯特对于高技术的追逐。而单从建筑形态来看,很像一个半球体通过外力拉伸得到的效果。(图3.31)

图3.30 巴黎路易·威登基金会博物馆　　图3.31 伦敦市政厅

⑤ 维也纳中央银行(甘特·杜麦尼格,1979年)。这件作品在建筑表皮的使用上选择了金属,这就为形体的扭曲提供了各种可能性,建筑师强调时间上的瞬时性所引发的效果,强调一种外在力对物体的冲击后所产生的状态——包括塌陷、挤压、残缺等——然后通过形体的塑造将瞬间的状态变为永恒。受这类思想的影响,建筑外形很像是在外力的作用下被挤扁了,给人以强烈的视觉冲击力和刺激感。(图3.32)

⑥ 梦露大厦(马岩松,2005—2006年)。这是一个具有56层的超高层建筑,被称为加拿大第七大城市密西沙加市(Mississauga)未来的最高建筑物。在形体的选择上,建筑师采用了筒形壳体的变形手法,从底部一直扭转到顶部。为了增强形体的韵律,造型上还采用了层状的横线条,使得螺旋的流动感更进一步的凸显。(图3.33)

图 3.32　维也纳中央银行　　　　　图 3.33　梦露大厦

3.2　基本形

1) 基本形的变形

基本形的变形在建筑创作中是经常用到的。形产生变化是事物运动的结果，各种物体的形存在于不断的连续变化中，每个形虽然在某一个时间点上是静止的，但是，我们可以根据需要进行系统的连续性变化，从而使形在一定的逻辑语言下构成新的稳定的形。

2) 基本形的组合

形有具象和抽象之分，具象的形一般是自然形，抽象的形则包括几何形、有机形和偶然形。在基本形的组合过程中，可以是同一类形的组合，如圆与方的组合，也可以是不同类型之间的组合，如几何形与偶然形的组合，也可以是具象与抽象的组合，如几何形与自然形的组合。

① 日本爱媛县综合科学博物馆（黑川纪章，1994 年）。黑川纪章在设计中将建筑几部分根据不同的功能设计为规则的球体、圆锥体、半弧体、正方体等，使得整个建筑群充满了趣味，各个体块具有各自的特点，组合在一起显得丰富多变。（图 3.34）

② 福建海螺塔（齐康，1989 年）。这件作品的造型是运用有机形态组合而成

的。建筑以象征的方式,由一个高耸的海螺(塔)和一个横卧的海蚌(大厅)组成,这种仿照自然形态的组合,使得整个建筑与环境形成呼应,与海边的景象相互融合。(图 3.35)

图 3.34　爱媛县综合科学博物馆

图 3.35　福建海螺塔

③ 甲午海战馆(彭一刚,1995 年)。建筑的主体造型以船为隐喻,采用了几何造型的形式,但是在入口处,却运用了写实的手法,加入了巨大的人物雕塑,在形体的塑造上具有鲜明的个性。(图 3.36)

图 3.36　甲午海战馆

3.3 骨骼

在前面的部分我们已经对骨骼的种类和作用都有所了解,在建筑设计中,骨骼的使用更多的是与结构的结合,在支撑建筑物本身的同时,也起到了很好的空间效果。当然,随着科技的进步,一些骨骼也会在建筑表皮中以构成的手法展现出来,形成一定的视觉美感。下面,主要针对骨骼在建筑中的使用情况进行举例和说明。

① 世贸中心中转站(圣地亚哥·卡拉特拉瓦,1989—1994 年)。卡拉特拉瓦是一个很会表现建筑结构的建筑师,他的很多作品都使用结构来展现建筑的优美,在世贸中心中转站的项目设计中,建筑师使用的结构构件是由线群组成的,类似于飞鸟的骨架,为了安全起见,钢梁的数量大大增多,以减少玻璃的使用,防止炸弹的袭击。建筑的设计灵感来自一幅儿童放飞鸟类的画作,建筑造型主要是由规律性的线形骨架来完成的,展示了新的生命、新的飞翔和新的希望等美好情愫。(图 3.37)

图 3.37 世贸中心中转站

② 悉尼歌剧院(约恩·伍重,1973 年)。该剧院是由三组方向相反的薄壳作为屋顶结构,展现了动态的均衡感。贝壳状的屋顶,是由 2 194 块每块重 15.3 t 的弯曲形混凝土预制件,用钢缆拉紧拼成的,外表覆盖着 105 万块白色或奶油色的瓷砖。伍重的设计思想来源于一个切开的橘子瓣,但是很多人将悉尼歌剧院比作白色的帆船或是贝壳。而这种优雅、具有律动感的造型来源于伍重所选择的薄壳架构,虽然骨架是隐藏其中的,但是指向不同方向的白色"贝壳",让我们在欣赏建筑造型的同时也感受到了它内部支撑的骨架的美感。(图 3.38)

图 3.38 悉尼歌剧院

③ 多纳米斯葡萄酒厂（赫尔佐格 & 德梅隆，1995—1997 年）。这件作品是他们创造性地使用石材的经典之作。为了适应当地昼夜温差较大的气候特点，建筑师选择当地特有的玄武岩作为蓄热材料，白天吸收热量，晚上释放热量，以平衡昼夜的温差。而为了将石头更方便地砌筑，他们利用金属笼子将形状不规则、大小也不相同的石块装入笼中，形成一个个"砌块"，再将他们挂到钢构架上，形成建筑的表皮。这种创造性的建造方式既合理地利用了当地的材料，也节省了建造时间和施工难度。建筑在造型上虽然只是简单的长方体，但是，由于使用了横向与竖向相交叉的单一骨架，从而消除了石材的厚重感，形成了丰富的建筑表皮。（图 3.39）

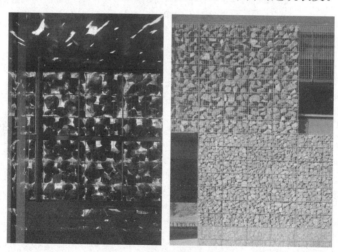

图 3.39 多纳米斯葡萄酒厂

④ 澳大利亚墨尔本雅拉河韦伯桥（网桥）（DCM 事务所，2003 年）。该桥包括

两个截然不同的部分:原有铁路桥(长 145 m)和柔曲起伏的新桥(长 80 m)。新设计的部分创造了一个新的视觉效果,同时解决了原有结构与地面的高差问题。设计元素主要是由箱型钢梁承托的有色水泥桥面以及用类似编织的手法包裹着桥面的环箍线群。环箍是由界面为 15 mm×150 mm 的钢骨制成,间距也不相同。所有的环箍由一条 150 mm 宽的钢带串在一起,形成网状的造型。整个桥体运用复杂多变的网状骨骼,体现出蜿蜒、柔和、动态的美感。(图 3.40)

图 3.40　澳大利亚墨尔本网桥

4 建筑形态构成的审美原理

4.1 格式塔心理学原理

审美是一切艺术都必然要遇到的一个问题,而审美又是一个内心的过程。作为现代审美心理学的主要流派,各形态的构成设计原理都是来自对格式塔视觉原理的研究,而其最初则是体现在西方现代绘画艺术的构图中。格式塔的研究方法和研究成果作为一切审美法则的依据,当然也包括对建筑形态的研究。追根溯源,可以说形态构成原理是受格式塔视觉心理学的启发而后应用于建筑形态的创作中的。因此,我们在此首先从格式塔心理学讲起。

1) 格式塔心理学概述

上世纪初,奥地利及德国的心理学家创立了格式塔理论。"格式塔"是德文Gestalt 的音译,它的意思是"完形",即"完整"与"形式"。(图 4.1)

图 4.1 格式塔"完形"图解

"完形"在格式塔审美心理学中具有特殊的含义,它是指心理活动中"形"的整体性。格式塔心理学研究的出发点就是"形",虽然这个"形"所指的并非仅仅是视觉上的"形",它也包括听觉、触觉、想象中的"形"的各种态,但最基本的研究对象还是视觉上的"形"。格式塔心理学上所说的"形"是经由"知觉活动组织成的经验中的整体"，就是说，完形是一个有组织的全体，它的特性是由其内部的整体性决定的，它本身是一种具体的存在，而非其部分简单相加之和。

格式塔心理学是西方现代心理学的主要流派之一，于 1912 年在德国诞生，他的创立者是德国心理学家韦特海默，后来在美国得到了进一步的发展。其主要代表人物有韦特海默、苛勒和考夫卡。他们受理性主义哲学和胡塞尔现象学的影响，借鉴了当时物理界中流行的"场论"思想创建了该心理学，反对当时构造主义心理学关于物体的知觉是感觉元素的组合的观点；反对当时流行的构造主义元素学说和行为主义"刺激—反应"公式。同时，格式塔心理学虽然强调经验的重要性，但更注重意识的作用，反对当时美国的行为主义心理学只注重外在经验完全忽视内在意识的观点。

20 世纪 30 年代后，他们把格式塔心理学的方法具体应用到美学之中，与心理的各个过程相结合，促进了具有格式塔倾向的美学研究。把对视觉的研究与对艺术形式的研究结合，视觉成为对视觉对象结构样式整体把握的感觉能力。

"格式塔"一词具有两种含义。一种含义是指形状或形式，亦即物体的性质。例如，用"有角的"或"对称的"这样一些术语来表示物体的一般性质，以示三角形在几何图形中或时间序列在曲调中的一些特性。在这个意义上说，格式塔即"形式"。另一种含义是指一个具体的实体和它具有一种特殊形状或形式的特征。例如，"有角的"或"对称的"是指具体的三角形或曲调，而非第一种含义那样意指三角形或时间序列的概念，它涉及物体本身，而不是物体的特殊形式，形式只是物体的属性之一。从这个意义上说，格式塔即"任何分离的整体"。

格式塔心理学这一流派不像机能主义或行为主义那样明确地表示出它的性质。综合上述两种含义我们可以看出，它似乎意指物体及其形式和特征，但是，我们不能简单地将它译为"structure"即结构或构造。考夫卡曾指出："这个名词不得译为英文'structure'，因为构造主义和机能主义争论的结果，'structure'在英美心理学界已得到了很明确而很不同的含义了。"因此，考夫卡采用了 E. B. 铁钦纳（1867—1927）对"structure"的译文"configuration"，中文译为"完形"。所以，在我国，格式塔心理学又被称为"完形心理学"。

"格式塔"这个术语起始于对视觉领域的研究，但它又不仅限于视觉领域，甚至不限于整个感觉领域，它的应用范围远远超出感觉经验的限度。格式塔心理学创始人主张格式塔效应的普遍有效性，认为格式塔效应可以被应用于心理学、哲学、美学和科学的任何领域；主张研究应从整体出发，以便理解。科勒认为，形状意义上的"格式塔"已经不再是格式塔心理学家们的注意中心，根据这个概念的功能定义，格式塔心理学家们用格式塔这个术语研究心理学的整个领域。简单地说，也就是：格式塔心理学所说的人们在观察物体时通过视觉系统不断地进行完形计算从而获取的是一个完整的形。

格式塔心理学的产生有着深刻的社会背景。自 1871 年德国统一全国后,资本主义工业经过二三十年的迅速发展,到 20 世纪初,德国超越老牌的英、法等资本主义国家,一跃成为欧洲最强大的政治帝国。德国以最新崛起的力量,要求重新划分势力范围,积极参与瓜分世界的罪恶活动,后来更是妄图征服全球、称霸世界,使全世界归属于德意志帝国的整个版图中。在意识形态方面,德国强调主动能动、统一国民意志、加强对整体的研究。德国的政治、经济、文化、科学等领域的研究,都被迫适应这一背景和潮流,心理学自然也不例外,格式塔心理学就正是这一社会历史条件下的思想产物。

同时,格式塔心理学的产生还有其哲学思想渊源,大体上可归纳为两个方面:第一是康德的先验论;第二是胡塞尔的现象学。

19 世纪末 20 世纪初,科学界出现的许多思想潮流都对格式塔派心理学家产生了很大影响。特别是这一时期的物理学界,抛弃了机械论的观点,承认并接受了"场"的理论。这里的"场"不是个别物质分子引力和斥力的总和,而是一个全新的结构。而格式塔心理学家则试图用"场论"解释心理现象及其机制问题。考夫卡在《格式塔心理学》中提出了一系列新名词,如"行为场""环境场""物理场""心理场""心理物理场"等。普朗克是现代理论物理学家,对"场论"有过重大贡献,他反对经验论和对量的测定的过分倚重,强调事件的自然属性以及对量的测定背后特殊过程的探讨。苛勒在 1920 年出版的《静止状态中的物理格式塔》一书的序言里专门向普朗克致谢。书中采用了"场论",认为脑是具有场的特殊的物理系统。他意图说明物理学是理解生物学的关键,而对生物学的透彻理解又会影响到对心理学的理解。

库尔特·考夫卡坚持"心物场"的概念,认为世界是心物的,经验世界与物理世界不同。观察者的知觉现实观念——心理场和被知觉的现实——物理场两者往往并不统一。心理场包含"自我",物理场中包含"环境",而环境又分为行为环境与地理环境,前者是人意想中的环境,后者是现实中的环境。考夫卡认为人的行为产生于行为的环境,受行为环境的调节。如"弗雷泽螺旋"是最有影响的幻觉图形之一。观察该图会觉得线条似乎都是向内盘旋到中心。这种螺旋效应是人的知觉产物,属于心理场。但如果观察者沿着圆圈观察一周就会再次回到原点,即实际上该图是由许多同心圆组成,这就是物理场。(图 4.2)

图 4.2　弗雷泽螺旋

就心理学自身而言,马赫和厄棱费尔这两个人物直接影响到了格式塔心理学的产生。而格式塔心理学的学术渊源更是可以追溯到上个世纪末叶的"形质学派"。著名的心理学史专家 E. G. 波林曾明确指出:"格式塔心理学在系统上起源于形质学派,有些关于知觉的实验研究也由这个学派作倡导。"

格式塔心理学在美国的发展大体上可分为三个时期:

第一时期是在 1921 年至 1930 年的初步接纳时期,在这一时期格式塔心理学家及其理论观点初步为美国心理学界所接受。早在 1921 年考夫卡和苛勒就先后前往美国许多大学讲学,并且考夫卡还于 1922 年在美国《心理学评论》杂志上发表文章阐述格式塔心理学理论,同时,他和苛勒的一些著作也被翻译出版,苛勒的《格式塔心理学》也在 1929 年前期用英文出版,他们对行为主义的批评得到不少心理学工作者的赞同和支持。

第二时期为迁移时期,在 1927 年到 1945 年期间,三位格式塔学派的创立者和他们的许多学生相继移居美国,在美国的一些大学担任教职并从事科研工作。然而,由于三人所在的大学都没有学位授予权,因此无法培养自己的接班人。同时,因为格式塔学派的著作多为德文版而阻碍了其理论的传播,这在无形中削弱了他们的影响力。

第三时期是艰难的综合阶段,从 1945 年至今,尽管美国心理学家对格式塔学派的接纳相对缓慢,但最终格式塔心理学还是吸引了众多的美国追随者,他们发展着这一理论,并把它运用到了许多新的研究领域当中,这表明"学派是比较富有生命力的,并且在美国心理学界确立了自己的地位"。

20世纪50年代以来,由于格式塔心理学的诞生地德国有了适宜的政治、文化氛围,这一学派在德国又有了复活的趋势,对于三位代表人物也进行了中肯的评价。格式塔学派对日本心理学界的影响也很大,这种影响在30年代最为显著,并一直持续到60年代。

在研究对象方面,格式塔心理学与和它有着诸多分歧及争论的构造主义和行为主义却不谋而合。它既不反对构造主义把直接经验作为心理学的研究对象,也不反对行为主义将行为视为研究的主题,声称心理学是"意识的科学、心的科学、行为的科学"。格式塔心理学家的研究对象主要是直接经验和行为。格式塔心理学家不反对把意识作为自己的研究对象,并且认为行为主义不用意识建立一种心理学是荒谬绝伦的,但为了避免误解起见,苛勒便用"直接经验"代替了"意识"一词。行为也是格式塔心理学的主要研究对象。考夫卡指:"心理学虽可成为意识或心灵的科学,然而我们将以行为为研究的中心点",因为"从行为出发比较容易找到意识和心灵的地位"。

在心理学的研究方法问题上,格式塔心理学家同样既不反对构造主义所强调的内省法,也不反对行为主义所依靠的客观观察法,认为这两种方法都是心理学的基本研究方法。不过他们对这两者进行了不少改进和修正。

由于格式塔心理学家把自然观察到的经验作为研究对象,所以知觉结构原则就成了他们早期研究的重点。韦特海默早在1923年就指出人们总是采用直接而统一的方式把事物知觉为统一的整体,而不是知觉为一群个别的感觉。后来,苛勒又进行了进一步分析,提出了一个新的公式:刺激丛—组织作用—对组织结构的反应。他认为反应很明显地依赖于组织作用。格式塔心理学家通过大量的实验,提出了诸多组织原则,它们描述了决定我们如何组织某些刺激,以及如何以一定的方式构造或解释视野中某些刺激变量。

格式塔心理学最初便是始于对"似动现象"的研究。"似动现象"是指,两个相距不远、相继出现的视觉刺激物,呈现的时间间隔如果在1/10秒到1/30秒之间,那么我们看到的不是两个物体,而是一个物体在移动。例如,我们看到灯光从一处向另一处移动,事实上是这只灯熄了,那一只灯同时亮了。这种错觉是灯光广告似动的基础。在韦特海默之前,大多数人都认为这种现象并没有什么理论上的意义,只不过是一些人的好奇心罢了。然而,对于韦特海默来说,这种现象正是不能把整体分解成部分的证据。这种现象的组成部分是一些独立的灯在一开一关,但组成一个整体后,给人造成这些灯在动的印象。其实,对于"似动现象"的研究实质上就是对于视知觉的研究。但是格式塔心理学发展到后来涵盖了包括对学习、回忆、志向、情绪、思维、运动等诸多过程的研究,而我们在这里主要讲的是它对于视知觉的研究。

格式塔心理学的很多重要原理,大多是由知觉研究所提供的。在格式塔心理学的代表人物之一考夫卡所著的《格式塔心理学原理》一书中,知觉研究及其成果占了很大比例。

在考夫卡看来,知觉问题涉及比较和判断。当我们说这种灰色比那种灰色淡些,这根线条比那根线条长些的时候,我们的经验究竟是什么呢?考夫卡用一个实验对此予以了阐释:在一块黑色平面上并排放着两个灰色小方块,要求判断两个灰色是否相同。回答有四种可能性:(1)在黑色平面上看见一大块颜色相同的灰色长方形,长方形中有一分界线,将长方形分成两个方形;(2)看见一对明度梯度,从左至右上升,左边方形较暗,右边方形较亮;(3)看见一对相反方向的明度梯度,从左至右下降,左边方形较亮,右边方形较暗;(4)既未看见同色的长方形也未看见梯度,只有一些不确定的、模糊的东西。(图4.3)

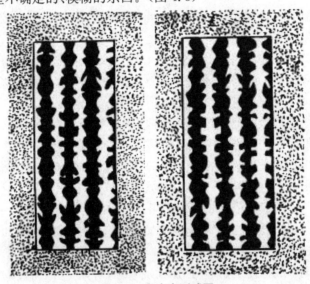

图4.3　考夫卡测试图

从这些经验得出的判断是:(1)相同的判断;(2)左方形深灰色,右方形浅灰色;(3)左方形浅灰色,右方形深灰色;(4)不肯定或吃不准。

考夫卡认为,该描绘解释了比较的现象,"比较不是一种附加在特定感觉之上的新的意动……而是发现一个不可分的、联结着的整体"。以(2)、(3)两个的判断为例,梯度的意思并不只是指两个不同的层次,还指上升本身,即向上的趋势和方向,它不是一个分离的、飘忽的、过渡的感觉,而是整个不可分的经验的中心特征。考夫卡的这种整体性知觉不仅在人类身上得到证实,在动物实验中也得到了证实。

格式塔心理学认为与艺术密切相关的"形"大体有三种类型。

第一种是简单规则的"形",比如正方形、正三角形、圆形、椭圆形等。它们不仅仅是简单规则,而且是对称的,格式塔心理学认为,对称可以产生一种极为轻松的心理反应。因此,它们不具备完形压强,不能激起人们追求完美的欲望,相反,人们总感到这已经很完美、很舒适,无需改变了。

第二种类型的"形"是复杂而不统一的格式塔。这些"形"都是不完整或不稳定的,它们使人感到紧张、不舒适,从而激起了人们追求完美形态的欲望,迫使人们积极地去追求、组织和完形。

第三种类型的"形"是复杂而又统一的格式塔。这种格式塔被人们认为是最成熟、最高级的格式塔,亦即人们常说的"多样统一"的"形",这些"形"都是不完美、不稳定的形,通过人们积极追求完美、组织和完善而得来的更为高级、复杂的"形",这些形是均衡、稳定与完美的,使人感到舒服和兴奋,这种多样统一的"形"本身蕴含了紧张、变化、节奏和平衡,蕴含着从不完美到完美、从非平衡到平衡的过程。复杂而统一的形体会在人的视觉当中留下强烈而又深刻的印象,形体组合可以增加形象的复杂性、可识别性。只有简单而没有多样,视觉就不会得到足够的信息量,因而形体上出现单调,而只有多样性没有统一性,同样会在视觉上产生杂乱无章的效果。在观察感受中,人们从紧张到轻松,从兴奋到安静,它既满足了人们的好奇心,又使人感到追求的快乐以及达到目的后的轻松。其中最耐人回味的还是追求、组织过程中所包含的无限趣味。无论用于自然和用于表现内有情感生活,它都是胜任的,因为它是生命力和人类内在情感活动的高度概括,而且它们是最真实、最本质的反应,如高层的美受重力与结构的影响呈现一种理想的美,历史上优美而成功的高层建筑多是复杂而统一的建筑,也就是格式塔心理学所说的"简约合宜"。所以,这种"形"被称为最高形式的格式塔。

格式塔理论告诉我们,人的视觉过程总是伴随着心理思维,是个复杂的知觉、感觉和思考的过程。对于"形"的认识不应局限于"形"本身的大小、比例、方向、尺度等,还必须包括视知觉对"形"组织建构以后的经验累积和情感体验。相比简单有规则的形,不完美的形更能调动人内心的紧张、新奇感,多样且统一的形最具艺术表现力。

作为一个经典的心理学和美学原理,格式塔心理学对建筑形态的研究有着很大的意义。大致在 20 世纪中叶时期,建筑学开始与心理学形成交叉学科,建筑师们将"人—环境—建筑"统一起来进行研究,格式塔完形论的框架也正是从这个时候开始逐步深入到建筑设计的研究中。在设计建筑的形态时,要注意把握形的简繁关系,通过省略或遮盖某些部分将另外一些重要的部分凸显出来,使之具有成为完形的趋势;或者适当的打破规则与秩序,用不完美的形造成更大的形式意味和刺激,给观者们留下耐人寻味的空间,从而调动起观者们的情感体验,得到对于形的重新认识。

　　符合格式塔的建筑有个共性，即拥有简洁的外形及规律而又富有变化的细部组织，在规整与不规整之间、简单与复杂之间、"完美"与"不完美"之间给观者以极大的视觉冲击和精神享受。就如大家所熟知的 2010 年上海世博会英国馆、波兰馆等许多国家和企业展馆一样：简洁的建筑外形、丰富的表皮肌理、规律而复杂的构件组成，它们都是成熟的格式塔在当代建筑运用的典范。（图 4.4，图 4.5）

图 4.4　上海世博会英国馆

图 4.5　上海世博会波兰馆

按照格式塔心理学的研究，"造成空间幻觉的线索是多种多样的，如形与形之间的重叠、倾斜、透视缩短、变形、模糊等。然而这些不同的手法或线索又有共同的东西——它们都是那个作母体的'好'的格式塔的变态或变形"。在建筑设计中，建筑的形态、色彩、位置、空间、体量以及光线阴影等因素，都可以用来创造紧张或产生激烈的心理感受，我们可以充分利用这些因素来创造丰富多变的建筑形态。除此之外，产生视觉刺激的手法也很多，例如切角破边、裂变移位、母题反复、尺度变异、对比强化等，我们都可在建筑设计中加以运用。但同时，我们还应注意的是，"这一切不同的手法或线索中又有共同的东西"。所以我们也不能一味地追求繁杂多变，还要注意复杂变化中的统一问题，即"统一中求变化，变化中求统一"。统一是根本，变化是枝叶，而我们需要的是根深叶茂的建筑。总之，力求使建筑作品丰富而不呆板、和谐统一而又变化多样。

格式塔心理学认为人有"心理—物理场"，视觉便是一个力场。在视觉力场之中，物象的种种状态会产生不同的心理反应，从而使人有种种不同感受。视觉是人们了解周围事物的主要方式，"物象的反映，以视觉的理解、领悟最深"。反映在建筑设计中就是建筑的形态、体量和细部安排的不同会产生确定性、不确定性以及总体性等不同感受。"意念与视觉的统一是建筑造型的生命力。"我们所说的建筑形态设计在很大程度上其实就是视觉造型的设计。所以，我们在设计建筑时，应先对视觉力场进行必要的分析，发现规律、组织规律、运用规律，使人们通过视觉感受到的与我们的设计目标相一致。只有这样，我们的建筑才能为广大民众所理解和接受。当然，影响建筑设计的因素有很多，视觉因素只是较重要的因素之一。我们要综合地考虑建筑所在地的地理环境、地方气候、历史文化、民族风情等各种因素，但决不可忽视视觉效果。

格式塔心理学通过对人的视知觉进行实验，提出了一系列知觉组织的法则，这些法则被称为"完形组织法则"。它说明人的视知觉以怎样的方式把经验材料组织为有意义的整体，并将这种规律推及人的整个知觉系统。在格式塔心理学家眼中，真实自然的知觉经验就是组织的整体，而这种整体不是部分的简单相加，而是由整体的内部结构、性质决定着各部分。因此人的知觉总是按照一定的形式来组织经验材料。

在人的知觉系统中，最基本的一种能力是在图形与背景间作出区分。当人在观看某个事物的时候，其中的一部分成为知觉的对象，而其余部分成为知觉背景。这种关系被广泛称为"图底关系"或者"形基关系"等。而实际上，人的视觉经验时时刻刻都在体现着"图底关系"，因为人无法对视域范围内的所有对象进行聚焦，在人的眼中清楚的仅仅只有被注视的部分罢了，而其余部分由于无法准确在视网膜上成像而变得模糊不清。而"图底关系"这一术语是用于分析平面视觉式样中所呈现出的"图形"与"基底"间的关系的。在平面知觉情景中,图形与背景可能互相转化,它们的关系是非恒定的,即对同一对象有两种图底关系的知觉方式。而这种样式的图形就是我们常说的"两可图形""反转图形"或"暧昧图形"。

格式塔心理学对"图底关系"做过大量的研究,认为图与底之间有着不可分割的紧密关系,只有将两者结合,才真正构成一个格式塔。而我们在建筑设计中也要学会处理好主题与背景的关系。

格式塔心理学理论认为这是一种组织关系,在不同的组织因素中,图形能够从背景中显现,图形与背景分离而形成整体的视觉样式。没有背景的衬托,主题会显得孤立,但相反地,如果背景不适宜,也会产生干扰效果。主题过大而背景过小,背景会承受不住;而背景过大主题过小,又削弱了建筑的体量感与气势。因此,我们一定要注意图形与背景的密切关系,处理好两者在构图中的轻重关系和远近层次关系,突出主题、模糊背景,做到有主有次、有重点有普通。

"鲁宾杯图"是格式塔心理学中的一个很有名的图形。它是丹麦心理学家鲁宾最早开始研究"图底关系"时创造的实验心理学图形。格式塔心理学从"鲁宾杯图"中得出了图底的互换关系,即同一张图,既可以把它看作是一个酒杯,也可以看作

是面对面的两个人的头部侧影,给人一种模棱两可的感觉。这是因为在此图中,图与底所占的比例基本相当,所以我们难以分辨出它想表达的图形与背景,造成含糊不清的视觉感受,并会产生晃动感。在建筑设计中,我们务必要处理好图与底的比例关系,使二者之间有着一定的对比度。例如建筑总平面中绿化、道路、广场与建筑间关系的处理,一定要考虑"图—底"关系,要做到有轻有重、有主有从,绝不可模棱两可,等量齐观。(图 4.6)

图 4.6　鲁宾杯图

格式塔心理学曾经以它独特的研究引人注目,然而,艺术创造者又感到它的研究成果的实用价值不大。其实,从现有的格式塔理论来看,其意义主要是体现在综合分析的辩证方法中而不是用在个别结论上。仔细查阅有关艺术的形式的各种理论后我们发现,尽管在某些方面还只是一个初步框架,但是格式塔心理学相对来讲更加贴近艺术与设计中的实际问题,它的价值体现在辩证分析的方法和实证性研究的方向上。正确认识格式塔心理学整体分析的方法,结合实际体验去研究未解的内容,对把握形式的视觉效应和解决艺术实践中的问题来讲都是十分重要的。而建筑的形态构成就是指确定建筑造型各要素的形态与布局,并在三维空间中进

行组合,从而创作出新的建筑形态的整体。它是建筑语言的结构;是建筑造型的处理技巧和方法;是建筑形态变化的内在规律。

格式塔心理学从一开始便已经对固有的视知觉研究范围有所突破,特别是后来对创造性思维的研究,实质上更是已经打破了知觉与思维之间不可逾越的严格界限。我们研究格式塔心理学,就是要把它的原理作为辩证思考的起点,把格式塔理论中所包含的方法论用于建筑形态的处理上。格式塔心理学为我们的设计提供了一个科学的框架,在框架中我们还需要填充各种实质性内容。在实际应用中,根据不同的需要加以变化,根据不同的内容、风格来确定适当的形式关系,从美术形式的实际出发去认识形式的构成关系和心理特点。

格式塔心理学在艺术作品的结构、创作、欣赏、审美经验的形成以及心理过程等方面提出了具有开拓意义的理论,这对于建筑设计中形态结构的处理有很大的帮助,特别是对建筑视觉效能的分析尤为重要。在建筑设计中,我们要充分认识理解并运用这些理论,力求把建筑设计做得更好,把建筑创作提高到一个新的水平。

总的来说,格式塔强调一个整体的概念,从整体来考虑和分析事物,在建筑设计过程中,正是需要建筑师时时从整体回顾方案所需涵盖的信息,从宏观的角度来对场地中各种信息进行分析和整理,建立起从"人——环境——建筑"综合考虑的框架,从而作出一个更完整的判断来回应各个因素。可以说一个方案对基地的地理环境信息、人文环境信息等场地信息回应程度的完整性,就是建筑设计方案的格式塔。

毋庸置疑,一个拥有好的形态的建筑方案更容易在设计竞标中脱颖而出,也更能给我们的生存环境增添新鲜的色彩。纵观今天的建筑作品,比以往更加注重建筑形式感的塑造以及对人的心理现象的研究。我们要善于领会并运用格式塔理论,丰富自己的设计实践,为社会奉献出功能合理又富有形式美感的建筑作品。

2) 格式塔视知觉的组织原则

为了对视知觉的复杂性和灵活性作出一定的阐述,格式塔心理学家对大脑中的决定性过程进行了一系列的描述,这就是在视知觉组织的过程中所遵循的组织原则。它们描述了决定我们如何组织某些刺激,以及如何以一定的方式构造或解释视野中的某些刺激变量。这些组织原则,即知觉形态的形成模式的一般规则,在以后的审美活动中起着审美的指导作用。它们包括:

(1) 图底关系原则。在具有一定配置的场内,有些对象凸显出来形成图形,有些对象退居到衬托地位而成为背景。一般说来,图形与背景的区分度越大,图形就越可突出而成为我们的知觉对象。例如,我们在绿叶中比较容易发现红花,在寂静中比较容易听到清脆的钟声。反之,形与底的特征比较接近时,形与底的关系容易产生互换,形成视觉上更丰富的变化。要使图形成为视知觉的对象,不仅要具备突出的特点,而且应具有明确的轮廓、明暗度和统一性。在此我们需要指出的是,这些特征不是物理刺激物的特性,而是心理场的特性。(图4.7)

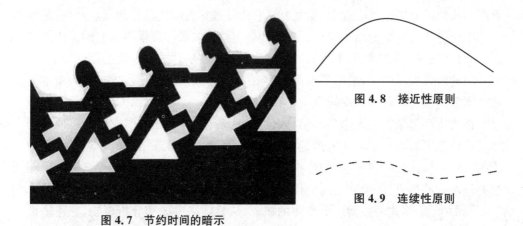

图4.8　接近性原则

图4.9　连续性原则

图4.7　节约时间的暗示

　　(2)接近性原则。某些距离较短或互相接近的部分,容易组成整体,这是由于相互接近的物体容易作为一体而被感受,单元的相对距离近,使这些物体连接紧密成为稳定的形体。例如,图4.8中表明,距离较近而毗邻的两条线,自然而然地组合起来成为一个整体。

　　(3)连续性原则。连续性指将形体一个接着一个排列成行的概念,连续性原理涉及的是某种视觉对象的内在连贯性。如图4.9所示,尽管线条被阻断,却仍像未阻断或仍然连续着一样为人们所经验到。在建筑造型中,连续性强调了形态局部变化与整体之间的关系,使整体形态变得单纯和统一。

　　(4)相似性原则。刺激物的形状、大小、颜色、强度等物理属性方面比较相似时,这些刺激物就容易被组织起来而构成一个整体。这说明相似的部分容易对观者造成整体感。在建筑形态中,形体的组合以及局部符号的呼应,可以使整个建筑在丰富中显得整体化、单纯化,而且,相似不仅仅局限于物体看上去属于一组,相似的单位还能进一步构成某种式样。(图4.10)

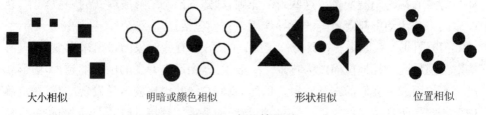

大小相似　　　　　明暗或颜色相似　　　　　形状相似　　　　　位置相似

图4.10　相似性原则

（5）闭合性原则。有时称闭合的原则。知觉印象随环境而呈现最为完善的形式，有些图形是一个没有闭合的残缺的图形，但主体有一种使其闭合的倾向，即主体能自行填补缺口而把其知觉为一个整体。反之，彼此不相属的部分，则容易被隔离开来。在处理建筑的围合问题时，采取闭合性原则，可以让相对独立的部分与另外的部分产生联系而看作是一种延续的存在。（图 4.11）

图 4.11　闭合性原则

4.2　阿恩海姆的视知觉心理学原理

19 世纪中晚期，以德国为代表的欧洲艺术史与美学理论研究界开始出现一种不同于以往的艺术研究方式：研究者开始将注意力从道德、宗教、社会政治环境对作品创作的影响研究转移到对艺术作品本身的视觉形式结构的分析，题材或者情节已不再是必然的选择，形式本身开始成为一门独立的研究对象，"形成一种以视觉形式问题为中心的现代批评态度"。当时欧洲新康德主义哲学的盛行使科学研究方法与哲学研究相结合，心理学作为一门学科的正式确立为这种研究方式的产生奠定了基础。艺术品风格的变化，即视觉形式的变化被看做是人视觉心理发展的结果，感觉与知觉的变化发展被解释为艺术风格变化的原因，因而开辟了这种新的研究方式——"形式分析"。"形式分析"的研究方式在艺术研究历史上第一次把"视觉形式"提到前所未有的高度上来，而对于"形式"的关注及相关理论的出现则对西方现代艺术创作与研究有着巨大的意义与深远的影响。

视知觉心理学艺术研究的发展开始于 19 世纪晚期，在 20 世纪迅速发展并逐渐成为西方艺术史家常用的方式之一。从 19 世纪晚期到 20 世纪，进行知觉心理学艺术研究的学者很多，具有代表性的人物主要有 A. 李格尔、海因里希·沃尔夫林、鲁道夫·阿恩海姆、贡布里希。而其中，阿恩海姆的艺术研究与视觉形式及其在艺术品中的运用最为人所熟知。

鲁道夫·阿恩海姆，美籍德国心理学家、艺术理论家。在当代西方关于艺术和审美经验中的视知觉特性的研究中，阿恩海姆的《艺术与视知觉》可以说是最负盛名的一部美学著作。他很注重格式塔心理学的研究成果。他本人也是格式塔心理学美学的主要代表人物之一。

他将格式塔心理学的基本理论，尤其是"知觉场"概念和"同形论"引入审美心理的研究领域，认为视知觉的过程实际上是大脑皮层生理力场按照韦特海默组织原理的邻近性、相似性、封闭性、方向性，将视觉刺激力转化为一个有组织的整体，即生理力样式的过程。

人们从艺术形式中知觉到的张力式样，绝非等同于对象的实在结构，而是对象刺激力与大脑皮层生理力的对立统一。由此可以判断，艺术作品是以主体的视知觉行为作为基础的。阿恩海姆反对用"联想"或者"移情"来解释艺术形式的表现性，他提出艺术形式之所以能表现一定的情绪因素，取决于其视知觉本身的式样以及大脑视觉区域对这些式样的反应。据此，阿恩海姆对艺术作品的"表现"作出新的解释：传统观点认为艺术作品表现了超出其中所含个别具体事物表象的某些东西是对的，但这"表现"包括了由"理性从艺术形式中，间接地推断出来的东西"，而又不包括"不表现内在精神活动的表象和行为"，所以太笼统，也太狭窄。表现不在于象征，而象征的意义应当通过构图形式特征直接传达于视觉。所以，"表现性就在于结构之中"，所有的艺术都是象征的。他强调接受者在艺术欣赏过程中的主动性，认为作品的物理样式并没有被欣赏者的神经系统原原本本地复制出来，而是在他的神经系统中唤起一种与它的力结构相同的力的样式。所以欣赏者总是处于一种激动的参与状态，而这种参与状态，才是真正的艺术经验。

阿恩海姆的相关研究主要集中于 20 世纪中期，就像他自己所说，他的研究目的是："对视觉的效能进行系统分析，以便指导人们的视觉，并使它的机制能得到恢复。"他直接从格式塔心理学理论中的整体论汲取养分，指出艺术家对世界的再现绝不是单纯地模仿。他的著作《艺术与视知觉》分别以平衡、形状、形式、空间、光线、色彩、运动等视知觉的基本元素为出发点分析视觉艺术作品，将格式塔的知觉理论直接作为依托分析视觉形式的关系。

书中鲁道夫·阿恩海姆总结了韦特海默的格式塔的视知觉原则，形成了自己的一套关于研究艺术心理的格式塔视觉原理。他在书中指出："视觉是高度选择的，……视知觉从一开始把握的材料就是事物的粗略结构特征。"他还指出："单纯从量的角度来说，整体中的任何一个段落都可以称为'部分'。然而，只有当我们面前的整体是一种均匀同质的物体时，上述定义才能成立。"这就是说"部分"不仅是"整体的部分"，同时它也保持相对的独立性。他认为："一个部分越是自我完善，它的某些特征就易于参与到整体之中。当然，各个部分能够与整体结合为一体的程度是各不相同的，没有这样一种多样性，任何有机的整体（尤其是艺术品）都会成为令人乏味的东西。"这同建筑师在做设计时，并不是将砖头一块块简单地叠加就能成功的道理是一样的。

阿恩海姆试图把现代心理学的新发现和新成就运用到艺术中，其中，最主要的就是格式塔心理学美学的理论核心"异质同构"论。阿恩海姆认为，格式塔心理学的整体性观点，是由力的基本式样决定的。他把这种观点引入艺术，认为这种力可以用来解释艺术，也可以作用于视知觉，并把两者在力的基础上统一起来。

在其代表作《艺术与视知觉》中，他首先论述了这种力在物理世界和艺术中的存在。他认为，决定世界上各种事物千差万别的原因就是力的基本式样的不同。"这些自然物的形状，往往是物理学作用之后留下的痕迹；正是物理学的运动、扩张、收缩或成长等活动，才把自然物的形状创造出来。"例如，在那种向四面八方扩展的凸状云朵和那些起伏的山峦的轮廓线上，我们从中直接知觉到的就是造成这种轮廓线的物理力的运动。在树干、树枝、树叶和花朵的形式中所包含的那些弯曲的、盘旋的或隆起的形式，同样也是力的生长和运动。云朵和山峦本身具有一种物理力，而其表现出的向四面八方扩展和起伏则是力在艺术中存在的表现。同样，树干、树枝、树叶和花朵中包含了物理力的生长和运动，而它们表现出的弯曲、盘旋、隆起则是艺术层面上的力。

格式塔心理学派认为在外部事物的存在形式，人的视知觉组织活动和人的情感以及视觉艺术形式之间，有一种对应形式。一旦这几种不同领域的"力"的作用模式达到结构上的一致时，就有可能引起观者的审美经验，这就是所谓的"异质同构"。阿恩海姆认为，事物运动或形体结构本身与人们的心理—生理结构有类似之处。所以，事物形体结构和运动本身就包含着情感的表现。阿恩海姆曾经做了一个实验，尝试用各种随意的舞姿来表现悲哀。结果各种具体的舞姿虽然不同，但却有一些共同点，比如速度比较慢，动作不紧张，方向摇摆不定，似乎受制于某种力量等等这些特点。这个实验证实了他的观点。事物本身的形态就包含着情感的表现，而不是人赋予的。这种观点肯定了客观事物本身的存在形式却明显忽略了人和社会对审美活动的影响。

视知觉的理论在艺术形式研究领域的运用是十分广泛的，如明度视觉研究。光线的刺激是人产生视觉的基础，对光线的感知是最基本的视觉现象。阿恩海姆运用明度视觉分析艺术表现中对光影的运用。他指出人对物体明度或亮度的感知存在相对性，即如果特定区域内所有物体的亮度都以同比例变化，则每个物体的亮度看上去没有变化，当某个物体的亮度相对于其他物体发生变化时，看起来就会"变亮"或是"变暗"。因此，物体的明度强弱与其所在环境的明度存在相对性，如果两种实际亮度不同的物体分别处在使其相对亮度相等的环境中，则他们看上去相同。这一点的运用在设计领域中很常见，例如广告设计中常使用的明暗光线的对比，在视知觉上有效突出了宣传对象，给观者造成某种大大超出对象本身真实状态的外观,借此产生震撼与吸引的效果。

根据对阿恩海姆的视觉心理学的分析与研究,我们发现,其理论在建筑构成中的主要应用可以简单归纳为平衡、简化、结构骨架、图底关系以及张力这五条基本原理。

(1) 平衡

格式塔心理学提出:"一切视觉式样都是一个力的式样,而这种力包括在物理和心理的两个范畴之中。"视觉式样充满有关"力"的作用,"平衡"就正是这种力的作用的具体表现之一。

维持人身体的平衡是人类最基本的需要之一,因此艺术家在艺术中也在追求着"平衡"。每当人们看到一种不平衡的构图时,就会通过一种自动的类比,在自己身体内的经验中找到一种不平衡,因此平衡的构图成为人的一种内在需求而转化为艺术创作不可或缺的因素。在视觉艺术中,"平衡"作为一个术语,通常指构成画面的形态、空间、位置、大小、色彩等在两个以上的单位之间或在整体画面中的一种力学关系。平衡分为"对称式平衡"和"均衡式平衡"两种基本的式样。前者指视觉要素在空间上的一种完全对称的平衡关系,如镜像对称、天平式平衡等。后者是指在不完全对称的式样中所呈现的视觉上的平衡关系,这种关系主要是由重力引起的平衡,而这种平衡常集中于那些具有重力优势的一个或多个焦点上。

阿恩海姆将平衡分为"物理平衡"和"心理平衡"。物理平衡是指作用于一个物体上的各种力达到了互相抵消的状态,如大小、方向、色彩等物理因素相等或相同;而心理平衡指知觉上的平衡,即通过视觉使大脑皮层中的生理力的分布达到可以互相抵消的状态的平衡。如人们观看一个有不规则边界的视觉式样时,凭直觉能看出其中心,当式样的中心与框架的中心一致时,心理平衡就产生了。物理平衡与心理平衡常常发生不一致的情况,也就是说在物理上已达到平衡的式样,可能在心理上仍然是不平衡的,反之也是如此。

在对平衡这一视知觉的研究中,阿恩海姆将一黑色的圆形放在一张方形白纸的不同位置上并观看黑色圆形在不同位置所引起的心理反应。(图 4.12)

图 4.12 平衡

从上述图形中,观者看到的不止是黑色圆形的位置,还看到了它所具有的一种不安定性。这种不安定性是人们感知到黑圆面有一种离开原来位置所在的方形中间位置,向某一方向运动的趋势。阿恩海姆认为这种运动的趋势是黑圆相对于方形的内在张力,这种张力是人们视觉感知到的,是视觉活动不可缺少的内容之一,并把它称为心理"力"。

在具体的艺术式样中,各种力的相互支持、相互抵消构成了整体的平衡。而正是由各种因素产生的力互相抵消、相互促进,这些力所造成的关系复杂成为艺术品生命力的源头。

但是,平衡并非视觉艺术的最终目的。艺术品的意义关键在于这些力的构成背后代表的含义。阿恩海姆也说:"平衡必须传达意义。""不管一件艺术品是再现的还是抽象的,只有它传达的内容才能最终决定究竟应该选择什么样的式样去进行组织和构造。因此,只有当平衡帮助显示意义时它的功能才算是真正地发挥出来了。"

(2) 简化

何为"简化"? 阿恩海姆说,在实际运用中"简化"有两种意思:第一种,就是我们通常所说的"简单",其反义词是"复杂"。但是,在艺术领域里,"简化"往往具有某种对立于"简单"的另一种意思,并被看做是艺术品的另一个极重要的特征。真正的原始艺术和典型的儿童画一样,都是因为运用了极为简单的技巧而使它们的结构整体看上去很简单。然而,那些风格上比较成熟的艺术便不是这样了,即使它们表面上看来很"简单",其实却是很复杂的。在艺术领域内的"节省律",则要求艺术家使用的东西不能超出达到一个特定目的所应该需要的东西,只有努力遵循这个意义上的"节省律",才能创造出审美的效果。艺术家要掌握"节省律",就必须效法自然。

阿恩海姆将简化理解为组织物体形态的一种内在的秩序。阿恩海姆在他的《艺术与视知觉》一书中也提到斯宾诺莎对秩序下的定义刚好适用于简化一词。而后又对简化的本质作出进一步的研究,并引用库尔特·贝德特的解释"事实上,如果要把握鲁本斯作品的简化性,就必须能够理解那个由各种积极的力所组成的世界的秩序",他把艺术简化解释为"在洞察本质的基础上所掌握的最聪明的组织手段。这个本质,就是其余一切事物都从属于它的那个本质"。之后阿恩海姆又对各艺术家的绘画作品进行分析与研究,最终得出"简化"的含义,即"在某种绝对意义上说来,当一个物体只包含少数几个结构特征时,它便是简化的;在某种相对意义上说来,如果一个物体用尽可能少的结构特征把复杂的材料组织成有秩序的整体时,我们就说这个物体是简化的"。

格式塔心理学常常将视觉倾向于从力学的结构上去判断一个形状,并将其倾向于一个简洁的结构式样加以看待。因而,视觉就具有对形状进行简化的倾向。例如一个三角形和一个正方形相比较,虽然正方形的要素比三角形多,但正方形就比三角形简洁，因为正方形的力学结构比三角形简单，正方形所包括的四条边不仅长度上都相等，而且离中心的距离也都相等，同时它只有两个方向，即垂直方向和水平方向，所有的角大小也都相等，整个图式看上去高度对称；而三角形则不同，虽然与正方形的要素相比要少，但其力学构造的方式却比正方形复杂。格式塔心理学认为：构成一个形状式样的结构特征越少，就越简化，而这一结构特征不是指要素的多少，而是指形状结构的性质是否简洁。

这种知觉追求的简化使人们倾向于把视觉式样看成已知条件所允许达到的最简洁的状态，即能从构图形象中排除不重要的部分，只保留那些绝对必要的组成部分，从而达到视觉上的简化。格式塔心理学将这种简化看做是视知觉心理的一种组织因素，即我们前面提到的格式塔的组织原则之一的"简单性原则"。

形的简化在现代设计艺术中具有极为重要的意义，长期以来设计师们根据直觉的观察、对自己的视觉表现的自我评价以及受众的反应得出结论：无论是设计师本人或是观者，都不欣赏那种杂乱无序的形象。一个格式塔很差的形象——缺乏视觉整体感、和谐感的形象——产生的视觉效果也往往是缺乏联系、细节零散、无整体性的，它破坏了人们的视觉安定感，给人总的印象是"有毛病"。这样的视觉形象势必遭人们忽视，乃至于拒绝接受。所以表现作品的整体感与和谐感是十分重要的，我们可以利用格式塔心理学所揭示的图形规律去把握视觉式样的整体性、抽象性以及形态符号的语义学规律。

在图 4.13 中，8 个点围合的范围被看做圆形或者八角形比被看做两个交叉的正方形形成的星形要单纯得多，也更容易被接受。下部分三个图形中，前两个都很容易看出，而最后一个则由于其本身的不规则，在观察的时候更容易被看做一个长方形和一个三角形的组合，当然，这种分解简化的方式并不影响最终将图形作为一个整体看待。

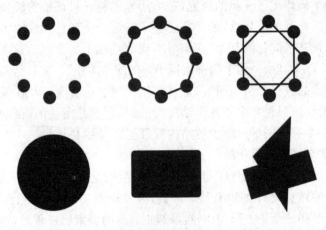

图 4.13　简化

（3）结构骨架

阿恩海姆认为，一个视觉对象的形状并不仅仅由它的轮廓线决定，决定其形状的还有它的结构骨架。他认为图 4.14 中（b）实质上是（a）的本质，这就相当于构成中的骨骼线一样。

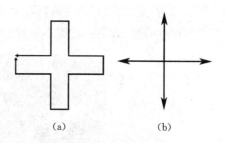

图 4.14　结构骨架

这便是图形的结构骨架。在对其进一步的研究分析中，阿恩海姆发现由结构骨架来决定一个样式的特征具有很重大的意义。因为"它指明了，如果要使一个已知的式样与另一个式样相似，或者是要用这个已知式样去再现另一个式样，需要具备什么样的条件。当我们想要使某个艺术品之内的某几个形式互相类似的时候，只要使得它们的结构骨架达到足够的相似就行了，它们之间在别的方面的一些差异，都不会造成很大的障碍"。

（4）图底关系

"鲁宾杯图"很好地揭示了图底关系的视知觉现象，在研究基础上阿恩海姆总结出许多图底关系的规律：封闭的面更易被看作"图"，而没有形状、轮廓的部分易被看作"底"；"图形"一般看起来离观者近而空间位置明确，而"基底"则远而且没有明确的位置；"图形"比"基底"容易留下深刻印象；"图形"看起来比"基底"亮等。

从阿恩海姆对图底关系的研究中可以得知，不同的视觉因素既可以相互配合，又可以相互对抗。图底关系的视觉原理被应用于绘画创作中，艺术家应用这一原理来控制构图中间隙的区域，目的在于确立作品正面平面的统一，以加强积极的图形与半隐半现的消极图形之间巧妙的平衡作用。只有这样才能使所有的图形都最大限度地为整个构图的表现作出贡献。

阿恩海姆在自己的心理美学研究中对"图底关系"进行了进一步发展。他接受了鲁宾的平面视知觉中图底关系的理论，并将其引入到立体视觉如雕塑艺术中。他认为雕像与雕像周围空间的关系就是图底关系的一种，因为雕像具备所有"图形"所具备的性质。

在图底关系中，形成"图"的条件大致为：具象的、完整的、较小的、熟悉的、简洁的、轮廓清晰的、色彩鲜明的、有凸出或凹进的、可以完结的、连接或封闭的以及垂直与水平放置的。而形成"底"的条件基本为：开放的形、虚形、为人忽视或不受注意的、有背景特性的、外形散漫的、有不断扩张感觉的、不易完结的、难以感知到固定形态的以及有后退感和下沉感的。而在整体构图中，则有上部往往为底，下部往往为图，被包围者易为图，动者为图、静者为底，有秩序感的为图，有光影的为图。

图底关系不仅揭示了人们视觉式样的组织与构造能力，也对视觉艺术研究起了很大的促进作用,基底作为"形"的一部分得到重视与利用。在视觉艺术中,艺术家们运用"图底关系"构成各种视觉式样,丰富了视觉艺术的语言,如图 4.15 所示,作为背景的雪山,隐藏着很多动物的头像。

图 4.15　图底关系

(5) 张力

我们所感知的物体都具有倾向性的张力。它是一种外力对视觉系统的刺激,打破了神经系统的平衡。在艺术创作中,打破原有的平静,给人以一种动势,张力是在艺术创作中经常用到的一种手段。

阿恩海姆在 1954 年版《艺术与视知觉》中,他主要使用的是"forces"和"tension",并给予了"张力"以核心地位。书中系统地阐述了形状、色彩、位置、空间和光线等视知觉范畴中所包含的种种能够创造张力的性质,并以"张力"为主题作为书中重要一章。可见,他把"张力"放在了理论核心位置上。(图 4.16)

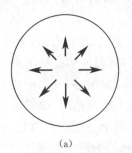
(a)

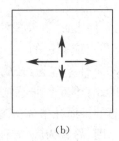
(b)

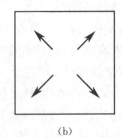
(b)

图 4.16　张力

阿恩海姆的视觉思维理论揭示了视觉行为的复杂性,尤其是分析指出了心理因素在视觉过程与结果中所占有的重要性。因此,视觉行为与结果远不如人们想象的那样是单纯对外界的客观记录而是对对象的整体结构样式的把握。

格式塔心理学美学是一种"视知觉形式完形理论",把视知觉完形形式的生成归于视知觉的完形倾向之下。实际上,在阿恩海姆的理论中有一个"完形"形式的生成机制在起作用,也就是任何视知觉形式的达成,都是在其自主作用下进行的。那么所有创造出来的形式,也都呈现为动力式样。同时,在视知觉形式动力的作用下,意义、表现等在形式创造中所必须具备的东西也都得以产生。因此,阿恩海姆美学思想更多地将格式塔发展为形式的形成和建构的动力机制,从而使我们对之有了一种全新的理解。

格式塔心理学美学被认为是现代两个影响最大的心理学美学流派之一。虽然在阿恩海姆以前,格式塔心理学派的一些代表人物已经开始把格式塔心理学的许多基本原理运用于艺术研究,但使格式塔心理学美学大放异彩的却是阿恩海姆,他被公认为是格式塔心理学美学的主要代表人物。无论从中国,还是国外来看,可以说阿恩海姆对视知觉形式的研究,已经成了美学和艺术理论的重要资源。

视觉艺术发展到今天,已与一百年前有了很大的区别,尤其在范围上大大地得到了扩充,大量的设计作品在实现其功能意义的同时追求在艺术上的审美价值,而近代科技的发达也使得设计的功能需要对形式的制约大大降低。视觉感受、认知与视觉对象形式间的关系也就自然而然地成为了设计工作者与设计研究者关注的对象。而运用视知觉心理学分析形式,打破了不同视觉艺术门类的界限,无论是绘画、雕塑还是建筑形式都体现了人类视知觉的认知规律,而这种规律理应成为视觉设计工作的基础。

阿恩海姆的视知觉心理学原理为艺术形态的审美法则提供了审美依据,它影响到了整个视知觉领域,同时,也为建筑造型的创作方法即构成原理的形成提供了理论依据。可以说,阿恩海姆视知觉心理学间接地指导着建筑形态的创作,并为其提供了良好的创作方法和途径。

4.3 形式美的基本法则

1) 主与从

主与从建筑形式在条件上需要满足以下三个方面:

(1) 主体部分。主体部分决定了建筑的形体感,其构成法则需要满足两个条件:一是在形体中占有主要地位的要素,包括形状、轴线、体量等;二是在建筑造型中处于视觉的中心点上。

（2）次要部分。次要部分一般在形体上是接近主体部分的，当然，有时候次要部分也会起到衬托主体部分的作用，以强调主体部分的特征。

（3）从属部分。从属部分的作用是连接主体部分与次要部分，一般用于两者之间的过渡，它可以是有形的空间形体，也可以是无形的构成法则。从属部分的加入可以使得主体部分和次要部分紧密结合，当然，有时为了增强两者的对比也可以将其省略，并不是所有强调主从关系的建筑造型都存在从属部分。

① 法国里昂信用社大楼（包赞巴克，1995 年）。这是一个主从关系十分明确的建筑，其中，主体部分是一侧的高楼，而次要部分则是下方低矮的裙楼。建筑的外形并不是两个简单的长方体相结合，而是分别对形体的边缘进行了相似的改变，最终的效果虽然具有统一性，但也不失其中的变化。

② 埃及开罗国际会议中心（上海建筑设计研究院有限公司，1983—1986 年）。这件作品对于主次关系的处理十分明显，建筑的附属部分置于建筑主体之外，通过两条相交的空中轴线巧妙地连接，次要部分在形式上也选用和主体部分不相融合的曲面，并且通过体量上的对比变化达到主从分明的效果。（图 4.17）

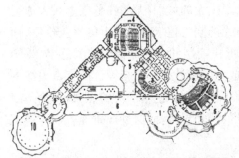

图 4.17　埃及开罗国际会议中心

③ 中国美术馆（1959 年）。这件作品的设计符合了中国传统建筑中轴对称的手法，建筑的主体部分都在中间的轴线上，次要部分则放在了两侧，中间的主体都是阁楼的形式，相对地高耸和复杂，两边则是低矮的回廊和光滑的外墙，以突出中间的主体部分。（图 4.18）

④ 德国爱因斯坦天文台（门德尔松，1919 年）。门德尔松的这件作品在当时的影响是十分大的，这主要还是因为建筑造型的奇特，用砖和混凝土塑造的不规则形体具有曲线的动态，感觉上更像一个生物体，以暗示爱因斯坦广义相对论的新奇与神秘感。这件作品也具有很明确的主从关系，其中，主体部分高耸且顶部具有一个观察台，而次要部分则以横向为主，整个建筑的造型语言虽然奇特却也统一，整体感强烈，很像一个蠕动的生命体。（图 4.19）

图 4.18　中国美术馆

图 4.19　爱因斯坦天文台

⑤ 欧洲议会大厦(FRANCE 建筑工作室,1991—1997 年)。这是一件具有政治色彩的建筑,因此,寓意对于建筑造型语言的影响在这里变得尤为重要。建筑必须表现欧洲的文化和历史,也必须是时代的代表和支持时代的民主机构。次要部分表现了西方文明的基础:古典主义和巴洛克风格,主体部分展现了从伽利略的圆形到开普勒的椭圆形,从中心几何结构(伽利略)过渡到外观变形(博罗米尼),再到椭圆形(开普勒)几何学中的不稳定,象征从中央集权到民族运动的过渡。因此,从

建筑平面来看,主体部分是由圆形内部包含椭圆的形式,次要部分则是包围着主体部分呈"弓"字形,主从关系明确,且含义深刻。(图 4.20)

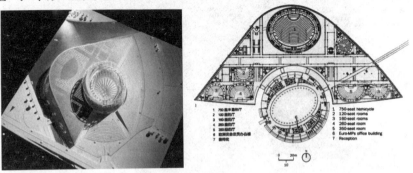

图 4.20　欧洲议会大厦

⑥ 纽约古根海姆美术馆扩建(格瓦斯梅、西格尔,1992 年)。纽约古根海姆美术馆是建筑大师赖特 1959 年设计建成的作品,从当时直到现在都具有很大的影响,因此,在扩建过程中建筑师选择了顺应和烘托的手法,小心地将原建筑作为主体部分,将新增建的部分作为陪衬。原建筑造型是螺旋多层的圆塔,造型上大下小呈倒锥体。新楼为 10 层的高楼,形式上选用纯板式楼的形态,尽可能淡化新建部分,仅在原美术馆低层的平台缺口处点缀 4 条横窗,平整的表面成为原建筑曲面的背景,运用对比、衬托的手法较好地解决了主次关系,使得新旧建筑得以融合。(图 4.21)

图 4.21　纽约古根海姆美术馆扩建

2)统一与变化

形式美法则中,统一与变化更多地体现在整体与局部的关系上,建筑形态既要有统一性,避免杂乱和零碎,同时也要在局部上寻求突破和变化,形成形态之间的相互呼应,避免形式的单调和枯燥。

在处理手法上,一般选择同种类型的形式以取得整体感,然后在局部增加一些变化,形成趣味性。需要注意的是,整体上的变化不宜过多,否则各部分之间容易形成对比,从而削弱了整体感。当然,通过改变构成法则也可以形成统一与变化的关系,不必一定在局部对形体进行改变。

① 炎黄艺术馆(刘力,1991 年)。该艺术馆共有 9 个展厅和一个多功能厅。建筑的造型为倒立的斗形,大面积的坡屋顶形式很有中国古代建筑的气韵。虽然整个建筑群体恢弘一气,形式上也采用了大屋顶的造型,但是局部仍然有很多丰富的变化,以区别各个展厅的特色。(图 4.22)

图 4.22　炎黄艺术馆

② 风雨桥。风雨桥因为具有长长的廊子和高大的桥楼因此又被称为“廊桥”或“楼桥”。风雨桥最早起源于公元 3 世纪初,种类繁多、风格各异,其中以侗族风雨桥最为出众。风雨桥最为显著的特色就是桥上的楼阁,楼阁之间往往风格类似但变化丰富,在桥廊的串联下浑然一体。(图 4.23)

图 4.23　风雨桥

③ 中国工艺美术馆(1989 年)。该美术馆由于地理位置上的特殊性,与旁边的中国国际旅行社办公楼连建在一起,在形式上两者类似,建筑立面都以白色大理石为主,红色花岗岩相间,局部为茶色玻璃幕墙。两个部分相互呼应,高低有致,形成一个整体。

④ 流水别墅(赖特,1936 年)。赖特的流水别墅是现代主义建筑的代表作,也是赖特有机思想的范例。建筑造型以简洁的长方形几何体为主,组成整体的各部分巧妙地穿插交贯、相互制约,有条不紊地结合成为一个统一又富于变化的整体。(图 4.24)

图 4.24　流水别墅

3) 比例与尺度

比例与尺度的含义在前面的概念部分已经说明了,随着科学技术的发展,纯粹依靠比例来挖掘建筑造型的案例已经越来越少,更多的是一种建筑的尺度感。当然,这并不是说用比例的不重要,而是在今天有了更多的意义。随着人们自身审美层次的不断提高,比例与尺度已经成为建筑不可或缺的因素,很多时候甚至需要我们打破常规的比例和尺度,换一种角度来思考建筑的形式。

① 古希腊三大柱式。在古希腊建筑造型中,柱子起着至关重要的作用。作为建筑的基本结构,柱子可分为柱础、柱身、柱头三部分。由于各部分尺寸、比例、形状的不同,加上柱身处理和装饰花纹的各异,从而形成各不相同的柱子样式:多立克式、爱奥尼克式和科林斯式。这三种柱式各部分都有着各自严格的比例,其中,多立克式柱身比例粗壮,由下而上逐渐缩小,柱子高度为底径的 4～6 倍。柱身刻有凹槽,柱头比较简单,无花纹,没有柱础而直接立在台基上,檐部高度与柱高的比例为 1:4,柱间距约为柱径 1.2～1.5 倍。爱奥尼克式的柱身比例修长,上下比例变化不显著,柱子高度为底径的 9～10 倍,柱身刻有凹槽,有多层的柱础,檐部高度与柱高的比例为 1:5,柱间距为柱径的 2 倍。科林斯式除了柱头如盛满卷草花篮

的纹饰外,其他各部分则与爱奥尼克式相似。(图 4.25)

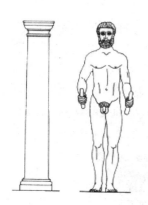

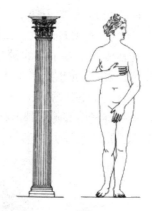

(a) 多立克式　　　　　　(b) 爱奥尼克式　　　　　(c) 科林斯式

图 4.25　古希腊三大柱式

② 巴黎圣母院(约 1163—1345 年)。该建筑是哥特式的代表作。其中,巴黎圣母院的立面设计完全展现了理性的以比例和几何来控制立面的传统。(图 4.26)

③ 布兰科尼奥·德拉奎府邸(拉菲尔,1520 年)。拉菲尔在这件作品中所展现的思想是对比例成规的打破,设计中将上下层柱子的位置错开,并在三层的外墙上加入了高密度的装饰,特意打破了建筑立面的均衡性。

4) 对称与均衡

在建筑上使用对称的手法在古代的中西方都有出现,尤其是时下具有纪念意义的建筑,完全左右对称的建筑经常出现。到了文艺复兴时期,建筑师执着于理想比例和几何体,很多建筑具有明显的对称性和向心性,尤其是以集中式的教堂为主,而这种思想到了今天仍然使用。

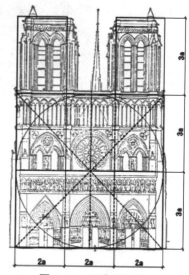

图 4.26　巴黎圣母院

随着建筑形式的多样化,均衡的形式越来越多,很多时候,均衡被看做是对称意义的扩大化。虽然建筑的形式和体量不再是左右的完全一致,然而最终建筑所达到的稳定的状态仍能给人一种视觉上的平衡感,这在处理建筑造型的过程中经常用到,包括对于动态和张力的造型展现。

从另一个角度来说,对称是对几何学的绝对诠释,绝对的对称形式都是由几何形态完成的；而均衡的适用面则广阔得多，任何形式的建筑造型都可以展现一种均衡的美感，包括拓扑学、分形学等等。

① 前廊式神庙（尼姆，约前 19 年）。古希腊的神殿大都建造在空旷的地方，因此在外观上各个立面都是严格地遵守对称法则的，但是古罗马的神庙由于面向城市广场，因此重点是突出正面，形成了典型的单轴左右对称的结构。

② 故宫太和殿。中国传统建筑十分注重中轴对称的思想，包括城市规划、建筑形式甚至内部陈设都严格地遵守对称性。太和殿处于紫禁城中轴线的高潮上，其对称的形式象征了封建帝王至高无上的权力，具有很强的艺术感召力。（图 4.27）

图 4.27　故宫太和殿

③ 哈尔瓦犹太教会堂（路易斯·康，1967—1974 年）。在现代主义建筑设计中，利用中轴对称取得向心性的作品还是比较多见的。建筑师在这件作品中所用到的对称思想还是十分严格的，尤其在建筑平面上，使用了双轴对称的构成形式以突出建筑的向心性。

④ 波特兰市政厅（迈克尔·格雷夫斯，1982 年）。对称性的使用即使在后现代主义建筑中也经常出现。在格雷夫斯的这件作品中，对称性的体现更多的是符号化的使用，虽然建筑的外形和装饰带有戏谑、打破常规的思想展现，但是不论是表面装饰还是空间造型，都没有跳出对称的构成手法。（图 4.28）

⑤ 旧金山现代美术博物馆（马里奥·博

图 4.28　波特兰市政厅

塔,1994 年)。博塔的最大特征就是其建筑造型所表现的是一种类似以人体所拥有的中心对称设计。他的建筑传达出的感觉通常都是稳定、端正的。在这件作品中,博塔用几何形式的语言组合完成了建筑造型,将圆与方进行了相互的融合,虽然体块上做了一些切割和变化,但是形态上还是恪守了绝对的均衡与稳定。(图 4.29)

图 4.29 旧金山现代美术博物馆

⑥ 北京西客站(北京市建筑设计研究院,1996 年)。许多公共建筑,特别是政府行政办公楼、学校、火车站等,由于功能的限制十分严格,因此建筑形式也多采用对称布局。北京西客站是一个巨大的建筑群落,两端长达 740 m,以巨大的拱门为中轴,左右两边对称布置,不仅如此,包括建筑顶部设置的几组具有传统风格的亭子都严格地遵守中轴对称的形式,建筑显得十分庄重、严谨。(图 4.30)

图 4.30 北京西客站

⑦ 朗香教堂(勒·柯布西耶,1950—1954 年)。朗香教堂是柯布西耶晚期的作品,体现了柯布西耶从功能主义向粗野主义的转变。建筑的造型已经不再是单纯

的几何形式,而是运用了很多流线和曲面,使得建筑的形态显得高雅、优美,有人将其比喻为"修道士的帽子""祈祷的手""轮船"等形象。虽然造型上不是对称的几何形态,但却给人一种动态的均衡和稳定感。(图 4.31)

图 4.31　朗香教堂

⑧ 罗马千禧教堂(理查德·迈耶,2000 年)。这件作品成功地展示了迈耶对几何形和整个空间形态的把握,彰显了他独特的空间逻辑构思能力。教堂的主体运用了三个半径相同的球面的一部分,确定了教堂层叠丰富的外轮廓,以此分别构成教堂内部的三个重要空间:大教堂、小礼拜堂和洗礼堂。其他的附属部分则沿袭了迈耶"白色派"的建筑风格,以衬托三个曲面半围合的空间形态。建筑造型既富有动态,又给人以均衡、舒缓的感觉,与教堂的宗教气息十分相称。(图 4.32)

图 4.32　罗马千禧教堂

⑨ 巴西议会大厦(奥斯卡·尼迈耶,1958—1960 年)。该大厦是参议院与众议院讨论与决策国家事务的政治类建筑,外观的形象代表了"民主、集中"的意愿。建筑主体为高耸的两栋板楼,中间用廊连接,在空间中形成一个"H"的形态,寓意为

"人类"。两边是参议院和众议院,其中,形如倒扣的碗状裙楼是参议院,寓意决策集中的"权力",另外一边则是碗口朝上的众议院,寓意广纳言论的"民主"。建筑造型上虽然不是左右完全的对称形式,但是在体量上给人一种强烈的均衡美。(图4.33)

图4.33　巴西议会大厦

⑩ 洛杉矶沃特·迪斯尼音乐厅(弗兰克·盖里,2004年)。解构主义大师盖里的建筑形式在他的成熟期已经具有很明显的特征。在这件作品中,形体的扭曲、破碎形成了强烈的动态感,体块之间的组合与变形可以使人从各个角度都可以感受到建筑给人传达的空间意象。虽然建筑造型打破了一贯以来的封闭性和可预见性,但是盖里的建筑仍然在空间中保留了均衡、稳定的态势,给人一种优雅、和谐的整体感。(图4.34)

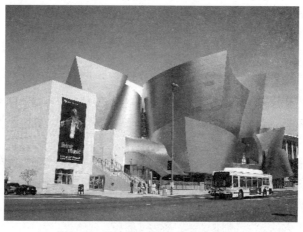

图4.34　洛杉矶沃特·迪斯尼音乐厅

⑪栗子山母亲住宅立面(罗伯特·文丘里,1962年)。该建筑立面虽然不是完全的对称形式,但是,仍然展现了均衡的美感,尤其是两边的开窗设计,十分巧妙地运用了均衡的原理。(图4.35)

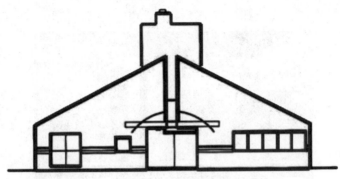

图4.35 栗子山母亲住宅立面

5) 节奏与韵律

节奏与韵律存在于宇宙之中,是事物构成的法则之一。节奏与韵律最初是来源于音乐领域,随后在诗歌、建筑、舞蹈等很多艺术门类中都有所体现。散普尔认为"建筑与舞蹈、音乐的关系远比与绘画、雕塑的关系密切",而维柯也有类似的言论,如"建筑之所以超脱于绘画与雕塑的地位,与音乐、诗歌并称为三大非模仿性宇空艺术,原因在于节奏是音乐和建筑的起源"。这些都得以说明建筑与音乐的密切关系。

在音乐领域,节奏是指音乐的节拍,是控制音乐情感的骨架,通过循环的重复形成了旋律,并且节奏有长有短、有强有弱,变化丰富多样;而在诗歌中,节奏则以每一行的速度为单元,变化上可以抑扬顿挫,强调轻重缓急,也可以柔和舒展,行云流水一气呵成。而在建筑中,节奏来源于对于形体和结构的重复与组织。

韵律,从广义上说,是一种具有和谐美感的规律。它是指形象在节制、推动、强化下呈现的情调和趋势。在古代,韵律还体现在一些纹样和编织中,如早期陶器中的纹样、记事用的绳结、编制的器物等等都体现了韵律的美。柯布西耶曾说:"韵律是一种均衡的状态,它既产生于或简或繁的一系列对称中,也产生于一系列优雅的平衡中。"

节奏与韵律是相互联系、紧密结合的,它广泛地存在于客观世界——包括植物的生长、大海的波动等等,同时,又可以在人们的主观意愿下进行利用——从音乐到诗歌再到建筑等等。在表现上,总的来说,节奏宛如筋骨,韵律好似血肉。前者强调基础、规律、方法,后者强调结果、感受、态势。

在建筑造型中,节奏与韵律强调组成建筑的同一要素连续重复所产生的运动感,使造型元素既连续又具有规律、秩序的变化,它能引导人的视觉运动方向,控制视觉感受的规律变化,形成一种动态的丰富感、优美感。

节奏与韵律的概念在前面已经进行了论述,在建筑构成中,节奏与韵律是指有规则变化的形象间以数比、等比处理排列,使之产生类似音乐、诗歌的旋律感。它是表达动态感觉的造型方法,可有效地使一些基本不连贯的感受形成规律。

节奏与韵律是使用过程中强调有组织的运动,它们运动的急速、缓慢或轻快,都会给人以不同的视觉感受。在表达丰富的建筑造型时,根据形态的变化可以有连续的韵律、渐变的韵律、起伏的韵律等等,彰显出建筑造型的条理性、重复性和连续性,在统一中体现秩序的美感。

建筑与音乐的关联在文艺复兴时期就已经受到关注,很多建筑师从音乐中寻找建筑分割的方法,因此,"建筑是凝固的音乐"并非只是一个简单的比喻。在贝多芬《弦乐四重奏》中,我们可以感受到通过对四分音符、八分音符和十六分音符的控制,使得整个旋律舒缓与紧张共存,长短对比丰富,在和弦的配合下,给人一种循序渐进的力度。(图4.36)

图4.36　《弦乐四重奏》节选

① 雅典奥运主场馆(圣地亚哥·卡拉特拉瓦,2004年)。建筑师在设计构思中,运用了连续起伏的韵律,使得形态如波浪的起伏,在不断重复的节奏中,给人一种鲜明、活泼、向前推进的感觉。(图4.37)

② 上海金茂大厦(SOM设计事务所,1998年)。作为一个超高层建筑,该造型已经成为上海的地标性建筑。设计灵感来源于中国古代的密檐塔的形态,逐层收缩的同时,出檐的密度也随之加强,使得建筑不仅拥有了优美的韵律感,外轮廓上也具有丰富的变化。(图4.38)

图 4.37　雅典奥运主场馆

图 4.38　上海金茂大厦

　　③ 斯图加特新国立美术馆(詹姆斯·斯特林,1983 年)。该建筑在形式和装饰上采用了多种方式进行组合,既有古典的平面布局,也有现代元素的构成体现。建筑造型最突出特征就是运用钢和玻璃组合出的波浪式的曲面,削弱了建筑其他部分生硬的感觉,具有一定韵律的墙面造型给人一种亲和力,令人印象深刻。(图 4.39)

图 4.39　斯图加特新国立美术馆

6)对比与微差

　　在建筑造型中,对比与微差可以同时出现,也可以以单独的形式出现。两者的差别更多的是建筑师对于建筑形态的控制。造型的目的如果是强调各部分的特点,则使用对比的形式,相反,为了追求统一性则选用微差的构成手法。

　　需要强调的是,对比不一定仅限于形态之间的对比,空间虚实、色彩搭配、表面肌理等等很多方面都可以运用对比的手法,在使用过程中可以选择其中的一种,也可以多种手法混搭,以产生更加丰富的变化。

① 斯洛文尼亚 Zvezda 公寓(萨达·伏加事务所,2004—2006 年)。该建筑外形是一个简单的多变体,为了丰富建筑的立面,以消除体量上的笨拙感,在开窗的大小和窗口装饰上下了一定的功夫,利用窗口的大小变化、疏密排列以及凸出的程度,形成了视觉的中心,在体现建筑整体性的同时,不乏其中丰富的细节变化。(图 4.40)

图 4.40 Zvezda 公寓

② 屋顶律师事务所(蓝天组,1983—1988 年)。这是一个屋顶增建项目,在建造过程中,建筑师将结构打散重组,然后与几何形式的原建筑组合在一起,形成了新与旧、现代与传统、偶然形与几何形的强烈对比。(图 4.41)

图 4.41 屋顶律师事务所　　　　图 4.42 萨伏伊别墅

③ 萨伏伊别墅(勒·柯布西耶,1930 年)。萨伏伊别墅奠定了柯布西耶在建筑领域的地位和声望,也是他现代主义建筑理论的有力实践。虽然建筑的外形和立面并不复杂,但其中运用对比的地方还是十分多的,如建筑立面上的虚实对比,丰富了立面的造型感;底层运用较细的柱子与上面的部分形成轻重对比,营造上层架

空的漂浮感；形体上选择圆柱体和长方体形成对比等。（图 4.42）

④ TVAM 大楼（特里·法雷尔，1981—1982 年）。该建筑是法雷尔后现代主义建筑的重要代表，建筑在改造之前是一个废弃的修车厂，设计需要满足一个接待室、一个控制室、一个技术设备室、两个节目制作室和一些办公空间。该项目在外观上突出表现的是其曲折蜿蜒的正外立面。其不仅在色彩上比较鲜艳，还在建筑入口处运用了对比的手法，通过一些构造复杂的支架和材料上的反差，以一种戏谑的混搭手法带给人视觉上的冲击力。该建筑造价低廉，环境舒适，也使得法雷尔在工程规模和成本上摆脱了基本改造工程的束缚，向前迈进了一步。（图 4.43）

图 4.43　TVAM 大楼及其分析

5 建筑形态的构成法则

5.1 从二维平面到三维立体

从二维平面发展到三维空间有很多方式，如我们所提到的半立体浮雕，可以使平面图形凸起具有一定的立体感；也可以从平面切割图形构成立体，通过沿着平面图形线的切割、折叠、弯曲等使其与原平面脱离；也可以利用二维元素直接在空间中进行一定的排列组合，如线与线、线与面、面与面的构成等；还可以利用正投影图想象空间的立体形态。如一个投影在平面上的点，空间中可以表示一个点，也可以表示一条垂直的线；一条投影在平面上的线，空间中可以是一条线，也可以是一个垂直面；平面上一个封闭的投影面，在空间中则必定有一个三维的实体等等。这些方法都可以使我们将平面的图形发展到三维空间中，创造出我们想要的形体造型。（图5.1，图5.2）

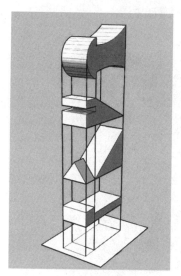

图5.1　正投影图

图5.2　从二维平面到三维空间

5.2 建筑形态的组合形式与构成方法

1）重复

利用重复的构成手法，可以增强建筑形态的秩序化、整体化，呈现出统一、整体的效果。同时,采用重复的构成形式,也可以突出母题,加强对于基本形的印象。利用重复形成的建筑造型,在形体上还具有一定的韵律感。在前面节奏与韵律的章节中,我们可以明显地感觉到,带有节奏和韵律感的建筑造型,很多都是由重复的形态完成的。例如:

①巴塞尔综合办公楼立面(理查德·迈耶,1990—1998年)。建筑的立面利用窗户和分割线,形成了单一基本形的重复,产生强烈的肌理感,用来消除"方盒子"建筑立面的单调与枯燥。

②六甲山集合住宅Ⅰ、Ⅱ(安藤忠雄,1978—1993年)。该住宅建筑群分两次建成,一期工程采用的标准体为5.8 m×4.8 m,二期工程采用的标准体为5.2 m×5.2 m。住宅群分平地和坡地两个部分,平地部分为6层建筑,在4层的地方与坡地部分相连接。坡地部分每两层为一个单元,沿山坡呈台阶而上,上面的单元依靠下面的单元支撑,最下面的单元完全接地,这样就使得上面的荷载有序地传递到最下面一个单元的地基,这个办法最大限度地减少了建筑接地的面积,使60°的山地建筑成为可能。在造型上,建筑采用了重复的形式,将标准体进行组合与排列,依照山地的高差,形成了错落有致、生动自然的建筑群落。(图5.3)

图5.3　六甲山集合住宅

③拉莫特集合住宅(泽维·霍克,1985年)。建筑造型利用球状多面体的反复出现,增强了视觉上的整体感。同时,作为基本的单元体的不断重复,也给人留下了深刻的印象。

④美国学院人寿保险大楼(Kevin Roche John Dinkeloo, et al., 1971年)。建筑是由连续的三个金字塔形式的体块组成的建筑群,底部通过廊道进行联通,重

复的母题给人一种稳定、坚固的印象。

⑤ 特吉巴欧（TJIBAOU）文化中心（伦佐·皮亚诺，1995—1998 年）。皮亚诺一向注重将建筑的艺术与技术同建筑所处的环境结合起来，由他设计的 TJIBAOU 文化中心具有明显的地域主义倾向。该中心由十座形态相同、大小不同、功能各异的建筑组成。建筑造型是对喀里多尼亚村庄传统茅屋的模仿，并刻意保留了一种"未完成"的外观形态，以象征卡纳克文化的发展进程。群落中，单元体的不断重复形成了一定的规模，给人以强大的气势。（图 5.4）

图 5.4　TJIBAOU 文化中心

2）近似

近似是指建筑形态在形状、大小等方面有着共同的特征，但是又不完全相同的效果。各个形体之间的变化没有统一的规律，但是相互之间具有某种相同的特征，使其彼此相似，组合在一起容易形成统一感。需要注意的是，如果近似的程度太大，则有重复的嫌疑；而近似的程度太小，则会破坏统一性，造型上难免杂乱无序。

运用近似的手法形成的建筑形态，容易形成统一与变化的美感，从之前统一与变化的章节中，我们也能感受到近似的构成手法。

① 美国国家大气研究中心（贝聿铭，1976 年）。贝聿铭的建筑作品除了具有几何形式的特点，还时常兼具新地方主义的特色。该建筑的形式吸取了当地印第安人的建筑风格，并且使用当地的材料形成统一的肌理感。造型上采用几组形状近似的几何形式，统一中带有变化，很好地与周围环境相融合。（图 5.5）

② 毕尔巴鄂古根海姆博物馆（弗兰克·盖里，1991—1997 年）。作为盖里代表作之一的古根海姆博物馆，沿袭了他一贯的解构主义风格，在形式上大量地使用扭曲的形态，造型上完全以相似的不规则曲面体组合而成，配以钛合金的金属质感的表面，使得这个建筑极具现代感。（图 5.6）

图 5.5　美国国家大气研究中心

图 5.6　毕尔巴鄂古根海姆博物馆

　　③ 东京武道馆(六角鬼丈,1990 年)。菱形在日本具有特殊的含义,它代表了日本武术的文化美,很多日本武术馆都会采用菱形的纹样,其原因是菱形所带来的战栗感和紧张感。六角鬼丈在立面的处理上,使用了大量的菱形和三角形,并利用改变其大小和成组的方式,最大化地丰富了建筑的立面,给人一种紧张感和刺激感。

　　④ TOTO 水站 ASO(木岛安史,1991 年)。这组建筑群虽然高低不一、方向各异,但是观察一下就会发现,各个单体的构成手法都是一样的——底部的长方体、顶部的三角面以及中间用于支撑的柱子。虽然建筑造型和架构都十分简单,但这些近似形体的相互组合产生了丰富的变化,造型显得十分可爱、生动。(图 5.7)

图 5.7　TOTO 水站 ASO

⑤ 新德里莲花寺（萨帕,1986 年）。这件作品采用了和悉尼歌剧院类似的薄壳型结构,所不同的是,这里的形态象征着莲花而不是贝壳。每一片花瓣就是一个基本单元体,花瓣旋转组合,构成了一朵巨大的莲花造型。中间的"花芯"部分就是佛寺建筑的大厅。半开的莲花花瓣分为 3 层,材料是混凝土。顶部花瓣并没有完全闭合,而是采用了玻璃顶,以便于满足采光需要。薄壳壳体高 25 m,厚度仅 13 cm,外表面满挂白色石材,整个建筑物没有一根直线。造型上运用相似的花瓣形状,将使用功能、结构与精神象征完整地融合在一起,符合东方建筑平稳、优雅的特点。（图 5.8）

图 5.8　新德里莲花寺

3）渐变

渐变在建筑造型中一般存在一定的规律和节奏感,基本形的排列比较严谨。渐变所形成的形态一般具有一定的韵律感,与前面介绍的节奏与韵律的章节所不同的是,渐变一般需要基本形或者骨骼产生一定的变化,如果只是规律性的重复,则不能称之为渐变,而只是一种单一的节奏感。在建筑造型中,无论是骨骼还是基本形,都可以形成渐变的效果。

① 罗马万神庙的穹顶（Hadrian，118—135 年）。罗马万神庙的顶部是一个半球体,其中,内部采用了类似藻井的装饰,形状由低到高逐渐变小,一直通向顶部光线的入口,渲染了神庙的神秘感和崇高感。（图 5.9）

图 5.9　罗马万神庙的穹顶

② 英国伦敦瑞士再保险总部大厦(诺曼·福斯特,2003 年)。该项目是伦敦第一座高层生态建筑,位于伦敦市中心。大厦的设计理念强调了高层生态建筑意识,尝试将建筑运转能耗降至最低,不仅如此,福斯特还针对员工的工作环境进行了调节和改善。建筑高 180 m,共 40 层,打破了传统的"方盒子"外观,而采用圆弧形的设计,底部和顶部渐渐收紧形成曲面,不仅很好地融入周围环境,同时也为底层广场赢得了更多的日照。需要说明的是,大厦的流线设计可以减小风阻并引导风向,具有很好的生态和环保意识。在建筑构件的选择上,大量地使用了钢和玻璃,表皮由一系列渐变的菱形、三角形玻璃幕墙构成,并通过加入深色的带状幕墙,形成一种螺旋向上的动势。(图 5.10)

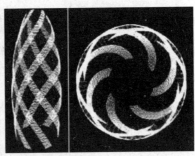

图 5.10　英国伦敦瑞士再保险总部大厦

4) 特异

在建筑造型中,特异的使用还是比较广泛的,如为了突出建筑某一部分使其形成视觉焦点,打破原有形态的单调等都会用到特异的构成手法。在特异的使用过程中,应注意对于"度"的掌握,大范围的特意元素出现,当形成一定比例的时候,如体量、形状、结构甚至色彩等,就会破坏与原形态的统一感,使得特异的成分从主题部分独立出来,与原造型形成对比的关系。

① 上海环球金融中心(KPF 建筑师事务所,2008 年)。作为上海的一座地标性建筑,上海环球金融中心高 492 m,地上 101 层,是中国目前第二高楼、世界第三高楼、世界最高的平顶式大楼。该超高层建筑外形简单,轮廓鲜明,在大厦的最顶

端运用特异的手法开了一个洞口（原洞口为圆形，后来调整为矩形洞口），从而丰富了建筑的造型，形成了视觉的中心。（图5.11）

② 美国电报电话大楼（菲利普·约翰逊，1984年）。该建筑是后现代主义建筑的代表作品。在形式上，该建筑一反现代高层建筑的"方盒子"形象，而是采用古典的拱券形式，在建筑的顶部采用了传统的三角形山墙，并运用戏谑的手法在山墙的中间开了一个圆形的缺口，形成了视觉的中心。（图5.12）

图5.11　上海环球金融中心　　　　图5.12　美国电报电话大楼

5）对比

对比在建筑造型中广泛存在，从规则的几何形体之间的对比到各种形态的相互组合，都可以形成对比的视觉感。对比不受骨骼线的限制，一般很少出现骨骼线的对比形式，更多的还是来源于形态本身的大小、虚实、形状、色彩等方面，强调的是元素之间的相互关系。

任何基本形只要处于相异的状态都可以产生对比，如高低、长短、粗细、大小、曲直等等，通过对比形成的建筑造型可以具有一定的协调性和统一性，也可以相互衬托，凸显形体各自的特征。

如卢浮宫扩建项目（贝聿铭，1989年）。该项目是贝聿铭的成名作品，在项目设计中，贝聿铭并没有选择古典的形式以迎合卢浮宫，而是大胆地采用了对比的手法，在卢浮宫的广场上加入了一个"玻璃金字塔"。该造型高21 m，底宽30 m，它的四个侧面由673块菱形玻璃拼成。该金字塔不仅体现了现代建筑的艺术风格，也

是运用现代科学技术的完美尝试。（图5.13）

图5.13　卢浮宫扩建项目

6）发射

由发射形成的建筑一般具有向心性，当然，这个中心可以是一个或者多个。在建筑领域，发射的构成手法一般用于圆形为主的建筑形态或是一些建筑群落的规划中，以展现视觉的张力，形成一种动势。（图5.14）

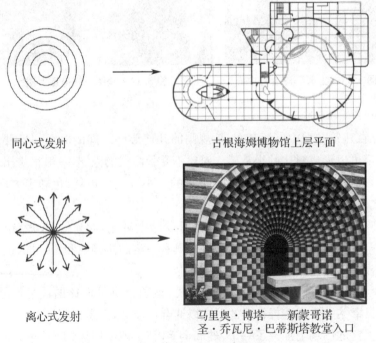

同心式发射　　　　　　　　　　古根海姆博物馆上层平面

离心式发射　　　　　　　　　马里奥·博塔——新蒙哥诺
　　　　　　　　　　　　　圣·乔瓦尼·巴蒂斯塔教堂入口

图5.14　不同发射形式的应用

① 美国加州落日山庄（圣莫尼卡，1965 年）。建筑群落利用当地的地形条件，顺坡建造了台阶式的建筑组团。通过从坡顶到坡底的离心式布局，给人一种强大的视觉冲击力，建筑群落就像由中心喷涌出的岩浆，向着四面八方扩张，极富动势。

② 法国凡尔赛宫花园平面。凡尔赛宫花园是欧洲古典园林的经典之作，被称为"巴黎的缩影"。整个园林规划可以看作是由中间的一条轴线向四周发射的布局，也可以看作是由若干离心式的大小花园共同组合而成。（图 5.15）

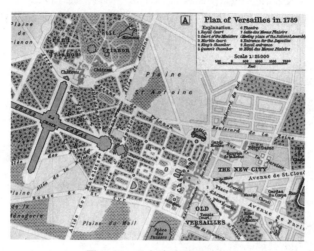

图 5.15　凡尔赛宫花园平面

③ 德国 EMR 通讯与技术中心（弗兰克·盖里，1995 年）。该建筑是由几个具有不同功能的建筑体块组合而成，其中包括电力控制中心、办公楼、小型会议中心和展览厅，各个部分通过中间两层的"内街"联通起来。虽然各个体块形状不同，立面造型上也极具变化，但是从平面上看，仍然是典型的离心式发射布局。（图 5.16）

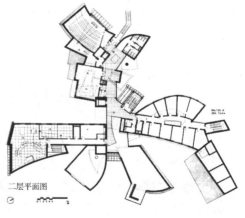

二层平面图

图 5.16　德国 EMR 通讯与技术中心

7）密集

密集在建筑设计中，更多的是强调一种自由编排，城市中的建筑，住宅区的规划，都可以用密集的视觉语言加以解释。其特点是在一些需要的地方通过基本形的聚集产生密集的形式，而在其他的地方则扩散开去，形成虚实、疏密的空间变化。

如美国洛杉矶盖蒂中心（理查德·迈耶，1984—1997 年）。该建筑群落包括博物馆、研究所、信息中心、办公中心和餐饮服务中心等，总占地面积 44.5 hm²。在建筑平面布局的规划上，没有选择统一的轴线，而是顺应了地形的特点，进行有疏有密的组合，使得整个群落功能合理、疏密得当。（图 5.17）

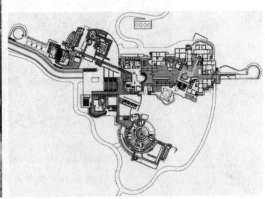

图 5.17 美国洛杉矶盖蒂中心

8）群化

群化是一种特殊的基本形的集中重复，但是它不像重复手法那样没有变化地向周围发展，而是由一种聚合力将基本形组合到一起形成一个新的形体。因此，群化需要一些基本形的集中和排列，可以是二维的平面布局，也可以是三维的形体组合。

在建筑设计中，群化的思想可以很好地解释建筑的整体是由各个部分组合而成的。在应用过程中，视觉上的群化有两类：一类是基本形在群化过程中保持了各自的特征，相互之间更多的是一种类同的关系；另一类是基本形在群化过程中失去了各自特征或者是各自特征被整体特征所掩盖，更多的是以最终形成的体态展现在观者眼前。前者的群化手法更像城市中某一块地段中建筑单体的汇聚，如商贸中心区的高楼群、山林湖水边的别墅区等，后者则强调建筑体块的聚集组合，以形成新的形态。

① 加利西亚城市综合体（彼得·埃森曼，1999 年）。该项目位于西班牙的一片

山丘中,总建筑覆盖面积达到 173 英亩(约 70 hm²),埃森曼利用计算机模拟的矩阵化的三维地形,对建筑的平面做了严格的面积和形态计算,合理地将博物馆、音乐电影院等建筑融入其中,表达出一种固体物在无约束状态下自由流动后的凝聚感,建筑群落由各种流动体聚集而成,生动地将自然元素与人工元素有机地结合在一起。(图 5.18)

② 中央电视台方案(多米尼克·佩罗,2002 年)。由佩罗设计的中央电视台方案从造型上来看很容易让人联想到卫星天线,建筑外部采用巨大的不锈钢结构的遮阳伞和一个金属网结构附着在建筑表面,在空间中,利用 200 张方块状的元素聚集成一个半碗状的曲面,有些是用玻璃表面,有些则是用金属覆盖,像镜子一样反射自然光线。整个建筑造型虽然是由不同的面状物拼合而成,却显示了很强的统一感。形成的新造型十分具有现代气息。(图 5.19)

图 5.18 加利西亚城市综合体

图 5.19 中央电视台方案

9) 网格框架

网格的使用更多的是一种深层结构的掌握。在结构主义大师彼得·埃森曼看来,建筑的关联性以两种形式存在:知觉的表层结构与概念性的深层结构。利用网格框架进行组织和变形,可以从更深层次上把握内在结构,从而影响建筑的最终形态。

对于网格的使用,可以是平面上的划分,也可以是空间中的组织。网格所起到的作用并不一定最终显现在建筑造型中,有时只是一种分析的方法和过程。在设计构思阶段,可以使用一组网格框架,也可以几组网格共同使用,以增加建筑造型的丰富程度。

① 住宅Ⅰ号(彼得·埃森曼,1974 年)。20 世纪 70 年代,埃森曼在住宅建筑方面创作了很多表明建筑形态和内在结构关联性的作品,并且很多都带有分析和思考的图解过程以说明建筑表层与深层的关系,住宅Ⅰ号就是其中的一个代表。从建筑结构分析中,我们能够清楚地认识到潜在的网格结构对于建筑块面的影响,

而通过对网格的逐步深化和丰富,形成了我们最终所看到的复杂形势。(图5.20)

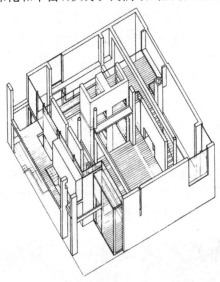

图 5.20　住宅 I 号

② 英国艺术中心(路易斯·康,1961—1974年)。路易斯·康经常在建筑中体现结构,将本应被隐藏的建筑骨架积极地放入空间和立面上,构成一定的秩序感。在耶鲁大学的英国艺术中心项目中,路易斯·康用大约 6 m×6 m、跨度均等布置的柱子将空间划分为一个个结构体网格,并和面板一起表现在建筑物的外立面上,然后在非结构体的外墙上用金属面板进行装饰,在建筑立面上形成了规整的方块,将单一网格框架形成的稳定和秩序毫无遮掩地呈现出来。(图5.21)

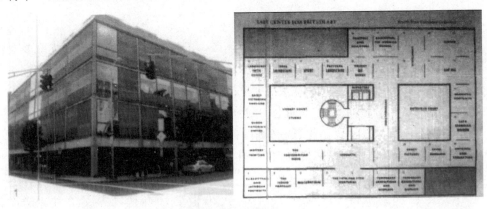

图 5.21　英国艺术中心

③ 加克·卡尔提埃广场城市规划设计竞赛方案(小林克弘,1992年)。小林克弘在设计方案中,使用了两组网格相互交错,然后通过组合与划分,形成了街区院

落中各不相同的丰富造型,而这些都是在网格的控制中得以完成的。

④ 阳光城市规划(勒·柯布西耶,1930年)。在这个规划方案中,柯布西耶将网格框架与相对应的功能分区相融合,形成了无限扩展的城市概念,显示了对于功能主义的极度热衷。(图5.22)

10) 打散与重构

打散与重构是随着现代艺术的发展逐渐产生的。它强调一种造型语言的逻辑与深入,通过将原有形式打散、变形,最终重新组合成新的结构。在建筑造型中,利用这种方式容易形成意想不到的效果,建筑形态往往富有丰富的变化和视觉冲击力。

① 美国辛辛那提大学阿罗诺夫设计与艺术中心(彼得·埃森曼,1988年)。该项目是一个扩建工程,埃森曼在设计中运用了解构的方法,将原有形态打散重组,建筑形态不管是室内还是室外都极具变化。

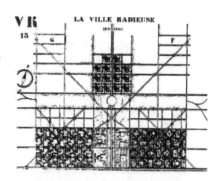
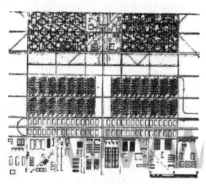

图5.22　阳光城市规划

② 哥本哈根"方舟"现代美术馆(舍伦·罗伯特·伦得,1996年)。该建筑的原型是一艘搁浅的"船",建筑师通过将原有形态打散重组,形成了丰富的变化,虽然形体上主要由三角形、不规则多边形等组合而成,但是仍然存在"船"的意象。由于该建筑建于由湖泊、海滩、海湾构成的环境中,因此也达到了与周围环境相融合的效果。(图5.23)

图5.23　哥本哈根"方舟"现代美术馆

11) 分割与移位

分割与移位在建筑造型的推敲过程中还是经常能够用到的,不过,与其他手法不同的是,它更多的是强调一种方法,对于建筑形态本身的变化影响不大。所以,在建筑实例中,完全体现分割与移位手法的并不多见。

12) 矛盾空间

在三维中,绝对的矛盾空间是不存在的。之所以会产生矛盾,是利用空间感形成的一种视觉假象,一般矛盾空间在二维空间中广泛存在。然而,随着科技的发展,建筑结构的丰富,很多建筑造型也能营造出类似的矛盾状态。

① 埃斯切尔的不可能的盒子。比利时艺术家马瑟·黑梅克从荷兰平面造型艺术家的一幅画中吸取灵感,创造了一个不可能存在的盒子的实物模型。(图 5.24)

图 5.24 埃斯切尔的不可能的盒子

图 5.25 不可能的棋盘

② 不可能的棋盘。该图中的棋盘完全是平面的,这个棋盘以瑞典艺术家奥斯卡·路透斯沃德的一个设计为基础,由布鲁诺·危斯特创造。(图 5.25)

③ 中央电视台总部大楼(雷姆·库哈斯,2009 年)。建筑以拓扑的形式在空间中产生了矛盾的错觉,表现了实空间与虚空间的矛盾组合关系。(图 5.26)

④ 柏林 Max Reinhardt Haus 大楼(彼得·埃森曼,1993 年)。建筑师充分利用计算机辅助设计生成建筑形体,建筑的底部是联系在一起的,然而在空间中却产生了扭曲的变化,在视觉上存在一种矛盾感。(图 5.27)

图 5.26　中央电视台总部大楼

图 5.27　Max Reinhardt Haus 大楼

5.3　建筑形态的形体变形

1）加法

台北市立美术馆（台湾高而潘建筑事务所，1983 年）。该建筑主体是长方体，包括陈列大厅、管状室内空间和室外中庭空间。管状空间在功能上将展厅组合成各种大小不同的场地，并起到了引导参观路线的作用；在形式上，通过增加管状空间，使其从原长方体中穿出，丰富了建筑造型，打破了原有形式的单一和枯燥。（图 5.28）

图 5.28　台北市立美术馆

① 香港九龙通风大厦（特里·法雷尔，1996 年）。通风大厦主要用来安装机械和电力设备，建筑造型十分粗犷。主体部分是较为低矮的多面体，通过在中间部分的四个边上分别加入几个柱体体块，打破了原有建筑的外轮廓线，使其高低有致、

主次分明。(图 5.29)

图 5.29　香港九龙通风大厦

② 德国贸易博览会有限公司大楼(托马斯·赫尔佐格,1997—1999 年)。该项目比较合理地解决了结构形式和能源环境的关系问题,通过一系列被动式设计,形成了在低能耗的条件下获得高舒适度的可持续发展。在设计上,该建筑是加法原则运用的范例。中间的长方形主体,用来满足建筑的使用功能,所有的人员办公、接待、休息都在主体建筑中完成,两端增加的小的长方形体块全部是建筑的交通空间,里面设置电梯和楼梯。建筑造型符合了先满足主要功能,再增加辅助设施的设计思路。(图 5.30)

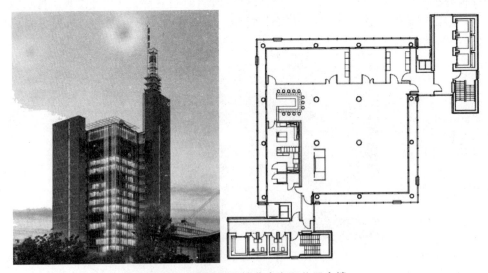

图 5.30　德国贸易博览会有限公司大楼

2)减法

① 沙特国家商业银行大厦(戈登·邦夏,1983 年)。该建筑主体部分呈三角形,

在形体的变化上，两次运用了减法。首先是在其中一个夹角上削减了一条缝，从而使边角产生了虚实变化；另外，在形体的中间部分，开出了一个9层高的洞口，形成了类似中庭的交流空间。整个建筑通过减法原则，虚实相生，庄重挺拔，极富现代感。

② 华哥尔艺术中心 Sprial 螺旋大厦（桢文彦，1985年）。该建筑原形是一个"方盒子"，建筑师在立面上通过不断的削减，使其产生了丰富的变化。在形体减除的过程中，建筑师还特意保留了建筑的框架，从而延续了建筑形体空间，使其外轮廓尽可能地完整和统一。不仅如此，在减去的部分中，建筑师还加入了很多几何形体，如圆锥体、方椎体、球体等，在不同要素的相互对比中形成一种模糊感和混沌感，这种多重译码的杂糅也是后现代建筑符号运用的典范。（图5.31）

图 5.31　华哥尔艺术中心 Sprial 螺旋大厦

③ Kyobo 保险公司大厦（马里奥·博塔建筑师事务所，1989—2003年）。该项目位于韩国首尔 Scocho 区的一个重要枢纽地段上。从平面上看，该建筑就是一个简单的长方形，所不同的是，建筑师在建筑的中间部分，对称地削减出两个体块，并在中间使用了一条狭长的玻璃幕墙作为建筑的连廊，形成外实中虚的建筑形态。为了满足功能的需要，建筑师还在大厦的顶部用玻璃通道进行了连接，使得原有建筑体块关系更加的丰富。整个造型有虚有实，高耸挺拔，颇具垂直感。（图5.32）

图 5.32　Kyobo 保险公司大厦

3）拼贴

苏格兰议会大厦（恩瑞克·米拉莱斯，1999 年）。该建筑虽然体块比较简单，但是建筑立面变化丰富，尤其在窗口的装饰上，建筑师用不同的材料，采用拼贴的手法进行组合，使得窗口变化各异，形态不一，形成了视觉感极强的建筑表皮。（图 5.33）

图 5.33　苏格兰议会大厦

4）膨胀

上海世博会日本馆（株式会社日本设计 Nihon Sekkei，2010 年）。该建筑造型很像一个蚕茧，因此又叫"紫蚕岛"，馆外覆盖超轻的发电膜，采用特殊环境技术，是一幢"像生命体那样会呼吸、对环境友好的建筑"。日本馆在设计上采用了环境控制技术，使得光、水、空气等自然资源被最大限度利用。展馆外部透光性高的双层外膜配以内部的太阳电池，可以充分利用太阳能资源，实现高效导光、发电；展馆内使用了循环式呼吸孔道等最新技术。（图 5.34）

图 5.34　上海世博会日本馆

5）收缩

① 上海世博会中国馆（何镜堂，2010 年）。该建筑在外形上模仿了中国传统建筑中斗拱的形式，采用了从上至下逐渐收缩的倒置感，给人一种视觉上的张力。外观主体造型采用了鲜艳的红色，在体现建筑现代感的同时又很好地诠释了中国的文化。（图 5.35）

图 5.35　上海世博会中国馆

② 休斯敦共和中心银行大厦（菲利普·约翰逊，1981—1984 年）。该项目是一个高层建筑，为了消除高层建筑一贯平滑的外立面，建筑师采用了从下至上逐渐收缩的形态，给人一种节节攀升的节奏感。（图 5.36）

图 5.36　休斯敦共和中心银行大厦　　　　图 5.37　大连银帆酒店

③ 大连银帆酒店(黑龙江省建筑设计研究院,1987 年)。该项目设计构思来源于"帆"的形象,主体造型是两个相互拼合的直角三角形,两个斜边都采用了台阶式的收缩处理,形成的建筑平台可用于观赏海边的景色。该项目在形态的处理上采用了典型的收缩手法。(图 5.37)

6)分割

① 梅那拉·梅西尼加大厦(杨经文,1992 年)。杨经文的"生物气候摩天大楼"(Bioclimatic Skyscrapers)理念对于实现建筑的生态化具有积极的意义。他结合马来西亚的湿热气候设计了该项目,很好地解决了生态与建筑的关系。该建筑突破了传统封闭式高层办公建筑的设计模式,交通服务设施在东侧,以阻挡早晨太阳直射,电梯厅、楼梯间和卫生间完全依靠自然采光和通风,于是造型上也出现了很多分割的处理。(图 5.38)

图 5.38 梅那拉·梅西尼加大厦

② 斯塔比奥独家住宅(马里奥·博塔,1982 年)。该建筑具有博塔自身的一套个性化语汇:既折射古典理性主义的特征,又打上了新理性主义的烙印。在造型上,博塔选择了圆形作为出发点,并在圆柱体的中间,分割出深深的凹槽,有效地屏蔽了周围杂乱无序的建筑,其封闭性、独立性与周围环境形成鲜明的对比。(图 5.39)

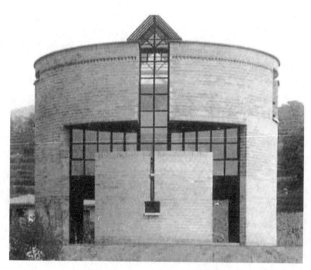

图 5.39 斯塔比奥独家住宅

7) 旋转

① 第三国际纪念碑(塔特林,1919 年)。该作品只是停留在方案阶段,并没有最终实施,然而,塔特林第三国际纪念碑的创作证明了在意识形态建构的初期可能会产生对建筑具有积极作用的因素。按照塔特林的设计,这座 400 m 高的纪念"塔"将是一个用钢铁制造的两股相互交错的格架式螺旋体的空间结构组成的形体,在螺旋钢架的内部悬挂着三个玻璃几何体。塔特林以巨大的尺度来表现革命精神的崇高志向,以倾斜式的大胆构图来表现巨大的动感,使得整座纪念碑仿佛具有了冲破地心引力的宏伟气势。(图 5.40)

② 纽约古根海姆美术馆(赖特,1959 年)。该建筑是由一个 7 层高的倒椎体和一个 4 层高的圆柱体两部分组成,造型极富雕塑感。其中,7层高的主体用来作为陈列厅,观赏者首先乘坐电

图 5.40 第三国际纪念碑

梯到达顶层,然后随着旋转直下的圆形展厅缓缓走向底层,观览流线的构思十分巧妙。(图 5.41)

图 5.41　纽约古根海姆美术馆结构分析图

③日本水户艺术馆（矶崎新，1990 年）。该项目包括音乐厅、剧场、美术展览室、会议厅、高塔和广场。其中，塔的设计构思来源于无限伸展的柱子，由正四面体相互叠加、旋转组合而成，整个柱体的棱线由于不断地旋转产生了曲折向上的动势。为了纪念水户市建市 100 周年，特意在塔身的 100 m 高处将柱截断。整个塔身由于运用了正四面体和旋转的建造手法，造型上刚柔并济，特征明显，具有极强的雕塑感。（图 5.42）

④上海世博会丹麦馆（比雅可·因戈尔，2010 年）。该建筑主要由两个环形轨道组成，外立面是该建筑中最为经济、节能的部分。外立面上的孔洞可以让阳光照进室内，还有助于自然通

图 5.42　日本水户艺术馆

风；每个孔洞都安装有 LED 光源，既可以调节场馆内的光线，也可以在夜间照亮外立面。因此，丹麦馆的外立面犹如一幅光与影的抽象图案，映射出场馆内川流不息的人流、自行车以及钢墙内的压力流动。整个展馆采用了旋转的手法，使得造型上富有一定的动态美。（图 5.43）

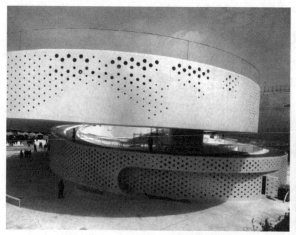

图 5.43　上海世博会丹麦馆

8）扭曲

① 扭曲大厦（塞西尔·巴尔蒙德，2011 年）。巴尔蒙德是著名的结构工程师，参与过诸如中央电视台总部大楼等很多世界著名建筑的设计。该项目是巴特西发电站改造总体规划的一部分，建筑造型大胆地采用了扭曲的手法，使其具有一种漂浮的动势。（图 5.44）

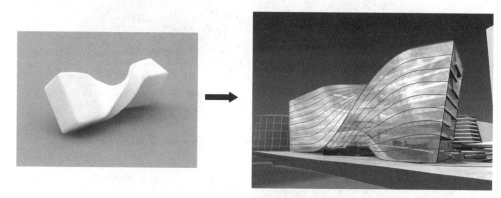

图 5.44　扭曲大厦

② Springtecture H（远藤秀平，1998 年）。该项目是一个公园的基础设施，主要由管理人员休息室和男、女盥洗室三个部分组成。处理手法上是将波纹钢扭曲成带状，用来构建建筑形体，从而使得内墙和外墙、顶和地面的界限都被取消了。结构的内部和外部成为连续结构，使柱、梁等建筑形式的限定得以解除。这是一种开放和封闭并存的半建筑，显示了建筑造型的新的可能性。（图 5.45）

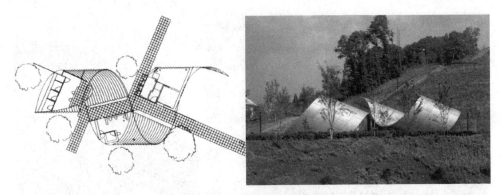

图 5.45　Springtecture H

③ 上海世博会西班牙馆(Benedetta Tagliabue,2010 年)。该展馆设计构思来源于一个复古而创新的"藤条篮子"的变形,建筑外墙由藤条装饰,通过钢结构支架来支撑,呈现波浪起伏的流线型,阳光可以穿过藤条的缝隙进入馆内。整个建筑外形被扭曲为波浪的形式,具有很强的视觉冲击力。(图 5.46)

图 5.46　上海世博会西班牙馆

9) 倾斜

① 比萨斜塔(那诺·皮萨诺,1173 年)。该建筑位于意大利托斯卡纳省比萨城北面的奇迹广场上,比萨斜塔从地基到塔顶高 58.36 m,从地面到塔顶高 55 m,目

前倾斜约 10%,即 5.5°,偏离地基外沿 2.3 m,顶层突出 4.5 m。该建筑已经证实,之所以产生倾斜是由于其地基松软导致的,并非一开始就建造设计的。但是,正是该建筑的倾斜,才使其成为名副其实的世界著名建筑之一。而这种由倾斜带来的不安和好奇,在现代技术的支撑下,已经能够实现。(图 5.47)

图 5.47 比萨斜塔

② 卢浮宫伊斯兰展厅设计(扎哈·哈迪德,2012 年)。该建筑整体呈一种倾斜的态势,极富现代感。(图 5.48)

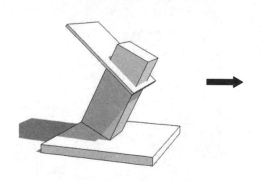

形体虽是倾斜的,但从视觉上
看还是保持了一种平衡的动势

扎哈·哈迪德的卢浮宫伊斯兰展厅设
计,整体的倾斜使建筑的重心游移

图 5.48 卢浮宫伊斯兰展厅设计

10)波动

匹兹堡儿童博物馆(Koning Eizenberg Architecture, Perkins Eastman Architects PC)。该项目是一个扩建工程,设计的灵感来源于"根和翅膀"。此项目把在

1897 年的古邮局基础上建成的旧有博物馆加以扩充,并与毗连的一个长期闲置的天文馆连为一体。巨型的曲折钢架走廊标示着新大厅的入口。走廊上方的窗子采用了数千片 5 in(约 127 mm)的半透明遮光嵌板,随风微微颤动,在白天宛如一尊动态雕塑,夜晚则熠熠生辉,寓意着为孩子插上双翼的世界和匹兹堡历史北区的复兴。建筑造型采用了波动的手法,显得十分活泼,充满流动感。(图 5.49)

图 5.49　匹兹堡儿童博物馆

11) 折合

美国西雅图公共图书馆(雷姆·库哈斯,2004 年)。图书馆外层是镶嵌着玻璃的天蓝色不锈钢钻石状格网,不仅让图书馆有突出耀眼的外观,更创造了一种令人惊艳的室内空间美感。从外观上很难看出是几层的西雅图公共图书馆,打破一般的楼层分割概念,将图书馆垂直区分成五个脱开错置的空间量体单元,由下而上分别为停车场、工作区、会议室、书库和办公室等不同使用性质的空间。整个造型就像在不断折叠一样,形成凹凸有致的体量感。(图 5.50)

12) 异形

DZ 银行办公楼中庭(弗兰克·盖里,2000 年)。该建筑采用的是一种柔性界面的造型手法,形体本身没有直接的可遵循的构图规律可言,令人感觉难以名状。所形成

图 5.50　美国西雅图公共图书馆

的奇异造型具有非常强烈的视觉感,与周围规则的长方体空间形成了强烈的对比。(图 5.51,图 5.52)

图 5.51　DZ 银行办公楼中庭

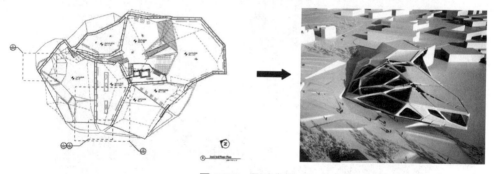

图 5.52　异形建筑

13) 拓扑

意大利 Nuragic 与现代艺术博物馆(扎哈·哈迪德,2006 年)。该项目是哈迪德非线性建筑形态的力作。建筑包括一座图书馆、一座会议厅、办公区和零售区。建筑以一种有机的形态与场地相协调,场地为建筑提供了生长的空间。这种运用拓扑形式生成的建筑形态,具有一种流动的生命感,给人无限的联想。(图 5.53)

14) 分形

上海世博会韩国馆(曹敏硕,2010 年)。该展馆主要特点体现在其外立面的立体化的韩文和五彩的表皮装饰。这些具有凹凸感的韩文字母,运用分形的原理,有序地展现在观者面前,具有很强的视觉冲击力。(图 5.54)

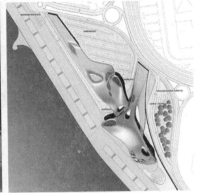

图 5.53　意大利 Nuragic 与现代艺术博物馆

图 5.54　上海世博会韩国馆

5.4　建筑形态构成中的组合原理

1）分离

① 加拿大多伦多市政厅（威里欧·若威尔，1965 年）。建筑主体由两个曲面的高楼分离布局，一幢 25 层，另一幢 31 层。中间的底部环抱着一个扁圆形的会议厅。建筑虽然从整体上看是相互分离的，但是仍然具有一定的向心性。（图 5.55）

图 5.55　加拿大多伦多市政厅

② 马来西亚吉隆坡石油双塔(西萨·佩里,1996 年)。该项目是一个超高层双塔建筑,共 452 m,88 层。建造外形由完全相同的塔楼平行并置,中间由一个天桥连接,形体层层收缩,具有一定的韵律感。(图 5.56)

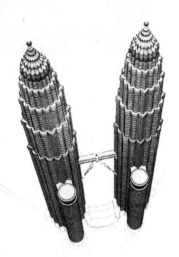

图 5.56　马来西亚吉隆坡石油双塔

③ 深圳期货交易大厦(深圳左肖思建筑师事务所, 1997 年)。该建筑主体是两个分离的三角体块,造型简洁,线条硬朗,虽然在建筑的上部进行了连接,但是从整体上来说,还是呈现为两个相互分离的建筑单体。

2) 接触

① 德国法兰克福欧宝·克赖泽尔办公楼(SOM 事务所,理查德·基廷,1994

年)。该建筑由三个部分相接而成,底部是一个横向扩展的裙房,高楼部分由一个突出的核心筒和一个曲面造型的主体相结合,既满足了功能的需要,又突出了建筑的造型特征。(图 5.57)

② 香港万国宝通银行(香港许李严建筑工程师有限公司,1992 年)。该建筑由两个高层组合而成,楼身的一侧相互紧贴,两幢大楼的轴线分别面向旧的中心区和新的商业中心。(图 5.58)

图 5.57 德国法兰克福欧宝·克赖泽尔办公楼模型

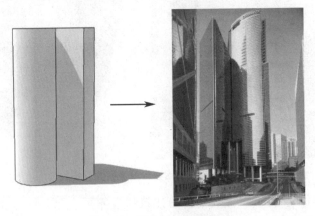

图 5.58 香港万国宝通银行

3) 相交

上海世博会上汽集团-通用汽车馆(2010 年)。该展馆将汽车的元素融入造

型,形成一个螺旋上升的圆柱形,两个形体交叠在一起,高低错落,象征着不断迸发和升腾的力量。(图 5.59)

图 5.59 上海世博会上汽-通用汽车馆

4) 套匣

中国国家大剧院(保罗·安德鲁,2001—2007 年)。该建筑在设计上一反传统的组合式布局,将歌剧院、音乐厅以及其他的附属设施全部用一个椭圆形的半球体包裹着,形成了一个极为简单的建筑造型,国家大剧院壳体由 18 000 多块钛金属板拼接而成,面积超过 30 000 m²,中部为渐开式玻璃幕墙,由 1 200 多块超白玻璃巧妙拼接而成。椭球壳体外环绕人工湖,各种通道和入口都设在水面下,行人需从一条 80 m 长的水下通道进入演出大厅,功能设计极为巧妙。(图 5.60)

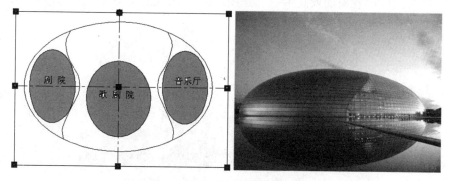

图 5.60 国家大剧院及其布局

5) 集中式组合

上海世博会俄罗斯馆(格拉斯诺夫·柏瑞斯,2010 年)。该展馆由 12 个塔楼和"悬浮在空中"的立方体组成。外形建筑类似花朵,象征着生命之花、太阳以及世界树。色彩主要由白、金、红三种颜色组成,这三种颜色也代表了俄罗斯的传统文

化。整个建筑平面布局采用了集中式的组合方式,类似花瓣的塔楼围绕着中心大厅形成了很强的向心感。(图5.61)

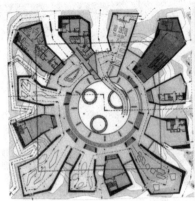

图 5.61　上海世博会俄罗斯馆

6) 线式组合

① 美国国家航空航天博物馆(弗朗西斯·赫尔姆兹,1976年)。博物馆的平面布局是按参观者的流动路线图解式串联安排的,最为简捷,空间结构也十分清晰。

② 吉林冰球馆(赵明耀,1996年)。冰球馆是一处多功能、现代化的冰上运动基地。建筑取矩形平面和不对称布局,空间设计有意突破平稳格局,屋顶为双层平行错位预应力悬索与轻型钢桁架的组合结构。设计者从吉林的地域自然特征得到启发,将"冰凌"的意象加入其中,立面上形成了串联式的奇特效果。(图5.62)

图 5.62　吉林冰球馆

7) 放射式组合

① 阿尔及利亚阿尔及尔海滨大厦(勒·柯布西耶,1938年)。建筑平面呈"Y"

形放射状,在空间中很像一个风车的样式,建筑的三个柱体部分均等分开,在观赏景色的时候相互之间不存在遮掩问题,很好地满足了功能需求。

② 法国音乐花园(克里斯蒂·德·包赞巴克,1995 年)。音乐花园位于拉维拉特公园的南出入口附近,由两个互为补充但又有很大不同的建筑组成。两座建筑面对面地布置,分别位于大会堂的一侧。西边的建筑是音乐学院,南边的建筑则布置了音乐厅、音乐博物馆、排练房间以及管理办公室。在平面布局上,建筑师采用了放射状的手法,增强了建筑群落的向心感,而建筑体块也采用了放射状的排列组合,产生了一定的视觉张力。(图 5.63)

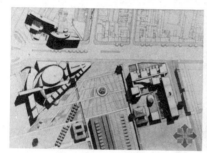

图 5.63 音乐花园及其总平面

③ 柏林犹太小学(泽维·霍克,1995 年)。泽维·霍克的螺旋形思想在建筑中经常体现。该项目完全打破了我们概念中的学校,不仅整个建筑的形态遵循几何的螺旋法,连其细部的材料也都遵循螺旋形几何规则,可见泽维·霍克对螺旋的情有独钟。建筑平面完全采用了螺旋式的放射布局,极具张力。(图 5.64)

图 5.64 犹太小学及其模型

8) 网格式组合

① 亥吞巴奇住宅(圣莫尼卡,1971—1973 年)。一个网格可认为是两组或多组的等距平行线相交而成的,它可产生一种有规则间距的点(网格线相交处)和规则的地带(由网格线所限定)的几何图案。

② 贾瓦哈·卡拉·肯德拉博物馆(查尔斯·柯里亚,1992 年)。博物馆设计理念以曼陀罗的图解为基础,平面布局源自以曼陀罗为原型的斋普尔市旧城布局,由9 个正方形格式组成,每个正方形代表一个星体,中央代表太阳。东南角的正方形有意与柱体分离,形成博物馆的入口,同时,也是对这个城市规划结构的一种隐喻。(图 5.65)

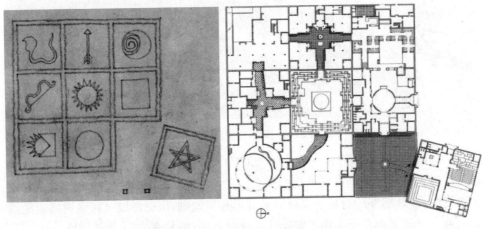

图 5.65　贾瓦哈·卡拉·肯德拉博物馆平面

9) 垒积式组合

① 圣穹长屋(安藤忠雄,1976 年)。建筑由多个建筑单体垒积组成,每个单体都是由相同的圆柱体和原穹顶结合而成建筑。建筑整体和细部处理都很统一,形象上也比较完整。

② 柿生住宅(长谷川逸子,1977 年)。建筑造型围绕着中间的圆形庭院,建筑师布置了环绕四周的棱锥体,通过高低不同的垒积,组成了统一又富有变化的建筑组合。

③ 东京中银舱体楼(黑川纪章,1972 年)。东京中银舱体楼是日本新陈代谢派少有的建成工程之一。该建筑由 140 个正六面体的舱体单元组合而成,每个单元内部都装配预制家具,可用于居住或者作为单间的办公室。在基本形态的处理上,黑川纪章在每一个舱体上都开有圆形的玻璃窗,以增加基本形的丰富感,这些单元体汇聚在一起,在空间中形成一个新的长方体,通过局部的凸出和凹入,使得形体

产生虚实变化,丰富了立面造型。在设计构思上,黑川纪章强调时间序列的变化,而建筑暗含的深刻意义——能够让居住者搬家时带走他的单元体或者增加新的单元——只是一种乌托邦的幻想,建筑中的单元体至今也没有移动或更换过。(图5.66)

图5.66 东京中银舱体楼

④ 加拿大"蒙特利尔-67"住宅(赛弗第等,1967年)。该住宅为无定向垒积组合,高12层,设计者将以矩形体为基本单元的不同户型垒积在一起形成一座小山丘,各单元虽是层层叠叠,但它们相互独立,都有独自的交通系统,并且每个住宅都能享受新鲜的空气和充足的阳光。(图5.67)

图5.67 加拿大"蒙特利尔-67"住宅及其体块分析图

10) 轴线式组合

① 美国加州萨尔克生物研究中心(路易斯·康,1965年)。该建筑群采用了以中间的一条细窄的水道为轴线的对称构成,位于两边的建筑运用了一些基本的几何体,如正方体等,整个造型显得规整、有序,通过混凝土、石材、砖等材料的使用,

合理地传达出建筑的理性美,给人一种浑厚的统一性。(图 5.68)

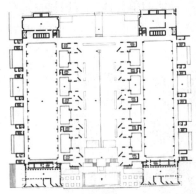

图 5.68　萨尔克生物研究中心

② 北京紫禁城。紫禁城南北长 961 m,东西宽 753 m,占地面积达 720 000 m²。有房屋 980 座,共计 8 704 间。紫禁城的中轴线是北京城市中轴线的中段,包括宫前广场和宫城后的景山在内,沿中轴线自南而北可按其艺术效果分为三节,即宫前广场、宫城本身及宫城北门至景山。其中,主要建筑都分布在中轴线上,以体现封建阶级的崇高地位,较次要建筑则对称地簇拥在中轴线左右,它们体量较小,布置较密,仿佛是中轴线主旋律的和声。(图 5.69)

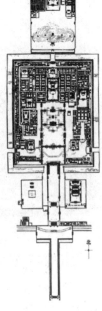

图 5.69　北京紫禁城

主要参考文献

[1] [美]托伯特·哈姆林. 建筑形式美的原则[M]. 邹德侬,译. 北京:中国建筑工业出版社,1982.

[2] 南舜熏,辛华泉. 建筑构成[M]. 北京:中国建筑工业出版社,1990.

[3] 彭一刚. 建筑空间组合论[M]. 3 版. 北京:中国建筑工业出版社,2008.

[4] 辛华泉. 形态构成学[M]. 北京:中国美术学院出版社,2004.

[5] [德]托马斯·史密特. 建筑形式的逻辑概念[M]. 肖毅强,译. 北京:中国建筑工业出版社,2003.

[6] [日]宫崎兴二. 建筑造型百科:从多边形到超曲面[M]. 陶新中,译. 北京:中国建筑工业出版社,2003.

[7] [日]小林克弘. 建筑构成手法[M]. 陈志华,王小盾,译. 北京:中国建筑工业出版社,2004.

[8] 蒋学志. 建筑形态构成[M]. 长沙:湖南科学技术出版社,2005.

[9] 同济大学建筑系建筑设计基础教研室. 建筑形态设计基础[M]. 北京:中国建筑工业出版社,2008.

[10] [日]宫元健次. 建筑造型分析与实例[M]. 卢春生,译. 北京:中国建筑工业出版社,2007.

[11] [俄]康定斯基. 论艺术的精神[M]. 查立,译. 北京:中国社会科学出版社,1987.

[12] [俄]康定斯基. 康定斯基论点线面[M]. 罗世平,魏大海,辛丽,译. 北京:中国人民大学出版社,2003.

[13] 王受之. 世界现代建筑史[M]. 北京:中国建筑工业出版社,1999.

[14] [德]汉诺-沃尔特·克鲁夫特. 建筑理论史:从维特鲁威到现在[M]. 王贵祥,译. 北京:中国建筑工业出版社,2005.

[15] [美]阿森纳. 西方现代艺术史[M]. 邹德侬,巴竹师,刘珽,译. 天津:天津人民教育出版社,2005.

[16] [日]矢代真己,等. 20 世纪的空间设计[M]. 卢春生,等,译. 北京:中国建筑工业出版社,2007.

[17] 佟景韩,张敢,等.欧洲 19 世纪美术(下)[M].北京:中国人民大学出版社,2004.

[18] 王令中.视觉艺术原理——美术形式的视觉效应与心理分析[M].北京:人民大学出版社,2005.

[19] 曹方.视觉传达设计原理[M].南京:江苏美术出版社,2005.

[20] 马永建.现代主义艺术 20 讲[M].上海:上海社会科学院出版社,2005.

[21] 朱雷.空间操作:现代建筑空间设计及教学研究的基础与反思[M].南京:东南大学出版社,2010.

[22] [日]安藤忠雄.安藤忠雄论建筑[M].白林,译.北京:中国建筑工业出版社,2003.

[23] [英]休·奥尔德西-威廉斯.当代仿生建筑[M].卢均伟,等,译.大连:大连理工大学出版社,2004.

[24] 澳大利亚 Images 出版公司.KPF 建筑师事务所[M].余亦军,译.北京:中国建筑工业出版社,2005.

[25] 严坤.普利策建筑奖获得者专辑:1979—2004[M].北京:中国电力出版社,2005.

[26] 大师系列丛书编辑部.扎哈·哈迪德的作品与思想[M].北京:中国电力出版社,2005.

[27] 大师系列丛书编辑部.赫尔佐格与德梅隆的作品与思想[M].北京:中国电力出版社,2005.

[28] 曲茜.迪朗及其建筑理论[J].建筑师,2005(4):40-57.

[29] [英]理查德·威斯顿.建筑大师经典作品解读:平面、立面、剖面[M].牛海英,张雪珊,译.大连:大连理工大学出版社,2006.

[30] 王云龙.美国建筑协会(AIA)金奖获得者专辑[M].北京:中国电力出版社,2006.

[31] [法]吉勒斯·德·比尔.克里斯蒂安·德·鲍赞巴克[M].王建武,译.北京:中国建筑工业出版社,2010.

[32] 王又佳.中国建筑·形式变迁[M].北京:中国电力出版社,2010.

[33] [意]乔瓦尼·莱奥尼.诺曼·福斯特[M].李梦非,译.大连:大连理工大学出版社,2011.

[34] [意]达涅拉·勃诺吉.彼得·艾森曼[M].赵劲,译.大连:大连理工大学出版社,2011.

[35] 戴云倩,陈永明.从概念到设计:上海世博会场馆解读[M].北京:海洋出版社,2011.